South Carolina
1860 Agricultural Census
Volume 2

Linda L. Green

WILLOW BEND BOOKS
2006

WILLOW BEND BOOKS
AN IMPRINT OF HERITAGE BOOKS, INC.

Books, CDs, and more—Worldwide

For our listing of thousands of titles see our website
at
www.HeritageBooks.com

Published 2006 by
HERITAGE BOOKS, INC.
Publishing Division
65 East Main Street
Westminster, Maryland 21157-5026

Copyright © 2005 Linda L. Green

All rights reserved. No part of this book may be reproduced or transmitted in any form or by any means, electronic or mechanical, including photocopying, recording or by any information storage and retrieval system without written permission from the author, except for the inclusion of brief quotations in a review.

International Standard Book Number: 978-0-7884-4136-1

Introduction

This census names only the head of the household. Often times when an individual was missed on the regular U. S. Census, they would appear on this agricultural census. So you might try checking this census for your missing relatives. Unfortunately, many of the Agricultural Census records have not survived. But, they do yield unique information about how people lived. There are 48 columns of information. I chose to transcribe only six of the columns. The six are: Name of the Owner, Improved Acreage, Unimproved Acreage, Cash Value of the Farm, Value of Farm Implements and Machinery, and Value of Livestock. Below is a list of other types of information available on this census.

Linda L. Green
13950 Ruler Court
Woodbridge, VA 22193

Other Data Columns

Column/Title

6. Horses
7. Asses and Mules
8. Milch Cows
9. Working Oxen
10. Other Cattle
11. Sheep
12. Swine
14. Wheat, bushels of
15. Rye, bushels of
16. Indian Corn, bushels of
17. Oats, bushels of
18. Rice, lbs of
19. Tobacco, lbs of
20. Ginned cotton, bales of 400 lbs each
21. Wood, lbs of
22. Peas and beans, bushels of
23. Irish potatoes, bushels of
24. Sweet potatoes, bushels of
25. Barley, bushels of
26. Buckwheat, bushels of
27. Value of Orchard products in dollars
28. Wine, gallons of
29. Value of Products of Market Gardens
30. Butter, lbs of
31. Cheese, lbs of
32. Hay, tons of
33. Clover seed, bushels of
34. Other grass seeds, bushels of
35. Hops, lbs of
36. Dew Rotten Hemp, tons of
37. Water Rotted Hemp, tons of
38. Other Prepared Hemp
39. Flax, lbs of
40. Flaxseed, bushels of
41. Silk cocoons, lbs of
42. Maple sugar, lbs of
43. Cane Sugar, hunds of 1,000 lbs
44. Molasses, gallons of
45. Beeswax, lbs of
46. Honey, lbs of
47. Value of Home Made Manufactures
48. Value of Animals Slaughtered

Table of Contents

District/County	Page
Georgetown District	1
Greenville District	8
Horry District	38
Kershaw District	49
Lancaster District	58
Laurens District	71
Lexington District	94
Marion District	115
Marlboro District	141
Index	154

Foreword

South Carolina 1860 Agricultural Census is located in the South Carolina Department of Archives and History, Columbia, South Carolina. In 1919 the US Bureau of the Census transferred to the South Carolina State Library eighteen volumes and portions of the other volumes containing schedules of agriculture, industry, social statistics and mortality schedules made under the direction of the Department of the Interior for the seventh (1850), eighth (1860), ninth (1870), and tenth (1880) federal censuses. These records were removed to the Historical Commission of South Carolina in 1949 and became part of the Archives of the state in 1950. Fifteen of the volumes are devoted to the agricultural schedules 1850-1880, four to industry 1850-1880, three to social statistics 1850-1870, and four to mortality 1850-1880. The time period covered by the census generally extends from January 1 to December 31. The original schedules are a remarkable collection. Researchers would find within the specific localities information regarding individual landholdings, slave holdings, and production. Those working on related subjects, such as the landholdings of a single class or group, the health and occupation of the slave or the security of Negro land ownership from 1870 to 1880 will discover that the manuscript census provides a detailed and comprehensive source for information, which it was not specifically designed to demonstrate.

The year 1850 began a more comprehensive agricultural census than ever previously undertaken. Statistics on each plantation, farm, and market garden are given. The two succeeding censuses of agriculture, 1860 and 1870 were compiled in essentially the same manner. Following the Civil War, economic necessity, the breakup of large plantations, and Emancipation vastly increased the number of land tenants and sharecroppers in South Carolina. The 1880 census introduced a crude, but useful classification of the type of tenure under which each separate farm was worked, identifies the operator of each holdings as owner, tenant or sharecropper. However, there is no indication on whose land the tenant or sharecropper was working. This census also notes the cost of agricultural labor for the year, broken down by the race of the laborers employed and by the number of weeks for which they were hired.

The expanding scope of the agricultural census in the years 1840-1880 reflects a growing need for detailed and sophisticated accounts in the states of this national economy. For the historian, these manuscripts furnish a minute and increasingly complex view of the agricultural economy of the state. They are equally valuable as a guide to the social structure of rural South Carolina during a period of momentous change that transformed the system of labor, revolutionized the ownership of land, and finally ended the state's reliance on low-country crops.

Reel 0261 covers Abbeville District to Fairfield District. Reel 0262 Covers Georgetown District to York District.

Georgetown District, South Carolina
1860 Agricultural Census

The South Carolina Department of Archive and History has microfilmed its census records. Detailed information on the history of these records as they were created and later turned over to South Carolina by the Department of the Interior's Bureau of the Census is in the Foreword.

Columns 1, 2, 3, 4, 5, and 13 represent the following information on the census:
1. Name of Owner, Agent or Manager of Farm
2. Acres of Improved Land
3. Acres of Unimproved Land
4. Cash Value of the Farm
5. Value of Farming Implements and Machinery
13. Value of Livestock

J. G. Henning, -, -, -, -, 75
W. J. Howard, 3, -, 1600, -, 140
R. T. Howard, -, -, -, -, 100
Saml. Sampson, 7, -, -, -, 460
John W. Tarbon, -, -, -, -, 353
Thos. Mitchell, -, -, -, -, 100
Arthur Morgan, -, -, -, -, 300
W. W. Walker, -, -, -, -, 250
R. G. White, -, -, -, -, 400
A. J. Shaw, -, -, -, -, 100
Mary A. Carr, -, -, -, -, 40
J. M. Leubour, -, -, -, -, 6
R. C. Fraser, -, -, 50, 50, 45
S. W. Ronqeue (Rouqueve), 100, 2900, 2000, -, 500
Chas. Williams, -, -, -, -, 400
M. A. Durant, -, -, -, -, -
E. Beaty, -, -, -, -, -
E. Hyman, -, -, -, -, -
G. F. B. Leighton, -, -, -, -, -
P. Mooduard, -, -, -, -, -
H. Pauly, -, -, -, -, 25
Sophia Pigott, -, -, -, -, 25
W. H. Cain, -, -, -, -, -
B. L. Guery, -, -, -, -, 25
J. B. Anderson, -, -, -, -, 25
A. M. Forster, 800, 7000, 50000, 300, 4045
J. C. Porter, -, -, -, -, 250
J. L. Easterling, -, -, -, -, 100

B. S. Lester, -, -, -, -, 30
A. E. Dickman, -, -, -, -, 30
J. J. Tamplet, -, -, -, -, 40
Benj. Deal, -, -, -, -, 75
V. Richardson, -, -, -, -, 2200
J. Devane, -, -, -, -, 20
R. O. Bush, -, -, -, -, 40
M. A. Logan, -, -, -, -, 22
St. J. P. Ellis, -, -, -, -, 20
Thos. Goggerty, -, -, -, -, 20
M. Y. Homen, -, -, -, -, 40
E. B. Rottmahler, -, -, -, -, 60
W. S. Croft, -, -, -, -, 25
L. R. Marlon, 60, 1290, 1300, -, -
J. H. Bludworth, -, -, -, -, 30
David _. Smith, 720, 1880, 8000, 100, 1200
H. M. Svliddleser, -, -, -, -, 2000
W. W. Shackelford & Co., 4, 36, 24000, 6000, -
W. W. Shackelford, -, -, -, -, 130
B. H. Wilson, 70, 203, 5000, 200, 800
H. F. Detysins, -, -, -, -, -
J. T. Patterson, -, -, -, -, -
R. Dozier, 100, -, -, -, 650
Jos. Sampson, -, -, -, -, 95
W. R. T. Prior, -, -, -, -, 600
Jas. Murrell, 1, -, -, -, 100
T. R. Sessions, -, 600, 500, -, 700

Est. J. W. Watts, -, 1000, 50, -, 20
Olivia Kerton (Kenton), -, -, -, -, 20
E. Winslow, -, -, -, -, 3
F. M. McCausker, -, -, -, -, 325
S. _. Tuttle, -, -, -, -, 445
S. T. Atkinson, -, -, -, -, 30
W. M. Andreas, -, -, -, -, 50
M. Thompson, -, -, -, -, 25
Augustus Carr, -, -, -, -, 1500
S. R. Carr, -, -, -, -, 25
Ewd. Rainey, -, -, -, -, 500
G. M. Christie (Churtic), -, -, -, -, 40
E. Harelden, -, -, -, -, 40
M. C. Fanon, -, -, -, -, 8
H. Hutchison, -, -, -, -, 8
L. A. Pond, -, -, -, -, 2
O. Eady, -, -, -, -, 100
C. P. Thompson, -, -, -, -, 25
M. Shaw, -, -, -, -, 40
A. J. Richardson, -, -, -, -, 2200
M. C. Davis, -, -, -, -, 5
S. A. Sellers, -, -, -, -, 5
H. Beach, -, -, -, -, 25
J. Moultrie, -, -, -, -, 35
Flora Brown, -, -, -, -, 1
F. S. Parker, 1129, 2250, 100000, 10000, 150
C. J. Atkinson, 346, 3906, 20000, 200, 1700
S. A. Howell, -, -, -, -, 150
Mary McCall, -, -, -, -, 300
B. J. Bostick, 150, 500, 3500, 20, 500
H. A. Middleton, 850, 500, 140000, 1500, 2650
P. E. Brazwell, 75, 700, 500, 25, 400
Wm. T. Braswell, -, -, -, 25, 100
W. L. Milliken, -, -, -, -, 400
M. H. Lance, 450, 1000, 30000, 500, 1500
W. G. Uptegrove, -, -, -, -, 25
H. Pitman, -, -, -, -, 400
W. M. Thomas, -, -, -, -, 50
John L. Ward, -, -, -, -, 45
Wm. Ward -, -, -, -, 150
K. Lambert, -, -, -, -, 125

Est. S. Ford, 400, 4150, 60000, 2500, 2500
J. R. Ford Exr., -, 497, -, -, -
S. Farron, 50, 250, 300, -, -
S. T. Gaillard, 250, 1644, 20000, 4000, 1500
E. P. Guerrard, 306, 1026, 22000, 1000, 800
Robert Pringle, 320, 2936, 30000, 1500, 1600
Sam. McGinney, 40, 810, 2000, 15, 600
J. W. Howard, 2, 128, -, -, 12
Jo. B. Pyatt, 650, 1454, 125000, 80, 2000
John F. Pyatt, 600, 2089, 110000, 7, 2078
Henry Cumbie, 50, 1754, 1800, -, 520
J. P. Britt, 6, -, -, -, 400
W. J. Dansey, 300, 8000, 15000, 500, 2500
Wm. Porter, -, -, -, -, 600
Francis Weston, 870, 1283, 134000, 200, 2870
Est. W. C. Sparkman, 350, 2400, 45000, 200, 1000
Jane McGinney, -, -, -, -, 100
_. & J. McDonald, 30, 470, 700, 15, 300
Jane Brazwell, -, -, -, -, 200
J. J. McDonald, 30, 470, 700, 15, 3000
E. P. Coachman, 140, 750, 9000, 50, 675
Jackson Young, 20, -, -, -, 200
Miss J. Phillips, 50, 700, 1200, 5, 200
Miss M. Phillips, 150, 185, 300, 5, 300
Est. J. Exum, 450, 3400, 20000, 150, 1000
J. R. Easterling, 220, 3424, 16000, 150, 2000
Francis Green, 130, 1000, 4000, 30, 700

John Cribb, 15, 185, 200, 5, 100
John Owens, -, -, -, 1, 5
Nathl. Gregg, 5, -, -, 2, 30
Mac Daniel & Co., 50, 2450, 9000, 500, 1200
Henry Holliday, 12, 600, 1000, -, 400
R. B. Green, 25, 200, 1000, 4000, 500
Benj. J. Wilson, 15, 165, 500, 5, 650
John Rice, 9, 50, 200, -, 350
Jacob Noulon, 10, 150, 200, -, 60
Thos. Bates, 34, 300 1200, 10, 625
John G. Venters, 100, 250, 2000, 20, 1320
John Forbes, 50, 200, 400, 25, 400
Danl. Buxter (Baxter), 30, 150, 300, 20, 400
Danl. Williams, 12, 100, 200, -, 30
Thos. Jacobs, -, 20, -, -, 50
Elisha Eady (Eades), 20, 60, 100, -, 50
Ann Williams, 20, 60, 125, -, 75
Ladson Ford, 18, 44, 4000, 5, 900
George T. Ford, 40, 9960, 10000, 20, 800
F. W. Heriot, 225, 400, 30000, 1400, 1200
Paul Fitzsimons, 283, 1500, 20500, 100, 1200
E. M. A. Ford, -, -, -, -, 200
J. H. Tucker, -, -, -, -, 1100
J. R Tucker, -, -, -, -, 1200
Jas. R. Sparkman, 400, 2300, 65000, 2000, 2600
E. S. Heriot (Guardian), 550, 2500, 40000, 3000, 1800
J. B. H. Mitchell, 6, -, -, -, 375
Wm. Roberts, -, -, -, -, 275
B. M. Grien, 100, 3500, 5000, 250, 5000
O. C. Freeman, 40, 900, 2000, -, 400
R. W. Sullivan, 27, 380, 1200, 40, 1000
Francis Cribb, 5, 95, 200, -, 120

Noah Michau (Michan), 12, 38, 50, -, 150
Fernifold Rhem, 150, 5800, 7000, 100, 2000
Wm. Crapps, 21, 89, 250, 50, 650
McG. Carraway, 150, 6650, 10000, 7000, 1925
C. C. Cribb, 10, -, -, -, 100
John Moore, 30, 20, 300, 25, 200
Charles Phillips, 5, -, -, -, 30
John Phillips, 4, 96, 200, -, 40
D. D. Moore, -, -, -, -, 30
John L. Hewitt, 10, 180, 200, 10, 100
J. F. Williams, 10, 145, 200, 10, 200
A. A. Kerman, 30, 600, 880, 10, 400
H. L. Carter, 35, 65, 150, 10, 200
W. T. Rowe, 15, -, 200, 5, 600
F. G. Cribb, 15, 35, 200, 20, 100
J. K. Barfield, 60, 440, 500, 10, 400
Matthew Goude, 20, 180, 200, -, 300
J. A. Howard, -, -, -, -, 30
F. M. Goude, 15, 185, 400, 10, 300
James Rowe, 15, 85, 150, 25, 300
Jas. A. Kerman, 30, 70, 200, 5, 200
Henry Cribb, 2, 29, 40, 5, 10
R. P. Howard, 5, -, -, -, 75
John C. Cribb, 25, 75, 200, 5, 100
W. A. Kerman, 25, 75, 200, 5, 200
Wm. Moore, -, -, -, -, 40
Elijah Owens, -, -, -, -, 50
J. T. Hattaway, 25, 139, 500 30, 500
Jehu Cribb, -, -, -, -, 150
S. H. Cribb, -, -, -, -, 50
B. T. Outland, 30, 3970, 400, -, 800
Jas. B. Goude, 10, 90, 100, 5, 75
N. R. Parsons, -, -, -, -, 100
Thos. Bond, -, -, -, 30
Wm. Venters, 6, 144, 150, -, 300
Saml. Marsh, -, -, -, -, 250
Leonard Cribbs, 35, 765, 2000, 25, 200
Thos. Cribb, -, -, -, -, 175
James Snow, 150, 4350, 10000, 100, 1800
Carraway & Perkins, 100, 4029, 6000, 8200, 2440

H. W. Brunton, 30, 130, 300, 5, 350
Ann Cerney, -, -, -, -, 25
J. A. Brunton, 5, 95, 500, 100, 400
S. King, 50, 1450, 1450, 25, 400
James Goude, -, -, -, -, 50
Thos. Hemmingway, 100, 800, 4000, 160, 1000
M. Morton, 15, 235, 300, 5, 250
A. B. Jarpad (Jaysad), -, -, -, -, 600
R. G. Green, 25, 375, 500, 10, 200
D. Perkins & Co., 130, 4940, 6000, 1000, 2500
B. F. Westberry, 40, 500, 1000, 10, 700
Wm. Wall, 5, -, -, -, 100
C. B. Cumbie, 40, 660, 700, 10, 1000
Wm. L. Wallace, -, -, -, -, 300
J. J. Richardson, 12, 788, 800, 5, 100
D. J. Pepkin, 30, 370, 1200, 25, 500
M. Etheridge, 10, -, -, -, 100
Wm. Pepkin, -, -, -, -, 300
J. C. Etheridge, 15, 67, 150, 25, 150
G. N. Warr, 6, 44, 100, 40, 130
John C. Etheridge, -, -, -, -, 120
John R. Whitman, 30, 112, 800, 100, 400
R. J. Davidson, 75, 2925, 4000, 100, 600
Robt. Nealy, -, -, -, -, 140
John W. West, -, -, -, -, 40
John P. Lambert, -, -, -, -, 30
J. Cooper, -, -, -, -, 175
W. T. Lambert, 35, 500, 600, 20, 250
Wm. Surry, -, -, -, -, 50
Sarah Goude, 25, 107, 200, 4, 125
James D. Ham, 10, 90, 150, 25, 250
Danl. Richardson, 75, 1075, 2200, 100, 900
Elijah Cox, 20, 235, 400, 4, 160
Jax. P. Elliott, 20, 1700, 3000, 20, 730
D. Arant (Avant), 43, 318, 700, 5, 1650
W. R. Lambert, 20, 130, 300, 5, 125
B. M. Gourden, 800, 2000, 15000, 500, 4140
B. Lambert, 20, -, 200, 4, 120
P. Lambert, -, -, -, 5, 250
Jos. Rogers, -, -, -, -, 45
Jacob Oaks, 15, 35, 100, 5, 375
J. W. Altman, 10, 1300, 1300, 10, 1200
W. C. Miller, 10, 90, 200, 20, 400
Thos. H. King, 5, 45, 100, -, 150
W. T. Thompson, 1, 299, 300, 5, 50
Wm. Dabein (Dobeiri), 8, 50, 150, 100, 50
Maria Holmes, 15, 85, 200, -, -
M. Williams, 53, -, 200, -, 200
R. M. Collins, 55, 3845, 10000, 100, 700
John Williams, -, -, -, -, 600
R. Harris, 140, 700, 4000, -, -
A. Williams, 20, -, -, -, 125
H. Williams, -, -, -, -, 400
J. J. Anderson, 70, 830, 6000, 200, 1100
W. B. Pringle, 947, 758, 100000, 2000, 1799
J. H. Lucas, 500, 1000, 25000, 100, 500
J. L. Nowell, 200, 800, 23000, 50, 400
A. Mazyck, 200, 100, 30000, -, -
P. P. Mazyck, 40, 600, 60000, -, -
J. H. Ladson, 600, 1500, 100000, 10000, 2600
A. M. Manigault, 350, 500, 30000, 8000, 750
W. B. S. Horry, 700, 3000, 100000, 15000, 3130
W. R. Maxwell, 600, 1000, 50000, 6000, 2000
W. J. Maxwell, 320, -, 35000, 6000, 1500
A. Middleton, 400, 330, 12500, 600, 1200
J. J. Middleton, 280, 500, 10500, 6000, 2000

A. Johnstone, 1200, 1000, 125000, 6000, 1500
W. C. Johnstone, 350, 2400, 250000, 3000, 600
J. A. Hume, 400, 300, 20000, 500, 700
J. R. Pringle, 490, 1990, 65500, 10000, 900
M. Ravenel, 298, 323, 25000, 5700, 900
J. _. J. Pringle, 230, 34, 9000, -, 400
W. H. Maysant, 300, 3000, 20000, 800, 700
S. H. Maysant, 300, 2500, 15000, 100, 1500
C. J. Butts, -, -, -, -, 150
H. E. Lucas, 350, 500, 30000, 2000, 1000
P. Tyderman, 450, 500, 30000, 6000, 785
E. G. Hume, 400, 500, 32000, 5000, 1500
S. Deas, 264, 156, 31000, -, 250
Wm. Ward, 10, -, 100, -, 25
Elisha Pepkin, -, 6000, 12000, 300, 3600
Henry Bailey, 100, 682, 3000, 100, 1400
Phillip Thomas, 100, 3900, 2000, 25, 160
Sarah Crapps, 40, 660, 1000, 5, 200
R. W. Shackelford, 50, 3000, 6000, 200, 1600
Asa Walker, 10, 505, 1200, 50, 150
J. R. Smith, 15, -, 150, 20, 200
J. Mitchum, 5, -, 20, -, 30
B. Flowers, 10, -, 50, 20, 200
J. W. Sweat, 10, -, 50, 10, 400
W. F. Paul, 20, 400, 1000, 3, 500
Jas. Walker, 15, 200, 600, 25, 600
Jas. W. Moye, 30, 370, 1200, 100, 1000
Mary J. Bone, 20, -, 200, -, 400
D. J. McKithin, 10, 206, 400, 40, 600
Isaac Borum, -, -, -, -, 100
Jas. W. Gasque, 30, 590, 1200, 20, 1200
H. H. Alford, -, -, -, 50, 600
Wm. Moyd, 21, -, 100, 20, 600
Wm. Airs, 6, 194, 250, 10, 30
Jas. Milliken, 1, -, -, -, 70
C. Burgess, 10, 300, 400, 10, 200
Thos. P. Clark, 10, -, 100, -, -
Jas. Newton, 2, -, 20, 1, 200
John Marsh, -, -, -, -, 15
Elias Banireau, 10, 90, 120, -, 200
John B. Gorman, -, -, -, -, 2000
John Sanders, 5, 295, 300, -, -
Richd. Sanders, 5, 295, 300, -, -
Sampson Long, 5, -, 50, -, 100
Saml. Cartwright, 5, -, 50, -, 30
Isaac Morris, 10, 100, 100, -, 300
Danl. Thomas, 150, 1450, 3500, 150, 1000
C. C. Columbus, 20, 4000, 5000, 1500, 500
H. McAn, -, 1700, 800, -, 50
J. Reese Ford, 265, 145, 35000, 500, 1600
H. S. Thompson, 50, 400, 500, 100, 1500
Jas. Slatney, 10, -, 100, -, -
Wm. Burgess, 7, 107, 300, -, 150
Frederick W. Ford, 400, 650, 25000, 5000, 2400
Joseph Ford, 300, 700, 10000, 100, 600
Simons Lucas, 380, 800, 30000, 5000, 1700
Thos. Horry, 350, 1500, 25000, 5000, 1200
J. H. Read, 1350, 2900, 185000, 30000, 3800
Jas. H. Trapier, 250, 890, 40000, 30000, 2200
Est. B. F. Trapier, 600, 3284, 6000, 10000, 2500
B. F. Dunkin, 270, 1400, 35000, 500, 1000
Chas. Alston, 355, 2600, 60000, 10000, 700

Chas. Alston, 310, 715, 50000, 2000, 900
Jane R. Barnwell, 525, 575, 65000, 400, 1200
Sol. R. Henecy, 78, 300, 1000, 50, 300
Ann Henecy, 50, -, 200, 5, 120
T. R. M. Singleton, 50, 1600, 4000, 100, 500
Wm. Collins, 30, 570, 1000, 100, 400
Thos. Bath, 32, 638, 1000, 50, 500
Benj. S. Thompson, -, 600, 1000, 40, 500
Ann Bath, 100, 650, 750, 25, 800
S. Grier Sr., 60, 540, 600, 50, 1140
S. Grier Jr., 10, 308, 400, 40, 150
Saml. Bell, 5660, -, 8000, 3000, 1500
Saml. Moore, 40, 2900, 4000, 2000, 800
R. H. Kimball, 30, 850, 2500, 1000, 600
Jordan Williams, 20, 80, 200, -, 120
Henry Flowers, 20, 80, 200, -, 50
W. G. Williams, 12, 703, 1430, 30, 215
E. E. Williams, 25, 675, 1400, 10, 40
Robt. Williams, 20, 148, 300, 1, 180
Wm. Williams, 15, 63, 100, 50, 180
J. R. Buxley, 10, 40, 150, 5, 100
Saml. Marsh, 15, 35, 150, 5, 100
R. Pope, 50, 2950, 4000, 400, 1500
William Marsh, 20, 150, 200, 50, 200
Ann Hataway, -, -, -, -, 60
Thos. J. Hughes, 6, 144, 200, 5, 75
J. H. Hamlin, 30, 600, 2500, 100, 500
Wm. King, 60, 383, 1000, 150, 950
R. F. W. Allston, 2000, 4450, 150000, 12000, 6000
Benj. Allston, 314, 400, 21400, 500, 1500
Est. R. S. Izard, 875, 2484, 150000, 30000, 2500
N. P. Bone, 90, 910, 3000, 10, 360
R. H. Loundes, 500, 100, 40000, 10000, 1600
J. J. Pringle, 400, 2153, 35000, 400, 150
A. H. Belin (Belm), 300, 500, 61000, 300, 450
M. E. Flagg, 280, 400, 57000, 300, 900
J. R. Sparkman, 500, 2104, 65000, 5000, 2500
J. W. Labner, 350, 300, 25000, 1500, 2500
U. H. Dowell, 55, 1945, 5000, 100, 700
W. H. Trapier, 400, 200, 30000, 500, 1200
J. B. Alston, 370, 2100, 35000, 25000, 2500
C. E. Stalvey, 21, -, 100, 100, 180
J. D. Magill, 635, 2265, 70000, 2000, 6760
Charles Betts, 275, 2500, 1800, 200, 3000
D. W. Jordon, 900, 13000, 125000, 27000, 6934
Robert Nesbit, 542, 2000, 100000, 25000, 1080
Joseph Alston Jr., 550, 2500, 100000, 3000, 1000
Dr. H. Post, -, 5, 500, -, 2000
W. H. Tucker, -, -, -, -, 1386
Mayham Ward, -, -, -, -, 1650
Est. of J. H. Tucker, 2600, 10000, 300000, 30000, 2755
Wm. A. Alston, 250, 1000, 30000, 1500, 2500
Martha H. Pyatt, 575, 3000, 75000, 2000, 2230
John B. Lekbour, -, -, -, -, 225
Charles F. Middleton, -, -, -, -, 325
B. F. Dunkin, 290, 300, 3000, 700, 1630
Charles Alston Sr., 907, 2617, 200000, 20000, 15358

William Alston Jr., 255, 4000, 150000, 20000, 2332

Wm. A. Alston, 706, 3000, 200000, 15000, 1283

Wm. A. Alston, 150, 2000, 15000, 25, 25

John LaBruce, 600, 3000, 70000, 6000, 6600

Alexr. Glonnie, -, -, -, -, -

Jo. Stalvey, -, -, -, -, 350

P. C. J. Weston, 923, 2171, 142000, 3000, 6338

Est. of Jo. J. Ward, 3500, 10100, 380000, 75000, 16350

J. J. Middleton, 885, 1675, 120000, 25000, 2500

W. H. Trapier, 250, 700, 20000, 500, 1400

A. Husell (Hasell), 100, 300, 2000, 100, 900

Wm. Porter, -, -, -, -, 450

Greenville District, South Carolina
1860 Agricultural Census

The South Carolina Department of Archive and History has microfilmed its census records. Detailed information on the history of these records as they were created and later turned over to South Carolina by the Department of the Interior's Bureau of the Census is in the Foreword.

Columns 1, 2, 3, 4, 5, and 13 represent the following information on the census:
1. Name of Owner, Agent or Manager of Farm
2. Acres of Improved Land
3. Acres of Unimproved Land
4. Cash Value of the Farm
5. Value of Farming Implements and Machinery
13. Value of Livestock

F. H. Fuller, 120, 500, 2600, 150, 800
J. R. Petty, -, -, -, -, 20
Curtis Briant (tenant), -, -, -, 5, 100
William Roberts (tenant), -, -, -, 10, 100
Milford Howard (tenant), -, -, -, 90, 260
Wm. Hawkins, 50, 261, 2400, -, 20
M. Barton, 60, 240, 900, 15, 200
Joseph Barton, 40, 290, 1700, 75, 260
John Bollinger, 50, 100, 250, 60, 320
Wm. Bates, 100, 195, 3000, 180, 450
Herburt Hawkins, 150, 450, 1600, 200, 520
Wm. Fulkes (tenant), -, -, -, 135, 240
George Hudgeons (tenant), -, -, -, -, 34
Elmer Compton, 25, 35, 500, 3, 150
F. Holcombe (tenant), -, -, -, -, -
John Couch (tenant), -, -, -, 5, 48
Rebecca Davis (tenant), -, -, -, -, 20
William Odam (tenant), -, -, -, 5, 260
Louis H. Dickey, 700, 1400, 10000, 900, 2700
Jesse Coval, 4, 7, 40, 5, 55
Eliza Prince, 200, 655, 6000, 260, 370
Wm. Patterson (tenant), -, -, -, 33, 137
Jordan Loftis, 40, 23, 250, 50, 338
James Harrison, 160, 100, 300, 100, 495
Evaline Dill (tenant), -, -, -, -, 35
Wm. Harrison, 30, 170, 200, 10, 170
Tilman Waldrope (tenant), -, -, -, -, 15
John H. Harrison, 12, 38, 250, 5, 195
Charlottia Loftis, 60, 26, 600, 25, 515
Wm. McKinsey, 125, 275, 4000, 300, 515
James Hopkins (tenant), -, -, -, 25, 60
John Howard, 30, 45, 200, 5, 230
Wm. Bowers (tenant), -, -, -, 3, 200
John Rigan (tenant), 50, 350, 1500, 60, 380
S. Cannon, 50, 200, 1500, 70, 560
David Cannon, 30, 47, 700, 10, 180
Richard Slaton (tenant), -, -, -, 5, 200
George Dill 70, 374, 4800, 15, 350
David Jackson, 30, 205, 300, 20, 210
Wiley Suggs, 35, 190, 400, 90, 295
Joseph Chastain, 70, 330, 1400, 30, 300
John Chastain, 10, -, 100, 50, 400
Joseph McWilliam (McMillion), 50, 295, 1000, 100, 265

Henly McMillion, 10, 110, 100, 10, 25
Wm. Bromlett Sr., 10, 100, 200, 50, 40
Mary Bailey, 30, 88, 500, 5, 20
Wm. Bromlett Jr., 30, 20, 400, 130, 650
Sterling McCue, 7, 53, 140, 220, 185
Wm. Harrison, Jr., 100, 150, 1000, 45, 320
Theron Dill (tenant), -, -, -, 5, 80
Ann Dill (tenant), -, -, -, 2, 30
John Moone (tenant, 25, 60, 250, 10, 150
Andrew Donohoo, 100, 100, 1000, 30, 220
Malinda Fuer (Few, Tew), 45, 155, 1700, 250, 375
William D. Dickey, 180, 570, 5400, 200, 1380
Wesely Curry, 28, 57, 280, 125, 195
John Fowler (tenant), 12, -, 120, 10, 60
Oliver Barett, 200, 950, 10000, 500, 2600
William Barton, 28, 35, 700, 150, 200
Thos. Barton, 55, 169, 600, 76, 235
Solomon Barton, -, -, -, -, 75
James Gosnell Sr., 40, 92, 300, 8, 280
Shoplugh Barton, 35, 128, 700, 35, 190
Jos. Barton Jr., 62, 300, 800, 125, 350
Wm. Gosnell, 50, -, 300, 10, 140
John Rochester, 40, 260, 250, 50, 55
Hughprey Keller, -, -, -, 8, 200
Alexd. Bowers, -, -, -, 75, 380
James Gosnell Jr., -, -, -, 100, 190
Jacob Balew, 50, 460, 500, 5, 230
Portman Howard Jr., -, -, -, 10, 105
Randel Reece (tenant), -, -, -, 5, 35
Jobary Thompson, 35, 100, 350, 20, 3315
Nathaniel Rictor(Rector), 110, 90, 2000, 165, 260
Lucinda Thompson, -, -, -, -, -
Pleasant Barton, 50, 86, 3000, 200, 510
Mathew Fowler, 70, 50, 1500, 150, 510
Goshu Ross, -, -, -, 10, 85
Triesly Bollinger, 80, 87, 3500, 250, 460
Darceel Brown, -, -, -, 5, 50
H. Dunlap, -, -, -, 105, 220
A. D. Goodlett, 200, 334, 7500, 340, 1320
J. H. McLean, 89, 24, 4200, 500, 730
Lewis Cockrill, 60, 260, 4500, 620, 584
Nancy Smith, 20, 118, 1000, 103, 138
Green Adkins, -, -, -, -, 20
Thos. Tinsley, -, -, -, 5, 30
Malinda Wright, -, -, -, -, -
Henry Davis, 40, 66, 800, 11, 137
Elizabeth Jackson, 50, 110, 1000, 90, 400
J. D. Morrow, 28, 75, 300, 6, 160
A. W. Jackson, 20, 80, 300, 6, 134
Milton Underwood, 40, 160, 2000, 30, 465
Reuben Slaton, -, -, -, 5, 30
B. McMorrow, 18, 90, 300, 10, 137
A. J. Ponder, 150, 150, 4000, 105, 659
John Boman(Bomer), -, -, -, 5, 28
Enoch Howell, -, -, -, 10, 217
Marvel Milton agt., -, -, -, 50, 119
Silas Williams, -, -, -, 5, 70
Wm. Henson, 20, 86, 600, 180, 350
Wm. Babb, 20, 99, 600, 50, 218
G. W. Bruce, 30, 100, 300, 25, 135
Tom Dill (tenant), 25, 25, 400, 5, -
Wasington Curry, 6, 35, 160, 5, 13
J. Underwood, 10, 90, 500, 200, 100
Aaron Henson, 35, 106, 700, 300, 190

Sam. C. Smith (tenant), 40, 80, 700, 5, 45
Jack Ponder, 120, 746, 6000, 350, 595
Benj. Steward, 25, 75, 2000, 100, 270
Wm. Steward, 50, 435, 3000, 90, 320
Wm. Henderson, -, -, -, 15, 50
John Watson, -, -, -, 2, 20
David McLean, 24, 135, 1800, 75, 425
Reuben Bowden, 300, 1268, 1200, 600, 900
Andrew Peace, 5, 50, 1200, 5, 75
J. B. & A. Pearce, 65, 217, 1800, 200, -
Barnsey Bowden, 30, 270, 3000, 250, 500
James McMakin, 100, 3000, 10000, 400, 200
James Moss, 47, 300, 1000, 128, 500
Masey Lester, -, -, -, 63, 400
Simon Lester, 150, 564, 6000, 83, 580
Hosea Lanford, 15, 40, 300, 35, 175
John Smith, 60, 100, 600, 40, 269
Alex Reid, -, -, -, 30, 277
Edward Dill, 7, 2, 40, 8, 68
John Henson, 30, 70, 400, 10, 26
B. C. Lester, -, -, -, 28, 168
John Campbell, 60, 155, 1600, 80, 482
George B. King, -, -, -, 6, 70
Oharrow Barton, 200, 300, 3000, 190, 335
Eliza Dill, 10, 30, 120, -, 9
Wm. Johnson, -, -, -, 10, 40
Perry Hutcherson, -, -, -, 25, 33
Calvin Farmer, 8, 15, 200, 40, 155
Benj. Farmer, -, -, -, 5, 75
James Henson, 70, 130, 4000, 48, 410
John Henson, 50, 61, 3000, 50, 184
James Bruce, 60, 43, 600, 40, 480
Loyd Henson, 35, 109, 2000, 86, 335
Rebecca Henson, 60, 20, 2500, 20, 278
Ebenezer Barnett, 3, 42, 225, -, 118
Mary Ponder, 50, 100, 2000, 15, 380
Calvin Bollinger, -, -, -, 10, 90
John Dill, 100, 113, 2500, 215, 488
W. M. Smith, -, -, -, 5, 175
S. Crane, 100, 275, 5000, 280, 750
Joseph McKiney, 35, 78, 1700, 45, 106
Henry Fisher, -, -, -, 5, 140
Franklin Moon, -, -, -, 50, 50
Sandford Brown, 60, 40, 300, 18, 132
Daniel Balew, -, -, -, 25, 58
Levi Center, -, -, -, 5, 10
Ezas Dill, 60, 100, 1200, 40, 600
Sarah Kythe, 50, 190, 1500, 100, 210
George Center, 460, 1040, 10000, 250, 750
Benn. Wooten, -, -, -, 10, 60
Milton Ponder, 50, 100, 1200, 80, 320
Louisa McMakin, 100, 180, 2000, 105, 830
Wm. Ward, -, -, -, 7, 310
Wilson Southerlin, -, -, -, 3, -
Wm. Turner, -, -, -, 10, 205
Jonathan Turner, -, -, -, 3, -
W. Pace, 30, 70, 200, 5, 101
S. W. Morgan, -, -, -, 2, -
Joseph Gosnell, 35, 365, 2000, 40, 290
Margaret Campbell, -, -, -, 5, 40
Vance Rhodes, 50, 250, 700, 90, 459
Elias Turner, 8, 77, 225, 8, 70
Horatio Foster, 60, 157, 800, 40, 440
J. B. Ward, 70, 670, 1500, 65, 430
John Phillips (tenant), 40, 110, 200, 12, 330
Perry Davis, 5, 45, 200, 40, 65
Lewis Cogins, 35, 115, 400, 8, 200
John Ward, 40, 60, 300, 8, 185
John Ward, 90, 159, 1000, 155, 405
Wm. Blackwell, -, -, -, 2, 15
Joseph Reid, 35, 40, 225, 3, 130

Calvin Robertson, 40, 180, 500, 5, 150
Elisha Lindsey, 30, 41, 200, 5, 135
James McDevit, 35, 40, 300, 5, 140
Robt. Grumbles, 8, 78, 250, 5, 50
A. Gorden, 10, 15, 100, 3, 33
Wm. Foster, -, -, -, 4, 175
Jordan Holcombe, 10, 15, 100, 10, 85
Elisha Pruette, -, -, -, 25, 10
Wm. K. Hightower, 80, 824, 3000, 160, 678
Jasper Cambell, -, -, -, 2, 18
Ira Burrell, -, -, -, 7, 25
Moses Howard, -, -, -, 2, 30
Benj. Gorden, -, -, -, 3, 23
Irvin Ward, 60, 290, 1500, 100, 504
Jasper Ward, -, -, -, 2, 10
M. Goodwin, -, -, -, 3, -
A. Sexton, -, -, -, 5, -
John Thompson, 25, 101, 300, 10, 149
A. McDowell, 80, 170, 625, 5, 480
B. F. Posey, 140, 860, 2000, 300, 515
B. J. Steward, 30, 90, 1200, 35, 274
Fielding Sudduth, 75, 155, 1610, 85, 196
Thos. Campbell, 60, 40, 1000, 50, 215
Oliver Henson, 40, 46, 400, 8, 139
Adam Brooks, -, -, -, 5, 43
James Smith, -, -, -, 5, 61
James Moon, -, -, -, 5, 76
William Moon, 60, 113, 1500, 5, 50
Elijah Henson, 26, 24, 300, 5, 56
Austin Lester, 40, 110, 1500, 15, 262
George Dill, 56, 104, 1500, 20, 239
Alfred Reed, -, -, -, 6, 15
Sarah Dill, 25, 25, 200, 3, 1080
Wm. M. Dill, 40, 60, 400, 5, 113
Thos. Mosely, 35, 65, 450, 5, 103
Stephen Dill, 60, 90, 600, 25, 349
Bird Ivans, -, -, -, 60, 97
Thos. Mitchell, 15, 135, 300, -, 15
Jefferson Mitchell, 70, 265, 700, 25, 240
Peter Mills, -, 10, 90, -, -
John Odam, -, -, -, -, 112
A. Watkins, -, -, -, -, -
James Odam, 40, 180, 1000, 25, 328
A. Sudduth, 50, 300, 1600, 70, 250
Julany (Gulany) Bruce, -, -, -, 2, 22
Jasper Sudduth, -, -, -, 5, 220
Reuben Sudduth, 50, 168, 1000, 5, 310
Thos. H. Bruce, -, -, -, 3, 64
Peter Sudduth, -, -, -, 5, 210
A. J. Young, -, -, -, 50, 68
Lemuel Page, 30, 85, 300, 16, 155
Francis Dill, 30, 55, 255, 7, 152
Jackson Dill, 25, 60, 255, 7, 111
Wm. Burrell, -, -, -, 8, 39
Joel Farmer, 30, 90, 300, 55, 170
Reuben Harrison, 50, 175, 1000, 5, 210
Henry Smith, 40, -, -, 5, 258
Charlotte Holcombe, 60, 80, 3000, 50, 370
Henry Guess, -, -, -, 4, 35
David Hightower (tenant), 50, 615, 2500, 160, 345
T. W. P. Tucker, -, -, -, -, 20
Thos. Wood, -, -, -, 10, 44
Susan Kimbro, -, -, -, 2, -
J. W. Burns, -, -, -, 2, 15
J. Evans, -, -, -, 5, 40
James Law (Lace), 30, 66, 575, 180, 150
Wm. Lockard, -, -, -, 4, 60
Sampson Babb, -, -, -, 5, 62
Jack Farmer, -, -, -, 3, 15
Thos. Babb, 60, 100, 1000, 100, 400
Jane Connell, 15, 60, 250, 5, 60
A. B. Foster, 70, 270, 3500, 100, 320
William Philips (tenant), 25, 50, 500, 40, 150
John F. Morrow, -, -, -, 45, 120
R. Y. (J.) Foster, 60, 215, 2500, 170, 250

B. Wilson, -, -, -, 2, 100
Lewis Williams, 6, 90, 400, 8, 52
Wm. Crane, 30, 170, 600, 105, 260
Lucy Bruce, 15, 35, 200, -, 3
William Lyons, -, -, -, 13, 65
Felix Walker, 100, 200, 2000, 80, 590
Wm. Boman, 90, 310, 2000, 190, 486
Jasper Farmer, -, -, -, 3, -
E. O. Dickey, 150, 100, 4000, 175, 750
T. M. Camp (tenant), -, -, -, 15, 130
J. M. Corman, 40, 150, 800, 120, 220
W. F. Tate (tenant), 30, 150, 1200, 6, 110
Margaret Westmorland (tenant), -, -, -, -, 8
G. Philips, 40, 56, 800, 200, 63
Wm. Berry Sr., 100, 455, 5000, 60, 38
Wm. Berry Jr., -, -, -, 500, 325
F. Holcombe, -, -, -, 6, 80
Henry Gibson, 50, 100, 1500, 200, 520
James Phillips, 15, 23, 150, 8, 610
D. B. Gibson, -, -, -, -, -
Robert Bailey, 40, 87, 1000, 80, 87
Wm. Howel, -, -, -, 120, 244
Risy Mobley, -, -, -, 2, -
C. Cunningham, 40, 100, 2000, 6, 555
J. Pennington, 225, 675, 7000, 500, 1190
M. Morris, -, -, -, 2, 15
H. Morgan, 50, 75, 375, 10, 72
Betsy Dill, 5, 45, 10, 3, -
H. Bedingfield, 2, 60, 225, 3, 90
Evaline Ward, 5, 5, 20, 3, 30
Mitchel Briant, -, -, -, 15, 565
Mary Prewett, -, -, -, -, 30
Jesse Gosnell, -, -, -, -, 2
Emanuel Prewett, 15, 150, 175, 5, 60
Ellen Tooley, -, -, -, 3, 5
Solomon Morgan, -, -, -, 4, -
James Thompson, 8, 92, 150, 6, 65
Wm. Prewett, 45, 555, 600, 20, 180
Aggy Prewett, -, -, -, 3, 35
D. S. Humphries, 60, 178, 5000, 220, 500
Saml. Gentz, -, -, -, 5, 180
Wm. Farmer, -, -, -, -, 12
J. Brookshine, -, -, -, 10, 35
J. M. Lynch, 80, 720, 7000, 300, 500
J. Pitman, -, -, -, 5, 20
C. Calahan, -, -, -, -, -
A. Cantrell, 80, 1220, 3900, 100, 600
John Barton, -, -, -, 6, 125
Wm. Ward Sr., -, -, -, 6, 125
Lydda Cane, 65, 185, 2000, 40, 198
Ignatius Few (Tew), 125, 475, 5400, 360, 725
Wm. Turner, -, -, -, 5, 20
Benj. Few, 150, 350, 6000, 100, 800
Ephraim Few, 150, 250, 3000, 315, 660
S. Pennington, 20, 127, 400, 20, 240
Saml. Crane, 70, 470, 1600, 75, 514
Sarah Loftis, -, 25, 75, -, 190
Dicy Farmer, 8, 2, 50, 3, 10
G. W. Barker, 4, 36, 100, 35, 600
Jesse Burrell, -, -, -, 4, 25
Rhoda Cox, 5, 5, 100, 4, 38
Lemuel Crane, 12, 88, 300, 4, 250
Francis Smith, 125, 525, 2500, 60, 320
T. Waldrope, 3, 47, 100, 10, 25
John Mavis (Weaver), 70, 730, 6400, 250, 495
J. R. Dickson, 100, 165, 3000, 375, 730
Wm. Dickson, 100, 95, 1900, 100, 591
Danl. Brown, -, -, -, 5, 19
P. Mostellar, 50, 168, 4200, 170, 380
Thos. Watson, 80, 94, 1200, 25, 260
W. W. Bruce, -, -, -, 50, 216
Jesse Farmer, -, -, -, 40, 265
Jesse Cannon, 80, 253, 3300, 30, 340
J. W. Cannon Jr., -, -, -, 150, 135
N. G. Rector, 80, 80, 1280, 160, 486
J. W. Cox, -, -, -, 4, 14

J. Ward, -, -, -, 50, 77
Jno. M. Richards, -, -, -, 9, 3
Elijah Ballinger, 35, 100, 800, 8, 240
William Moore, -, -, -, 50, 310
Washington Mayfield, 40, 115, 900, 90, 325
Alfred Davis, 35, 55, 700, 90, 217
M. Bright, 75, 137, 1300, 75, 213
W. Bright, 40, 93, 1000, 5, 150
Richard Mason, -, -, -, -, -
A. Mayfield, 50, 83, 1200, 70, 387
James Wilson, 64, 76, 800, 20, 185
Wm. Wilson, 1, -, -, 10, 90
John Massey, 40, 30, 420, 100, 80
J. T. Blakely, 100, 100, 2000, 200, 640
Thos. McCugh, -, -, -, 3, -
J. S. Miller, -, -, -, 5, 20
Nancy Hawkins, 100, 118, 1000, 150, 500
A. Peace, -, -, -, 10, 355
H. McClemons, 65, 60, 1200, 200, 350
Danl. Ward, 50, 315, 2900, 150, 245
Nancy Grier, 45, 65, 1000, 35, 55
L. B. Vaughn, 70, 48, 1400, 175, 485
Wm. Cuningham, 200, 584, 7800, 430, 1000
Wm. C. Bailey, -, -, -, 150, 360
Wm. Kelly (tenant), 18, 82, 500, 30, 60
James Higgins, -, -, -, 5, 30
John Bailey, -, -, -, 2, -
Eliza Edwards, 10, 30, 300, 3, 25
Frances Edwards, 40, 60, 350, 40, 208
A. Styles, 25, 125, 1500, 5, 35
Emily Styles, -, -, -, 5, 35
Alexd. Parker, 1, 14, 135, 5, 106
Solomon Bishop, 1, 23, 200, 25, 35
L. T. Jackson, -, -, -, 5, 15
A. Andrea, 4, 26, 2000, 25, 20
J. Crotwell, 80, 500, 3000, 110, 570
W. D. Jackson, -, -, -, -, 20
William Harper (tenant), 15, 285, 1500, 260, 380

G. Edwards, 6, 46, 500, 15, 40
S. T. Dill, 15, 75, 450, 50, 25
Blake Carleton, 30, 70, 600, 90, 360
Yancy Goodlett, 45, 139, 1100, 300, 456
Henry Darby, 100, 280, 3500, 150, 520
D. I. J. Chandler, 68, 612, 5000, 155, 350
Jacob Enlow, 30, 203, 1150, 5, 134
John Langley (tenant), 40, 150, 1250, 115, 300
Thos. Langley, 60, 120, 1000, 10, 360
Benj. Barbara, -, -, -, 5, 140
Mary Heller, 30, 170, 600, 230, 270
Ephraim Williams, 20, 30, 250, 25, 40
B. M. Cox (tenant), 25, 103, 500, 10, 170
Nancy Cox, -, -, -, -, 15
Geo. Cunningham, 150, 350, 2500, 415, 660
Sarah A. DeYount, 8, 2, 100, -, 60
W. T. Smith, -, -, -, 4, 20
William Ballinger, 60, 240, 1500, 40, 328
Ambron Grine, 30, 13, 300, 20, 85
Pierce Watson, -, -, -, 5, 120
P. Sandlin, -, -, -, 3, 30
G. Ailseywine, 17, 53, 220, 15, 190
Wm. Gibson, 200, 250, 4000, 535, 1050
Sarah Nolin, 50, 110, 1000, 35, 188
Carter Langley, 1, -, -, 60, 560
Z. M. Dill, 60, 80, 800, 80, 560
Washington Taylor, 260, 1620, 5000, 100, 5063
Harrison Fleming, 20, 30, 200, 10, 50
George Stuart, 20, 20, 2000, 5, 180
Ira Fowler, 25, 25, 250, 50, 170
L. Dill, 50, 120, 800, 5, 113
W. P. Dill, -, -, -, 50, 120
Elizabeth Dill, 60, 90, 600, 5, 50
A. Collins, 40, 30, 500, 65, 140

Jesse Stuart, 4, 46, 250, 50, 36
Mary Stuart, 20, 80, 500, -, 15
J. W. Gilreath, 300, 170, 5000, 800, 2580
Katlett Jenkins, 62, 80, 1800, 100, 15
Frances Goodlett, 100, 500, 6000, 300, 850
W. H. Hutson (tenant), 10, 100, 2500, 50, 200
Allen Reese, 55, 195, 300, 200, 350
William Crowder, -, -, -, -, -
John Gross, 40, 400, 3300, 165, 526
Elisha Edwards, 10, 30, 100, 6, 45
Elisha Gilreath, 70, 125, 200, 230, 540
Jesse Singleton, -, -, -, 6, 21
William Bull, 60, 106, 1000, 187, 460
Robert Moon, -, -, -, 6, 140
Susan Kendricks, 85, 40, 3100, 300, 700
Gideon Moon, 100, 500, 3000, 160, 420
William Crane, 45, 60, 3000, 130, 425
E. Jenkins, 40, 90, 300, 175, 450
E. Miller, 20, 163, 700, 115, 250
Clara Hawkins, -, -, -, -, -
James Mays, 170, 130, 5000, 700, 500
A. Reese manager, 350, 682, 8000, 400, 2230
J. A. Smith, -, -, -, 3, 22
James Moon, 20, 25, 200, 20, 35
E. Miller, -, -, -, -, -
W. Mitchell, 50, 250, 1000, 5, 280
Joseph Moon, 50, 50, 200, 20, 100
Daniel B. Gibson, 40, 60, 1000, 135, 184
Jesse Stone, -, -, -, 35, 51
James Moon, -, -, -, 10, 40
H. Duncan, -, -, -, 25, 300
A. Odam, 40, 62, 500, 10, 195
L. Jones, 40, 93, 1000, 5, 90
Rebecca Goodlett, 150, 550, 10000, 300, 400
Borum Brown, -, -, -, 5, 35
Joseph Duncan, -, -, -, 65, 320
James Darby, 50, 500, 2750, 165, 325
George Grier, 75, 15, 360, 30, 150
Elizabeth Grier, 28, 2, 120, 2, 20
Nancy Grier, 10, 20, 120, 2, 43
P. Springfield, -, -, -, 5, 15
Lewis Duncan, -, -, -, 6, -
J. Roberts, 40, 167, 1000, 100, 205
John Loftis (tenant), 25, 55, 320, 40, 250
Noel Waddle, 80, 156, 1000, 20, 380
Z. P. Hudson, 30, 85, 1000, 45, 150
Martha Hawkins, 10, 90, 1000, 5, 40
Thos. Smith Sr., 25, 235, 3000, 400, 240
James Roseman, 60, 240, 35000, 600, 390
R. M. Pike, 10, 65, 300, 55, 58
D. Salmons, 36, 65, 500, 75, 170
L. D. Westmoreland, -, -, -, 100, 4
Zion Hawkins, -, -, -, 15, -
J. Sutton, 40, 200, 100, 30, 85
William Shockly, 40, 140, 1400, 35, 160
Jesse Taylor, 20, 35, 375, 25, 175
Peter Southern, 50, 287, 1300, 75, 140
Gipson Southern, 40, 100, 1000, 80, 200
John Bronn, 80, 140, 900, 100, 525
Thos. Taylor, 100, 500, 200, 215, 666
Peter Rains, 16, 34, 350, 70, 170
R. Taylor, -, -, -, 35, 30
W. Y. Bates (tenant), 20, 96, 500, 175, 275
Wm. Salmon, -, -, -, 100, 100
J. Edwards Sr., 20, 155, 2000, 50, 85
Warner D. Walker, 20, 155, 1000, 15, -
Miles Southern, 70, 650, 4000, 90, 205
Elizabeth Barton (Boston), 100, 280, 4000, 100, 243

Curtis Bradly, 130, 700, 5500, 710, 1244
Wm. _. Wickliff, 8, 24, 600, 60, 179
Henry Scolf, -, -, -, 20, 50
Daniel Gunter, 45, 156, 3000, 80, 156
Stephen Niel, -, -, -, 2, -
Wilson Hawkins, 75, 205, 3000, 210, 350
James McNaly, -, -, -, -, -
Isiah Land, 7, 3, 300, 85, 150
W. B. Green, 25, 22, 1000, 65, 110
P. G. Green, 35, 200, 1500, 170, 300
H. A. Cauble, 300, 600, 15040, 1500, 2000
John McColister, 20, 130, 1600, 5, 105
Reuben Sudduth, 75, 145, 1500, 50, 240
James Canada, 30, 70, 500, 38, 90
James Briddle, -, -, -, 3, 20
Jacob Briddle, 40, 160, 800, 3, 65
Edward Briddle, -, -, -, 2, 20
M. Briddle, -, -, -, 2, 5
W. Crowder, 150, 76, 2200, 480, 1119
Denney Sandlin, -, -, -, 2, 50
D. J. Brown, 70, 2, 100, 5, 30
C. Wynn, -, -, -, 5, 85
Terry H. Hensley, -, -, -, 6, -
Branche Vaughn, -, -, -, 4, 75
John Green, 150, 260, 3000, 175, 450
J. A. Suber, 85, 290, 2500, 200, 580
Jesse Hawkins, 30, 10, 200, 55, 40
H. Hawkins, 60, 320, 3000, 150, 490
Eliza Benson, 100, 200, 1500, 5, 230
Hembre Green, 140, 210, 4000, 160, 680
Shannon Green, 50, 100, 1200, 100, 425
Jos. James, 150, 225, 3000, 270, 710
Wiley Ross, 75, 75, 3000, 140, 379
R. A. Goodard, 15, 4, 1000, 258, 122
L. A. Batson, -, -, -, 30, 178
Elizabeth Hughs, 40, 260, 3000, 20, 135
Green Hughs, -, -, -, 3, 15
T. C. Waddle, 50, 159, 2500, 225, 445
Thos. McCarter, 40, 130, 2000, 100, 220
Abram Green, 130, 660, 5100, 270, 855
J. P. Shockley, 70, 149, 400, 250, 634
H. Ward, -, -, -, 5, 27
John Ward, -, -, -, 5, 5
D. W. Green, 20, 146, 1000, 55, 550
D. Cochram, 40, 73, 1000, 50, 140
W. Barbara, -, -, -, 4, 50
James Barbara, -, -, -, -, 15
Nancy Brown, 40, 90, 650, 35, 130
S. Barbara, -, -, -, 55, 165
B. Mason, -, -, -, -, -
John Howell, 150, 250, 6000, 535, 900
Joseph Edwards, 125, 775, 13000, 550, 1010
B. Grogan, 25, 35, 700, 165, 130
E W. Hutson, 37, 653, 4000, 135, 310
E. W. Hutson agt. of B. H. Wilson, 20, 180, 2000, 130, 120
W. Moore, 50, 200, 2000, 386, 314
John Rains, 40, 87, 1000, 125, 360
Henry Rains, 12, 2, 200, 30, 240
Thos. Holtzclaw (tenant), 70, 80, 1500, 175, 385
Ethiel Holtzclaw, 150, 500, 6500, 200, 1050
W. B. Green, 150, 300, 5000, 150, 772
C. Meadous (tenant), 15, 75, 500, 5, 70
A. Brown, 35, 51, 500, 5, 160
G. Wallen (tenant), 14, 95, 500, 5, 12
P. Brown, -, -, -, -, 20
Walker Meadous, -, -, -, -, -
A. Green, 80, 470, 6000, 375, 844
Irvin Green, 80, 106, 1860, 35, 544

Elizabeth Hardin, -, -, -, 4, 15
Gabriel Hardin, -, -, -, 3, 15
P. D. Gilreath, -, -, -, 100, 330
P. Tippins, -, -, -, 30, 45
G. W. King, 116, 384, 5000, 455, 500
Elizabeth Pearson, 80, 700, 7800, 300, 900
Wm. Grisham, 40, 112, 1000, 45, 235
N. Morgan, 250, 350, 6000, 350, 1200
R. G. Marrow, -, -, -, 140, 30
Edward Sizemore, -, -, -, 2, 25
Thos. Woodruff, 100, 50, 1500, 100, 400
M. G. Dillard, 150, 400, 5000, 100, 900
J. T. Dillard, -, -, -, 125, 310
George James, -, -, -, 75, 20
Wm. R. Johnson, -, -, -, 5, 65
John C. Waddell, -, -, -, 60, 180
W. T. Richard, -, -, -, 10, 70
Charlotte Hermet, -, -, -, -, 15
Reuben Owens, -, -, -, 55, 100
D. Mayfield, 35, 177, 1500, 135, 277
Wade Howard, -, -, -, 10, 165
James Pearce, 30, 20, 200, 5, 70
Joseph Pearce, 30, 170, 500, 5, 165
James Mitchell, 23, 100, 300, 55, 110
Mary Pearce, -, -, -, 5, 20
Louisa Burzac, 60, 2, 125, 5, 30
Mathew Bolew, 50, 120, 1000, 20, 175
G. W. Pearce, -, -, -, 6, 20
Patrick Pearce, 20, 35, 300, 5, 25
H. Parish, 70, 230, 1700, 250, 320
Walker Parish, 80, 260, 1700, 150, 290
Jobel Farmer, -, -, -, 6, 1
Bailey Bruce, -, -, -, 25, 200
Alvin Burrell, -, -, -, 10, 30
Alston Bolew, 80, 220, 1500, 100, 475
John Walden, -, -, -, 3, 40
John Simes, -, -, -, 3, 50
Jackson Ward, 200, 620, 5000, 80, 680
Levi Ward, 50, 350, 300, -, 20
Robert Lockard, -, -, -, 5, 125
John B. Reed, -, -, -, 5, 130
Ewell Bolew, -, -, -, -, 50
Jams Dobins, -, -, -, 2, 50
David Bolew, 20, 155, 500, 5, 134
Jack Emory, 15, 105, 300, 4, 130
James Moss, 6, 64, 140, 2, 10
Jabas Emory agent, 13, 87, 150, 5, 70
Daniel Simes, 20, 180, 500, 3, 70
Elizabeth Turner, 20, 100, 200, 5, 3
Oharrow Barton, 60, 70, 1500, 155, 795
Sam Bonum agt, 40, 760, 800, 10, 80
Catharine Bridgsun, 8, 792, 800, 5, 25
Ann Serrat, 200, 100, 500, 5, -
Wm. Morgan, 15, 35, 500, 60, 85
Hosea Wofford, 50, 350, 1200, 130, 550
John H. Grew, 15, 85, 300, 35, 100
Aaron Burnett, 40, 175, 1500, 110, 340
Rufus Barton, 30, 95, 1000, 6, 200
Thos. Wofford, 27, 100, 750, 40, 90
Wm. Peace(Pearce), 30, 100, 400, 5, 60
Feriba Barnett, 20, 60, 800, 2, 40
Fieldy Dobins, -, -, -, 6, 25
Reuben Reid, 30, 20, 300, 10, 204
Madison Reed, -, -, -, -, 17
Thomas Reed, 120, 241, 2300, 95, 314
Wm. Barnett (tenant), -, -, -, 5, 145
James Barnett, 100, 320, 2100, 90, 429
Mathias Pearce, -, -, -, 10, 125
Franklin Bolew, -, -, -, 7, 70
Walton Stags, -, -, -, 7, 155
James Henderson, -, -, -, 5, 50
Beuben Bolew, 50, 296, 1500, 40, 247

Elizabeth Bolew, 40, 100, 40, 20, 148
G. W. Rollins, -, -, -, 30, 65
Allen Cooksey, -, -, -, 8, 135
Annanias Dill, 55, 71, 700, 35, 155
Daniel Akins, -, -, -, 120, 2225
Wm. A. Mooney, 110, 600, 5000, 500, 1057
Ladson Rody, -, -, -, -, 15
Coleman Puckett, -, -, -, 30, 15
Henry Foster, - -, -, 65, 50
John P. Ross, 30, 170, 800, 5, 70
Jacob Land, -, 50, 100, 70, 70
Miles Puckett, 11, 1, 60, 10, 25
Samuel Brown, -, -, -, 5, 70
Wm. Smith, 2, -, 25, 5, 15
Wm. W. Foster, 2, 8, 150, 30, 30
B. R. Allender, 75, 568, 2000, 145, 554
T. J. Earle, 75, 600, 6000, 200, 1010
Malissa Wilson, -, -, -, 10, 20
Jackson Dolton, -, -, -, 53, 45
David McLaughlin, 25, 175, 200, 250, 510
W. B. Ravan, 1, 1, 125, 55, 18
John B. Peace, 86, 102, 1000, 120, 445
Edith Hill, -, -, -, -, -
F. M. Few, 3, 4,75, 5, 140
J. L. Hutcherson, 3, 4, 75, 5, 5
Mildred Foster, -, -, -, 5, 30
Benj. Ravan, 12, 68, 150, 6, 30
Jane McMakin, -, -, -, -, 168
Maning Few, -, -, -, 150, 450
W. D. Thompson, -, -, -, -, 115
Richard Pace, 40, 125, 1000, 20, 325
Dennis Pitman, 2, 57, 90, 25, 200
John Brady, 8, 92, 300, 38, 160
Isaac Wright, -, -, -, -, -
Charles Gosnell, 7, 343, 500, -, 65
Peter Gosnell, 100, 1400, 2100, 100, 250
James Gosnell, -, -, -, 5, 78
Rachel Howard, -, -, -, 2, 40
James Lindsey, 20, 80, 100, 6, 120
George Burrell, 8, 92, 100, 2, 40
William Lindsey, 40, 40, 80, 7, 100
Jacob Lindsey, 40, 110, 250, 10, 150
George Anders, -, -, -, 6, 120
Jacob Prewett, 50, 550, 600, 30, 170
Joshua Prewitt, 30, 70, 100, 10, 100
Elijah Prewett, 1, 99, 100, -, -
Joel Brooksher, 8, 72, 80, 6, 20
George Howard, -, -, -, 6, 75
Franklin Brookser, -, -, -, 4, 100
Portman Howard, 50, 550, 600, 14, 90
Jackson Southerlin, -, -, -, -, 58
Charles Gosnell, 40, 835, 600, 18, 340
James Bright, -, -, -, 3, 20
Joshua Lindsey, 50, 100, 250, 7, 150
Jefferson Howard, -, -, -, 3, 30
Isaac Bolew, -, -, -, 7, 120
George Bolew, 20, 230, 400, 10, 60
Eliphus Bowers, -, -, -, 6, 280
Sanders Hart, 10, 50, 100, 10, 50
Joseph Burrell, -, -, -, 7, 48
William Hart, 30, 70, 250, 10, 10
Anthony Bowers, 20, 50, 200, 30, 195
Hester Center, 3, -, 3, 1, -
Josiah Hart, 20, 20, 100, 6, 43
John Hart, -, -, -, 6, 20
Joshua Pitman, 20, 140, 100, 10,120
Robert Pitman, -, -, -, 6, 160
Calvin Burrell, -, -, -, 10, 75
Stephen Center, 40, 210, 900, 35, 280
Peter Gosnell, -, -, -, 10, 140
William Lindsey Jr., -, -, -, 10, 205
David Shelton, 20, 45, 65, 2, 30
Marion Bruce, -, -, -, 5, 165
George Green, -, -, -, 5, 65
Nelson Moss, -, -, -, 15, 50
John Borrum, -, -, -, 5, 120
John M. Harrison, 40, 260, 500, 40, 390
Daniel Harrison, -, -, -, 50, 65
Berry Gosnell, 55, 500, 1000, 5, 130
Morris Gosnell, 50, 113, 1000, 10, 275

Charles Gosnell, 75, 85, 1000, 50, 240
Sherrod Gosnell, -, -, -, 2, 15
William Summey agt., 100, 500, 1000, 10, 450
William Plumley, -, -, -, 7, 268
Rebecca Plumley, 40, 160, 500, 5, 325
Ephraim Owensby agt., 20, 1980, 500, 10, 528
Lucinda Bolew, -, -, -, -, 190
Jacob Lindsey Sr., 12, 55, 250, 5, 190
George Lindsey, 15, 50, 250, 35, -
William Fisher, 30, 142, 400, 10, 220
Francis Fisher, 25, 69, 400, 30, 235
Lucinda Fisher, -, -, -, -, 70
Francis Fisher agt., 37, 100, 500, -, -
David Lockars, 12, 238, 500, 5, 90
James McClure, 40, 360, 1100, 7, 100
Amos Smith, -, -, -, 110, 122
Elijah Dill, 12, 63, 300, 3, 155
Seaborn Foster, 60, 140, 1500, 100, 450
William Robertson, 180, 934, 4500, 150, 445
Harris Pitman, 25, 75, 600, 45, 285
Wm. Robertson Jr., -, -, -, -, 160
Mary Pitman, 400, 460, 1000, 135, 389
Charles Howard, 50, 320, 600, 10, 270
Joshua Pitman, 6, 94, 100, 5, 60
Hiram McDevit, -, -, -, 5, 30
Wm. Campbell, -, -, -, 5, 80
Joshua Farmer, 15, 58, 365, 30, 160
Enoch Howard, -, -, -, 5, 135
James F. Hightower, 1300, 2500, 25000, 1200, 1800
J. B. Hood, 25, 30, 500, 35, 62
John C. Corley, -, -, -, 4, 40
Edward Couch, -, -, -, 5, 40
Susan Cox, 50, 300, 5000, 30, 800
John Stepp (Steff), -, -, -, 100, 120

B. Hawkins, 75, 230, 4650, -, 150
Wm. C. Goodwin, 80, 750, 6000, 300, 1550
John Burns, -, -, -, 5, 33
Harrison Dalton, -, -, -, -, -
Berry McJuncin, -, -, -, 3, 15
Isaac Laurence (Larrenc), 30, 90, 300, 5, 80
James J. Cass (Carr), -, -, -, 2, 35
John Tinsley, -, -, -, 5, 45
John Stroud, 20, 110, 3000, 80, 200
Albert A. Hart, 50, 393, 1600, 30, 245
John Cox, 50, 110, 500, 10, 435
Madison Odam, -, -, -, 8, 210
Jane Johnson, 50, 150, 2000, 10, 345
Lodwick T. Johnson, 20, 89, 1000, 20, 250
Elizabeth Tinsley, 75, 425, 1500, -, 25
Samuel Tinsley, -, -, -, 6, 200
Waddy Tinsley, -, -, -, 6, 120
Brackin Tinsley, -, -, -, 10, 240
Netty Johnson, -, -, -, 5, 100
Perry Tinsley, -, -, -, 10,70
Baylis Christofer, -, -, -, 1, -
Henry Langford, 40, 60, 500, 10, 175
Ambros Bridges, 30, 68, 800, 7, 250
J. M. Goodwin, 30, 142, 2500, 25, 285
Andrew Wilson, -, -, -, 10, 250
Permelia Hall, -, -, -, 5, 130
Noah Davidson, -, -, -, 15, 150
J. W. Tinsley, 4, -, 200, 8, 370
Harriet Bates, 75, -, 635, 5500, -, 130
John Bates, 75, 325, 2500, 25, 575
Baylis Burnes, -, -, -, 5, 150
Lewis Landers, -, -, -, 5, 50
Wilson Bishop, -, -, -, 5, 210
Thos. Springfield, -, -, -, 20, 160
Robert Williams, -, -, -, -, 15
Joseph Samons, 25, 29, 300, 5, 120
James Compton, -, -, -, -, -
W. D. Threlkeld, 1, 200, 300, 2, 90
Branch Trughl, 2, -, 350, 2, 125

J. H. Cleaveland, 300, 4500, 20000, 300, 1000
Jeremiah Compton, -, -, -, 5, 75
Stephen Powell, 60, 420, 4000, 10, 160
John Langford, 40, 88, 640, 5, 220
Elias Pritchet, 30, 70, 600, 7, 100
Wiley Hitt, 50, 500, 600, 10, 1000
Miles Waldrope, 50, 100, 600, 5, 320
Alfred Waldrope, -, -, -, 10, 110
Thos. Bates, -, -, -, 1, 115
Jefferson Barton, 40, 260, 1600, 5, 400
Greenway Bates, -, -, -, 5, 125
James W. Bates, 30, 170, 1200, 3, 148
John Wade, -, -, -, 5, 30
Jackson Whetlock, -, -, -, -, 50
Joseph Turner, -, -, -, 40, 2050
Martha Reed, -, -, -, 8, 155
Sarah McJunkin, 50, 300, 5000, 5, 400
Berry Roberson, -, -, -, 5, 70
David Devenport, 100, 1329, 10000, 13, 525
Ira Potts, -, -, -, 4, 90
Dolphus Mercy, -, -, -, 5, 100
Solmon Jones, 75, 1225, 5000, 10, 1065
Jos. Dunn, -, -, -, -, 10
Perry Cantrell, 60, 190, 2500, 50, 450
Allen Potts, -, -, -, 8, 60
John Cantrell, 20, 280, 1000, 10, 175
David Bane, 50, 100, 2000, 15, 375
Larkin Reynolds, 30, 160, 1500, 10, 400
Starson Shipman, -, -, -, 5, 50
Abbagale Tinsley, -, -, -, 5, 48
John Johnson, 60, 340, 4000, 10, 167
Asbel Batson, -, -, -, 5, 55
Jesse Adress, 35, 300, 200, 10, 90
George McJunkin, -, -, -, 2, 25
S. J. Dunn, -, -, -, 5, 35
Philip Huff, -, -, -, 5, 150
Wm. Russel, -, -, -, 5, 300
Daniel Bruce, -, -, -, 6, 127
Richard Foster 200, 800, 1200, 20, 800
Wm. Bradly, -, -, -, 5, 15
Henry Hester, -, -, -, 5, 175
Evans Kelley, 100, 160, 300, 20, 800
Mary Kelley, 70, 80, 100, -, 50
Waddy Whitmire, 30, 30, 200, 5, 150
Michael Whitmire, 100, 200, 2700, 20, 300
James Hide, -, -, -, 3, 6
Martin Whitmire, 100, 400, 2500, 10, 300
Nathan Batson, -, -, -, 5, 160
John Foster, 100, 660, 10000, 5, 300
Benj. Howard, -, -, -, 5, 125
James Hester, -, -, -, 5, 120
John Batson, -, -, -, 5, 30
John Guess, 30, 120, 600, 5, 250
C. C. Motgomry, 200, 350, 9000, 100, 1725
Marshal Shelton, 45, 85, 800, 30, 295
Joseph Cooper, 25, 250, 1200, 5, 200
Aqille Batson, -, -, -, 5, 100
A. J. Green, 75, 525, 6000, 10, 500
Nancy Aster, 50, 58, 700, 5, 275
James Gordon, 50, 35, 500, 5, 200
Wm. Hunt, 150, 250, 5000, 25, 640
John H. Tate, -, -, -, 5, 15
Wm. P. Hunt, 5, 15, 150, 20, 385
Franklin Hunt, -, -, -, -, 400
Wm. A. Burry, -, -, -, 3, 20
Aaron Roper, 50, 207, 1500, 20, 400
David McKinsy, -, -, -, 3, 5
Thos. McCarrell, 80, 439, 2500, 10, 350
Robert Hunt, -, -, -, 4, 165
Josiah Bates, 60, 640, 5000, 20, 1000
Timothy Heeler, 100, 400, 7000, 10, 300
Harrison Reed, -, -, -, 10, 250
H. Y. Batson, 40, 160, 1000, 10, 270
Sarah Pritchel, -, -, -, 5, 100
Edward Powell, 75, 925, 5000 10, 500

James Marcum, -, -, -, 5, 80
Robert Jones, 5, 45, 200, 10, 160
Wm. P. Bishop, 30, 270, 1000, 25, 400
Wiley Bishop, 40, 950, 3700, 25, 400
John Devore, -, -, -, -, 25
Anderson Cosban, -, -, -, 5, 25
Charles Roberson, -, -, -, 6, 80
Biving Robertson, -, -, -, 4, 45
Pinckny Rains, -, -, -, 4, 9
Alfred Landrith, -, -, -, 5, 75
Jonath. Huff, -, -, -, 5, 36
Tench Carson, 200, 600, 10000, 50, 1200
Wm. Akin, -, -, -, -, 30
David Blithe, 500, 800, 12000, 50, 1310
Elijah Tinsley, -, -, -, 10, 50
Joseph Coleman, -, -, -, 5, 155
Samuel McJunkin, 25, 200, 700, 5, 25
Netty McJunkin, 25, 437, 362, 3, 50
Dyer McJunkin, -, -, -, 5, 20
Wm. Evans, -, -, -, 5, 90
Phebe Hall, -, -, -, -, 6
John McCombs, 20, 30, 200, 5, 150
Nathan Gilreath, -, -, -, 5, 100
Berry Cass, -, -, -, 3, 20
Odam Cox, 30, 270, 1000, 20, 1060
John Waldrope, -, -, -, 10, 300
Samuel C. May, 500, 500, 20000, 300, 2225
David Brooksher, -, -, -, 5, 10
James Evans, -, -, -, 6, 154
James Wigenton, -, -, -, 1, 20
Ross Reed, -, -, -, 5, 130
Martha Foster, -, -, -, 5, 400
Amos Vaughn, -, -, -, 6, 70
Henry Evans, 30, 85, 400, 5, 150
James Ray, -, -, -, 5, 140
Thos. Hall, -, -, -, 2, 4
Abeil Foster, 100, 800, 5000, 50, 500
Williford Johnson, -, -, -, 10, 75
Henderson Gooce (Good, Gover), 60, 210, 3500, 15, 400
David Goodlett, 50, 100, 2500, 12, 225
Jefferson Dushom, -, -, -, 5, 40
M. Whann, -, -, -, 3, 50
Jesse McJenkins, 100, 150, 3000, 100, 800
P. D. Cureton, 400, 1100, 15000, 300, 2000
John Statton, 50, 70, 700, 35, 500
John Johnson, -, -, -, 20, 800
J. T. Johnson, -, -, -, 10, 250
Carolin Linderman, -, -, -, 3, 50
James McCurry, 50, 157, 2000, 30, 800
Wm. Pierson, 250, 550, 7000, 100, 800
Jas. H. Churgue (Margue), 100, 300, 4000, 50, 200
J. R. Sanges (Songes), 300, 750, 18100, 547, 1495
J. Pirson, -, -, -, -, 15
P. H. West, 50, 150, 1000, 25, 400
M. A. Smess (Smyer), 50, 245, 2000, 20, 400
W. J. West, 75, 225, 2400, 150, 400
R. H. Bramlett, -, -, -, 2, 30
Wm. C. Harris, 100, 318, 4000, 15, 350
Perry Manley, -, -, -, 3, 40
John Ashmore, 100, 214, 3000, 100, 500
B. S. West, 60, 180, 1800, 30, 405
Perry Bray, -, -, -, 3, 10
Thos. S. Mayfield, 50, 150, 1300, 20, 350
Elijah S. Alexander, 80, 100, 1000, 10, 200
Thos. Alexander, -, -, -, 5, 60
James Black, 30, 40, 300, 6, 150
Hansly Black, 30, 32, 500, 6, 100
J. S. Ashmore, 100, 300, 3500, 300, 650
James D. Ashmore, 52, 100, 1000, 20, 305
John Linderman, 30, 40, 300, 5, 300
Owens Smith, -, -, -, 3, 100

T. Crum, -, -, -, 5, 150
Wm. H. Ashmore, 120, 300, 5000, 150, 600
B. Goss, 250, 4112, 26000, 150, 1390
T. P. Carmon, -, -, -, 5, 75
Jacob Shaver, 70, 150, 6000, 40, 400
R. Greenfield, 40, 68, 1000, 50, 300
Elizabeth Hansly, -, -, -, 3, 15
_. F. Bardges (Bridges), -, -, -, 2, 20
John Moore, 25, 50, 700, 60, 200
Q. Forster, -, -, -, 30, 200
S. Griffith, 50, 75, 1500, 40, 300
_. Williss, 40, 90, 1000, 5, 60
J. R. Moore, -, -, -, 3, -
A. Forester, 25, 77, 1000, 5, 200
David Cobbs, 35, 50, 1000, 15, 80
B. Griffiths, -, -, -, 5, 100
E. McDaniel, 30, 50, 1000, 5, 50
Thos. Bridge, -, -, -, 3, -
W. T. Griffith, 50, 50, 1000, 25, 300
W. Balwin, 30, 80, 600, 60, 250
Hannah Payne, -, -, -, 3, 40
M. Bray, 30, 37, 500, 10, 200
Sarah Wells, 50, 250, 1200, 15, 115
F. Cass (Carr), -, -, -, 10, 100
J. H. Hyde, 40, 170, 2000, 50, 350
Laura Cox, -, -, -, 3, 60
Lewis Rodgers, 50, 248, 2000, 60, 328
J. K. Stone, 300, 600, 10000, 300, 2000
D. T. West, -, -, -, 10, 250
A. Wood, -, -, -, -, 15
P. N. West, -, -, -, 5, 70
W. R. Rodgers, -, -, -, 23
J. L. Jenkins, 70, 70, 3000, 20, 400
O. H. Jenkins, 100, 150, 4000, 150, 1000
R. H. Earle, 200, 400, 6000, 300, 1500
R. Alexander, 80, 208, 2000, 30, 100
H. M. Cely, 100, 200, 3500, 60, 800
A. W. Peden, 150, 230, 4000 150, 1000
D. B. Anderson, 75, 126, 2800, 110, 585
W. L. Baker, 100, 230, 2800, 50, 300
T. C. Harrison, 200, 300, 4000, 150, 1000
D. M. Peden, 100, 300, 4000, 125, 800
L. Peden, 100, 236, 2300, 225, 500
M. M. West, 60, 70, 1200, 25, 150
J. S. Hammond, 100, 121, 3000, 75, 700
Jonathan Gray, 40, 10, 700, 20, 350
Philip Gray, 15, -, 100, 10, 225
Neweton Babb, 90, 200, 2500, 25, 500
J. S. Thomason, 60, 197, 2500, 30, 400
M. M. Jones, 30, 100, 2500, 50, 300
Wm. McNeely, 600, 600, 1500, 1000, 2000
T. B. Nelson, -, -, -, -, 50
W. H. Johnson, -, -, -, 5, 100
B. A. Adair, 5, -, 100, 5, 110
J. W. Bryant, -, -, -, 3, 40
Thos. A. Garrett, 50, 50, 1000, 50, 400
S. S. Howard, 90, 200, 3000, 20, 450
G. R. Fowler, -, -, -, 50, 350
W. A. Curry, -, -, -, 10, 25
G. T. Hughs, 100, 430, 3000, 150, 1500
J. M. Howard, 50, 275, 3200, 50, 500
W. T. Thackston, -, -, -, 25, 200
P. G. Garrett, 50, 150, 1000, -, 150
O. W. Childers, -, -, -, 5, 200
C. Childers, -, -, -, -, 30
M. M. Childers, -, -, -, 5, 40
James McCugh, 30, 66, 800, 10, 300
J. D. Armstrong, 25, 55, 700, 10, 250
M. _. Garrett, 100, 300, 4500, 25, 300
J. T. Thomerson, 200, 500, 5000, 200, 500
F. Thomason, 100, 200, 400, 200, 700

Jane Gantt (Garrett), 75, 150, 2000, 50, 40
John Gantt, 30, 100, 1500, 25, 250
Lewis Garrett, -, -, -, 10, 200
John Graden, -, -, -, 5, 15
Thos. Goldsmith, 90, 200, 3000, 50, 450
John Brown, -, -, -, 3, 15
R. Boyson, 75, 125, 2000, 150, 520
John Henderson, -, -, -, 5, -
J. T. Henderson, -, -, -, 3, 30
John Wood, 50, 100, 1000, 5, 250
Johnson Goodwin, -, -, -, 5, 125
Henry Ballard, -, -, -, -, 40
W. L. Wood, -, -, -, 3, 35
H. G. Vaughn, 25, 130, 1000, 20, 250
A. W. Jones, 60, 160, 2000, 50, 300
T. S. McCugh, 15, 40, 275, 5, 300
Wm. Davis, 30, 55, 430, 10, 200
Cyntha Jones, 50, 229, 1500, 50, 450
R. M. Owings, 100, 300, 2500, 75, 400
B. B. Garrett, -, -, -, 2, 25
Mathew McCray, 60, 240, 3000, 100, 451
Nancy Hudgeons, 70, 200, 2500, 50, 400
C. G. Thackston, -, -, -, 2, 40
Z. M. Jones, 30, 170, 1500, 10, 200
J. M. Jones, -, -, -, 3, 30
C. Davis, 75, 25, 600, 10, 300
W. B. Jones, 40, 160, 1600, 40, 450
Jesse Grassey, -, -, -, 3, 30
W. W. Stuart, 50, 50, 1000, 25, 200
J. M. Bradly, 100, 200, 2500, 150, 800
C. McHugh, -, -, -, 5, 30
Josiah King, -, -, -, 5, 40
John White, 40, 100, 1000, 10, 150
Arthur Stony, -, -, -, 5, 20
A. Templeton, 40, 60, 1000, 10, 100
L. R. Westmoreland, 125, 155, 12000, 200, 800
J. B. Westmoreland, -, -, -, 5, 50
J. Rodgers, -, -, -, 2, 39

J. T. Carlton, -, -, -, 5, 100
S. K. White, 100, 300, 4000, 50, 450
Jasper Fowler, -, -, -, 5, 130
T. C. Peden, 40, 85, 1000, 10, 300
Nathan League, -, -, -, 10, 10
H. T. Thackston, 60, 59, 1000, 20, 500
W. T. Long, -, -, -, -, 500
W. W. Nix, -, -, -, 40, 200
P. A. Howard, 80, 300, 4000, 30, 500
A. H. Howard, 50, 1000, 1000, 20, 550
M. Thackston, -, -, -, 20, 200
W. T. Garrett, -, -, -, 3, 100
W. A. Austin, 70, 300, 3900, 150, 300
P. Baldwin, -, -, -, 25, 200
C. A. Towns, 15, 85, 1000, 50, 500
Malinda Howard, -, -, -, 5, 90
H. Linderman, 70, 300, 3000, 50, 250
Jesse Brissey, -, -, -, -, 8
N. Linderman, -, -, -, 5, 50
J. Linderman, 150, 700, 6000, 150, 800
E. Massy, -, -, -, 5, 350
F. Cox, 39, 100, 1000, 25, 350
N. Elrod, -, -, -, 3, 100
P. Alverson, -, -, -, 5, 50
J. Alverson, -, -, -, 1, 5
J. A. Moon, 40, 79, 1000, 50, 312
J. E. Cox, 94, 100, 1800, 35, 222
J. Black, -, -, -, 3, 20
H. Tallison (Tollison), -, -, -, 4, 135
H. W. Harris, -, -, -, 3, 85
J. Rodgers, -, -, -, 2, 30
Nathan Dawson, -, -, -, 8, 125
J. T. Pollard, -, -, -, 7, 50
M. Pollard, 50, 137, 1000, 5, 60
M. Scruggs, -, -, -, 2, 20
Wm. M. Linderman, 40, 170, 1000, 50, 350
E. Tollison, -, -, -, 2, 30
P. H. Porter, -, -, -, 4, 130
John A. Campbell, -, -, -, 5, 140
S. Campbell, 80, 155, 1600, 25, 650

J. H. Campbell, -, -, -, -, 175
G. W. Cureton, 100, 300, 2000, 75, 545
T. C. Johnson, 80, 117, 1600, 50, 300
T. J. Cureton, 200, 555, 8000, 193, 1088
J. D. Ashmore, 100, 221, 1500, 15, 300
J. W. Ashmore, -, -, -, 4, 100
W. H. Cureton, 100, 254, 3500, 30, 800
Edmund Garrison, 96, 100, 1600, 30, 600
B. F. Yeargin, -, -, -, -, 160
W. M. Yeargin, -, -, 5, 5, 150
J. T. West, 50, 150, 200, 50, 300
A. B. Dacus, 80, 150, 2000, 25, 450
L. Hopkins, 100, 422, 2000, 20, 700
Barbara Whann, 50, 100, 1200, 20, 200
W. Tollison, 50, 63, 600, 15, 100
S. Tollison, -, -, -, 5, 150
H. T. Hopkins, 40, 67, 500, 30, 300
G. Cramer, -, -, -, 3, 12
J. F. Chandler, -, -, -, 10, 200
W. Harvey, 20, 60, 425, 5, 200
J. Garrett, -, -, -, 3, 30
S. W. Townsend, 40, 86, 800, 20, 260
J. Reese, 30, 94, 700, 5, 213
C. Tollison, -, -, -, 3, 50
T. H. Farmer, 50, 250, 3130, 25, 429
W. J. Hix, 30, 30, 400, 10, 360
J. J. H. Ashmore, 200, 280, 4500, 100, 900
M. Barnett, -, -, -, 3, 2
E. Tripp, -, -, -, 2, 24
B. Smith, -, -, -, -, 10
A. Vaughn, -, -, -, 5, 50
J. Cargill, -, -, -, 2, 12
F. Bridges, -, -, -, 3, 30
G. Reid, -, -, -, -, 15
Wm. Friday, -, -, -, -, 150
B. Johnson, -, -, -, 2, -
Thos. Johnson, -, -, -, 3, -

C. Holcombe, -, -, -, 2, 30
S. Smith, -, -, -, 3, -
M. Matchum, -, -, -, 30, 425
S. McKinzie, 40, 140, 1000, 100, 40
E. Bramlett, 100, 107, 1500, 75, 467
T. Hennon, 30, 138, 1000, 30, 400
F. Owens, -, -, -, 2, 3
Rutha Suggs, -, -, -, 3, 15
J. Farmer, 50, 60, 800, 20, 110
J. Hicks, 40, 40, 500, 25, 125
S. Hicks Jr., 40, 45, 500, 30, 400
J. B. Garrison, 40, 65, 1000, 35, 150
M. Patterson, -, -, -, 5, 20
J. H. Linderman, -, -, -, -, 25
M. Bramlett, -, -, -, 3, 30
W. Johnson, 30, 80, 1000, 30, 250
J. Stinkouse (Stinkhouse), 40, 60, 500, 5, 60
D. Browning, -, -, -, 3, 15
G. W. Browning, -, -, -, 4, 25
J. Tollison, -, -, -, 5, 200
A. A Smith, 50, 250, 2200, 10, 260
T. Tollison, -, -, -, 3, 15
H. Thompson, -, -, -, 15, 125
W. Thompson, -, -, -, 4, 120
M. Harvy, -, -, -, 5, 25
C. P. Bony, 75, 300, 3000, 100, 550
G. T. Thompson, -, -, -, 3, 25
J. Williams, -, -, -, 5, 150
M. Williams, -, -, -, 11, 25
J. Kirby, -, -, -, 3, 17
J. H. Stancell, 50, 123, 1500, 10, 200
W. P. Rice, 50, 190, 1400, 100, 890
J. Thomason, -, -, -, 5, 90
Dr. Boyce, -, -, -, 5, 75
J. Poor, -, -, -, -, 150
J. Reese, 100, 270, 2220, 300, 1385
A. Tollison, 30, 20, 300, 5, 200
E. Tollison, 19, 73, 736, 3, 80
E. Chapman, 25, 75, 330, 5, 113
W. R. Berry, 65, 175, 1960, 200, 375
J. Dean, -, -, -, 5, 15
R. Dean, 25, 25, 300, 3, 70
R. Autry, -, -, -, 3, 50
B. Autry, -, -, -, 3, 15
W. S. Smith, 40, 50, 500, 5, 100

N. Hammond, -, -, -, 3, 60
D. Hopkins, 50, 190, 1800, 10, 300
R. Pope, 40, 70, 1000, 10, 20
R. Hiett, -, -, -, 3, 100
J. E. Smith, -, -, -, 5, 50
G. Smith, 40, 78, 800, 10, 40
E. Lolless, -, -, -, 5, 100
J. H. Arnold, -, -, -, -, 634
S. Hiett, 40, 80, 1000, 20, 200
A. Eskew, 40, 92, 800, 15, 150
E. G. Ware, 50, 230, 2500, 50, 300
S. Tolleson, 30, 70, 500, 30, 75
N. Nelson, -, -, -, 3, 90
J. Cothran, 60, 120, 1500, 5, 500
K. Vaughn, 70, 130, 2000, 10, 350
T. Moore, -, -, -, 2, 15
H. Cooley, 400, 1200, 15000, 400, 1500
W. McDonald, -, -, -, 5, -
M. Rhodes, -, -, -, 1, 20
W. B. Coker, -, -, -, 3, 20
G. N. Holliday, 85, 480, 2800, 100, 650
I. Jordan, 50, 50, 500, 5, 50
M. Chapman, 50, 180, 33500, 200, 350
I. Chapman, -, -, -, 5, 100
S. Chapman, 50, 89, 600, 10, 500
J. J. Cooley, 40, 61, 800, 20, 700
P. Roberts, 30, 70, 400, 10, 150
D. Tolleson, -, -, -, 1, -
A. Cothrun, -, -, -, 5, 30
G. W. King, 60, 125, 1200, 10, 250
J. King, -, -, -, 1, 20
C. Chapman, 225, 425, 6000, 300, 600
E. W. Smith, -, -, -, -, -
B. Jordan, -, -, -, 5, 20
T. P. Chapman, -, -, -, 4, 300
R. Holliday, 60, 170, 2000, 5, 450
M. Stone, -, -, -, 5, 150
W. Chandler, 100, 265, 3000, 100, 820
A. P. Campbell, -, -, -, 5, 30
J. S. Smith, 38, 100, 600, 5, 150
J. Stifield, 60, 20, 615, 10, 160

W. Deavenport, -, -, -, 2, 40
B. Satefield, -, -, -, 6, 50
E. Smith, -, -, -, 2, -
J. Harrison, 800, 3000, 37800, 1000, 3300
W. L. Ballard, -, -, -, 5, 200
M. Trowbridge, -, -, -, 20, 150
W. C. Trowbridge, 100, 223, 2400, -, 100
T. Coker, -, -, -, 10, 100
M. Coker, -, -, -, -, 25
Z. C. Moore, 200, 800, 10000, 100, 1150
J. Chandler, 50, 20, 2500, 10, 250
J. Wiggonton, -, -, -, -, 50
W. Philips, 200, 680, 9000, 100, 2050
J. Philips, 30, 50, 420, 10, 925
W. McCarroll, 100, 749, 8000, 150, 1210
J. Watson, 175, 425, 7000, 20, 500
S. G. Tate, -, -, -, 3, 50
Lewis Bishop, -, -, -, 2, 15
J. W. Coleman, 6, 75, 500, 5, 200
W. S. La_on, 6, 75, 500, 5, 175
Jesse Poole, -, -, -, 3, 100
D. Hellenu, -, -, -, 5, 170
W. Lark, -, -, -, 3, 40
J. Fowler, -, -, -, 5, 40
D. Lafoy, -, -, -, 1, 25
J. Usany, -, -, -, 2, 10
T. W. Rae, 50, 229, 2500, 132, 80
W. A. Clarke, 30, 130, 650, 5, 40
J. Shockley, 60, 190, 2000, 10, 320
S. Shockley, -, -, -, 5, 5
M. Grier, 30, 70, 500, 5, 160
P. Moon, 40, 169, 1000, 6, 175
A. Batson, 40, 160, 800, 5, 115
M. Batson, 30, 70, 1000, 5, 500
S. Batson, -, -, -, 4, 100
M. Philips, 15, 18, 300, 2, 30
J. B. Hawkins, 25, 140, 1500, 5, 192
J. Green, -, -, -, 5, 450
Thos. Chiles, -, -, -, 5, 400
P. R. Tripp, -, -, -, 5, 200

P. E. Duncan, 800, 1000, 25000, 300, 8000
J. Benson, 30, 70, 1000, 15, 150
E. Benson, 10, 6, 100, 2, 39
A. Tate, -, -, -, 1, 33
J. M. Tate, -, -, -, 5, 500
H. Hudgeons, -, -, -, 10, 200
W. Wynn, -, -, -, 2, 5
Martin Hunt, 200, 900, 8000, 20, 883
B. Hawkins, -, -, -, 5, 140
B. Trumon, -, -, -, 5, 300
Martin Hunt Sr., 150, 525, 10000, 50, 800
A. Bishop, -, -, -, 3, 20
E. Gipson, 50, 275, 2000, 10, 400
R. Hester, -, -, -, 5, 141
S. Shockly, 40, 17, 1000, 5, 155
S. Bower, 20, 60, 900, 5, 100
M. Cinnaman, -, -, -, 1, 15
J. B. Wynn, 70, 130, 1600, 10, 400
C. Wynn, 50, 115, 500, 5, 350
J. M. Hudgeons, 40, 60, 600, 5, 200
J. Cely, 30, 140, 600, 5, 250
W. Halcombe, -, -, -, 5, 50
I. J. Waide (Warde), -, -, -, 5, 100
R. Waide, 60, 179, 500, 5, 215
C. Turner, -, -, -, 2, 40
J. W. Young, 100, 209, 10000, 100, 800
T. Duncan, -, -, -, 5, 85
R. J. Smith, 20, 20, 800, 5, 333
G. McClanahan, 450, 2300, 30000, 100, 2500
S. P. Foster, 50, 180, 4000, 15, 500
E. Hale, -, -, -, 5, 13
James Farr, 100, 1400, 8000, 25, 1150
Baylis Farr, -, -, -, 20, 315
W. H. Hawthorne, 60, 375, 6000, 10, 360
N. Davis, 30, 60, 500, 5, 45
H. Gross, 55, 95, 3000, 10, 400
T. Farr, 75, 125, 1500, 10, 500
M. Farr, 75, 32, 4000, 20, 900
B. Fowler, -, -, -, 5, -
M. Hunt, 130, 490, 5000, 40, 754
W. Smith, 50, 51, 2500, 10, 230
A. J. Stokes, -, -, -, -, 285
H. Myer, -, -, -, -, 90
L. Harrison, -, -, -, 5, 217
F. Ligon, 60, 130, 2000, 20, 145
R. M. Bowman, -, -, -, 10, 100
Mary Burton, -, -, -, 3, 60
W. A. Towns, 150, 1350, 20000, 300, 2000
J. A. Towns, 150, 800, 15000, 300, 2000
Alfred Satterfield, 60, 290, 3000, 10, 300
S. Wise, -, -, -, 3, 55
J. Cooper, 100, 260, 2000, 10, 650
W. Jones, -, -, -, 5, 145
C. Payne, -, -, -, 5, 50
I. W. Payne, 50, 100, 1000, 10, 150
A. J. Satterfield, -, -, -, 3, -
B. Cooper, 50, 70, 900, 15, 370
A. J. Shelton, -, -, -, 1, -
R. Thompson, 100, 384, 2500, 30, 600
Thomas J. Turner, 100, 350, 3000, 100, 400
E. Gantt, -, -, -, 50, 500
E. McMahan, -, -, -, 25, 400
L. Lenhart, 150, 500, 4000, 100, 500
W. Langer, 50, 50, 1000, 10, 300
M. W. Garrison, 75, 185, 300, 20, 400
J. B. Charles, -, -, -, 20, 600
A. B. McGilvary, 60, 140, 2000, 25, 500
J. Westfield, 350, 936, 12000, 200, 3200
S. Westfield, 50, 100, 1000, 10, 150
G. F. Jenkins, 15, 18, 500, 6, 250
S. F. Trowbridge, 15, 28, 500, 6, 200
J. H. Howell, 6, -, 1000, 5, 75
G. B Reid, 40, 60, 1600, 10, 135
S. Dalton, 60, 119, 1500, 10, 300
B. D. Garrison, 140, 154, 4400, 50, 470
S. Eskew, 20, 60, 700, 5, 200

Charles Garrison, 150, 150, 4000, 50, 1116
W. Payne Sr., 50, 100, 1500, 5, 173
J. Payne, 100, 200, 3000, 10, 684
R. Beam. 50, 79, 1000, 5, 300
W. Darby, 30, 41, 500, 10, 261
S. H. Turner, 100, 192, 4300, 15, 375
F. Nelson, -, -, -, 10, 75
N. Garrison, 10, 27, 700, 10, 383
M. Dalton, 15, 35, 525, 5, 100
S. J. Lariston, -, -, -, 2, 20
_. N. Acker, 80, 247, 3000, 10, 600
W. W. Tarrant, 200, 276, 4800, 25, 655
J. H. Payne, 100, 350, 3500, 100, 725
B. Tarrant, 150, 150, 3000, 50, 930
M. Richardson, 200, 800, 9000, 30, 800
L. Waddel, 150, 575, 5000, 20, 600
W. Mears, 100, 320, 3360, 10, 350
J. Tarrant, -, -, -, 5, 235
B. F. Tarrant, 30, 87, 1000, 5, 50
T. Campbell, -, -, -, 3, 48
T. Mears, -, -, -, 5, 200
W. S. Stancell, -, -, -, 4, 28
W. Latty, 15, 20, 150, 5, 102
C. G. Garrison, 50, 180, 2300, 10, 280
O. F. Bynum, 15, 70, 680, 4, 100
J. W. Reid, -, -, -, 2, 18
B. Townsend, -, -, -, 10, 400
S. Wilson, 50, 250, 2500, 10, 532
J. Wilson, -, -, -, 10, 215
J. Lewis, -, -, -, 5, 150
E. Whitlock, -, -, -, 3, 30
E. Eskew, 200, 370, 3700, 10, 400
I. Tollison, -, -, -, 2, 90
H. Chapman, 100, 360, 2600, 10, 800
B. Charles, 200, 400, 6000, 200, 1200
J. Charles, 300, 900, 12500, 320, 2191
J. Philips, -, -, -, 2, 35
W. A. Pepper, 150, 1050, 6000, 10, 500
P. G. Charles, 100, 400, 3000, 25, 700
J. O. Charles, 160, 57, 2800, 10, 500
J. C. Alverson, -, -, -, 2, 30
J. Charles, 100, 157, 4500, 30, 1200
S. Person, -, -, -, 5, 65
M. Roberts, 50, 250, 1500, 5, 250
E. Rice, 40, 26, 400, 25, 230
M. Garrison, 14, 25, 500, 8, 250
N. Brook, 100, 427, 5000, 20, 573
W. Hawkins, 1, -, 700, 10, 700
J. Cox, 60, 100, 1000, 5, 250
J. C. Garrison, -, -, -, 25, 400
M. Parris, 50, 150, 2000, 5, 150
C. W. Garrison, -, -, -, 10, 500
J. Youngblood, -, -, -, 30, 70
J. H. Goodwin, 500, 1800, 25000, 500, 2350
A. Hood, -, -, -, 100, 600
J. C. Allen, 30, 212, 300, 15, 275
W. Lynch, 40, 360, 1000, 50, 350
A. Lockaby, -, -, -, 5, 25
N. Bridwell, 15, 22, -, 30, 40
W. Cowley, 1, -, 5, -, -
J. Grist, 25, 50, 100, 6, 100
W. Couch, -, -, -, 5, 15
L. Lockaby, -, -, -, -, -
J. Couch, -, -, -, 15, 150
S. Capps, -, -, -, 15, 15
H. W. Wade, -, 50, 50, 15, 130
A. Brown, -, -, -, 2, 6
T. Couch, 50, 250, 450, 10, 383
P. Jewel, -, -, -, 5, 20
J. Bishop, -, -, -, 3, 90
J. Shelton, 7, 5, 60, 10, 18
J. Kelly, -, -, -, 3, -
R. Wade, -, -, -, 15, 85
B. Couch, -, -, -, 5, 180
L. Tally, -, -, -, 2, 15
J. S. Cox, 50, 75, 400, 4, 100
R. Talley, 80, 120, 1200, 55, 3310
E. Talley, 60, 145, 850, 15, 350
T. Barnett, -, -, -, 25, 16
W. T. Stroud, 50, 67, 200, 5, 250

J. H. Huff, -, -, -, 7, 60
J. Morgan, -, -, -, 5, 155
P. McCollister, -, -, -, 5, 125
C. Tramell, 60, 260, 700, 40, 600
T. Ponder, -, -, -, 1, 15
I. Kelly, -, -, -, 15, 185
J. Gosnell, -, -, -, 1, 10
T. A. Loftis, 8, 1, 40, 8, 230
W. Burns, -, -, -, -, -
E. Barnett, 50, 193, 400, 15, 307
J. Norris, 30, 50, 300, 10, 137
J. Chiles, 50, 10, 500, 20, 300
J. H. Green, -, -, -, 10, 135
G. E. Barnett, 50, 150, 300, 5, 225
T. Newby, 26, 114, 200, 10, 145
J. McCanty, 50, 153, 200, 10, 200
M. Newby, 70, 1140, 1700, 15, 605
E. C. Cuningham, 100, 300, 900, 75, 650
W. Norris, -, -, -, 5, 15
A. Shelton, -, -, -, 50, 75
W. P. Turner, -, -, -, 5, 145
T. W. Powell, 60, 140, 350, 46, 185
J. Timmons, -, -, -, 5, 60
E. Shelton, 50, 250, 500, -, 50
J. Bates, 50, 350, 1000, 10, 175
H. H. Springfield, -, -, -, 5, 40
W. West, 200, 900, 2500, 75, 1000
J. E. Bates, 50, 200, 325, 20, 330
W. M. Guest, 50, 90, 350, 15, 182
S. Turner, -, -, -, 25, 295
W. Barton, -, -, -, 5, 8
B. Bridges, -, 125, 200, 5, 40
G. W. Trailor, 20, 80, 200, -, -
J. Gormany, 105, 530, 900, 15, 900
J. B. Calloway, 50, 240, 242, 5, 220
J. Burns, -, -, -, 3, 35
J. Mullinax, -, -, -, 6, 68
W. Corley, 1, -, 5, 10, 85
J. C. Hawkins, 100, 476, 1220, 125, 540
_. P. Hawkins, 80, 520, 1500, -, 540
R. Barton, 50, 550, 3000, 200, 445
J. Gosnell, 60, 640, 500, 15, 370
R. Fisher, -, 100, 100, 6, 60
A. Quinton, -, -, -, 3, 60

E. Hipps, -, -, -, 2, 70
W. H. H. Lee, 75, 300, 1000, 30, 425
W. L. Lee (tenant), 100, 946, 1000, 85, 275
M. Hipps, -, -, -, 1, 25
J. Mason, 30, 96, 325, 100, 250
H. Wright, 50, 70, 200, 5, 8
J. Barton Jr., 75, 400, 500, 20, 700
J. Hawkins, 75, 200, 1800, 170, 640
C. McDonal, -, -, -, -, -
J. J. Ridgeway, -, -, -, 10, 50
W. Brigg, -, -, -, -, 30
M. A. Stone, 25, 75, 450, 2, 30
J. Stone, -, -, -, 4, 20
S. A. Stone, -, -, -, 4, 80
J. B. Deavenport, -, -, -, 15, 50
W. Gunnels, -, -, -, 5, 50
M. Smith, -, -, -, 10, 150
J. C. Stone, -, -, -, 5, 68
A. Davis, 60, 159, 1500, 100, 245
A. Davis, -, -, -, 92, 250
J. Crawford, 40, 25, 600, 12, 250
B. Jordan, 100, 67, 1500, 50, 350
M. Jordan, 145, 515, 1500, 100, 68
W. J. Puckett, -, -, -, 30, 120
R. McCrary, -, -, -, 3, 200
J. Scott, -, -, -, 10, 200
B. R. Johnson, 350, 1450, 12500, 1000, 25000
J. S. Matchum, 125, 134, 2000, 500, 680
W. Deavenport, -, -, -, 35, -
W. A. Deavenport, -, -, -, 150, 100
T. H. Stokes, 500, 1860, 32500, 1400, 1950
John Cooley, 200, 300, 5000, 250, 610
G. W. Jordan, -, -, -, 10, 160
W. Autry, -, -, -, -, -
T. Hyman, -, -, -, 2, -
J. E. Holliday, 175, 200, 4000, 300, 850
W. Kelly, -, -, -, -, 30
A. Acker, 175, 237, 5000, 700, 1085
T. Barnett, 40, 62, 800, 35, 295
B. F. Page, 50, 135, 2000, 100, 250

J. L. Williams, 60, 265, 3000, 150, 525
J. F. Blake, 125, 45, 2000, 200, 350
J. B. Williams, 90, 185, 2750, 150, 665
T. Kelly, -, -, -, 10, 130
A. McDavid, 140, 460, 6000, 730, 877
S. M. Smith, -, -, -, -, 2
J. Smith, -, -, -, -, 9
H. Cockram, 50, 78, 900, 10, 50
G. M. McDavid, -, -, -, 150, 350
C. Coker, -, -, -, -, 20
W. B. Darby, 80, 111, 2000, 150, 600
A. Chandler, 200, 417, 6010, 360, 664
Q. Deavenport, 120, 300, 3000, 450, 600
F. Deavenport, 140, 60, 1970, 220, 580
O. Deavenport, -, -, -, 70, 312
W. H. Carr, -, -, -, -, 110
J. R. Smith, 500, 400, 7000, 1000, 2538
G. Neighbors, -, -, -, 4, -
S. S. Landers, -, -, -, -, 30
S. McDavid, 100, 112, 2000, 250, 600
F. Smith, -, -, -, 50, 104
W. Allison, 100, 110, 2500, 300, 734
W. M. C. Donaldson, -, -, -, 200, 750
N. Donaldson, 175, 335, 5110, 715, 1480
H. Mathis, -, -, -, -, -
V. Austin, 75, 231, 3060, 165, 600
W. Gentry, -, -, -, 20, 320
M. A. Pinson, -, -, -, -, 30
W. T. Eastes, -, -, -, -, 100, 120
J. P. Thompson, -, -, -, 10, 130
C. Traynhorn, 150, 250, 10000, 200, 1040
J. J. Traynhorn, -, -, -, -, 205
R. Scott, 150, 50, 1500, 70, 700
Z. Easters (Eastus), 75, 248, 3250, 250, 690

James McCullough, 400, 2100, 21000, 1600, 3000
A. J. Kirby, -, -, -, 200, 260
E. Jones, -, -, -, -, 30
E. Traynhorn, 50, 215, 2900, 150, 450
J. Deavenport, -, -, -, 100, 40
M. Stone, 60, 173, 2330, 150, 392
J. Shockly, -, -, -, 85, 800
H. Sullivan, 595, 1100, 17000, 700, 2000
O. Owens, -, -, -, -, 50
A. Smith, -, -, -, -, 6
J. M. Lattimer, 175, 325, 6000, 600, 1100
L. H. Shumate, 100, 241, 4000, 780, 1528
J. F. Maxwell, -, -, -, 10, 110
B. V. Thompson, -, -, -, -, 35
J. M. Runion, 2, 1, 350, 100, 175
A. Waldrope, -, -, -, 20, 540
J. Bailey, 65, 265, 3000, 125, 565
N. M. Cafee, 25, 180, 800, 70, 128
J. N. Waldrope, -, -, -, 50, 113
J. H. Westmoreland, -, -, -, 30, 175
J. Childers, 30, 160, 2000, 150, 360
J. Land, 4, 1, 50, 10, 25
A. Neaves, 35, 144, 800, 15, 110
A. A. Neaves, 125, 325, 8000, 300, 847
S. W. Nix, 50, 220, 500, 50, 195
J. Nix, -, -, -, 10, 42
E. Nix, 20, 150, 500, 10, 115
S. P. Poole, 70, 690, 1000, 100, 545
J. Rae, 40, 237, 3000, 200, 315
H. Nix, 1, -, -, 10, 144
J. Cooper, 50, 400, 4000, 150, 408
W. E. Hawkins, -, -, -, 50, 95
D. C. Jenkins, -, -, -, -, 20
F. Capewell (Casswell), -, -, -, 10, 60
W. Powell, -, -, -, 10, 157
L. Cooper, 25, 25, 500, 25, 229
T. D. Coleman, -, -, -, -, 67
R. D. A. Harbin, -, -, -, -, 30
J. L. Westmoreland, 200, 1776, 14500, 400, 945

J. L. Westmoreland, -, -, -, -, 1700
J. Johnson, -, -, -, 10, 100
A. Mitchell, 60, 360, 2000, 175, 600
S. H. Poole, 30, 370, 2000, 150, 405
G. Bell, 3, 59, 300, 100, 70
I. Robinson, 30, 70, 1000, 8, 357
L. W. Coleman, -, -, -, 12, 112
R. Hicks, 30, 120, 1000, 150, 120
T. Mathis, -, -, -, 5, 100
J. W. Green, 18, 107, 1000, 50, 205
S. Styles, 200, 800, 11000, 200, 830
A. C. Wilson, -, -, -, 10, 290
J. B. Pierson, -, -, -, 50, 200
A. Fowler, 35, 65, 2000, 300, 308
J. Brown, 35, 90, 600, 50, 74
E. Marchbanks, 12, 92, 800, 150, 140
H. Hammett, -, -, -, 50, 250
J. Hawkins, -, -, -, 50, 145
J. W. Waters, -, -, -, 50, 200
D. R. Poole, -, -, -, 40, 200
W. F. Taylor, -, -, -, 125, 170
M. Taylor, 100, 100, 5000, 150, 629
F. A. Miles, 115, 200, 9000, 300, 1075
J. Bishop, -, -, -, -, 25
J. Singleton, -, -, -, 6, 10
Joseph Ray, -, -, -, 10, 2
M. Chiles, 30, 70, 500, 15, -
William Cox, 125, 235, 8000, 500, 1720
Mrs Cox Estate, William Cox agt., 200, 200, 6000, 100, 575
J. Stroud, 100, 800, 6000, 300, 475
T. Chiles, -, -, -, 15, 150
T. Stroud, -, -, -, 25, 520
J. Kelly, -, -, -, 3, 65
S. B. Talley, 60, 70, 1200, 100, 238
D. Barnett, 50, 152, 2000, 50, 250
J. R. Barnett, -, -, -, -, -
Lewis Land, -, -, -, 5, -
J. M. Taylor, 36, -, 1000, -, -
J. McKinney, 350, 1200, 15000, 500, 1300
A. Blythe, 250, 3500, 10000, 200, **888**

W. Reaves, -, -, -, 3, 300
S. Rains, -, -, -, 10, 200
W. B. Landers, -, -, -, 1, 50
G. B. Landers, -, -, -, 25, 594
J. Hardin, 60, 340, 2000, 10, 182
M. Roper, 20, 250, 300, 5, 100
N. H. Henderson, 40, 110, 400, 15, 250
G. W. Keith, 90, 280, 2000, 70, 500
W. Clark, -, -, -, -, -
R. Halder, 12, 40, 300, 15, 120
John Clark, 30, 93, 1500, 100, 1085
M. Crain, -, -, -, 2, -
D. A. Anders, 50, 1500, 1600, 10, 500
J. Ashworth, 25, 180, 1000, 11, 100
John Masters, 75, 1200, 5000, 25, 750
G. B. Thomason, 125, 205, 1270, 150, 850
T. Thomason, -, -, -, -, 50
J. L. Woodside, 40, 50, 250, 10, 75
J. D. Woodside, 75, 55, 385, 15, 380
J. A. Kellett, -, -, -, -, 137
D. W. Kellett, -, -, -, -, 293
J. H. Hopkins, 180, 173, 800, 125, 583
W. T. Thomason, 50, 114, 315, 15, 190
J. W. Baker, 50, 158, 796, 50, 388
C. Terry, 160, 440, 1250, 50, 688
F. M. Willis, 60, 55, 315, 40, 240
W. Meeks, -, -, -, -, 35
W. Darnell, -, -, -, -, 48
B. Campbell, -, -, -, -, 30
J. J. Fowler, -, -, 315, -, 199
B. T. Kellett, -, -, -, -, 30
D. T. Peden, 100, 200, 1735, 50, 990
G. Terry, 150, 450, 700, 50, 880
A. Stinhouse, 125, 175, 965, 50, 998
J. W. Willis, 30, 70, 475, 20, 400
S. H. Turpenfile, 50, 60, 260, 10, 215
T. Bramlett, 50, 50, 500, 10, 270
R. Peden, 250, 900, 1545, 300, 1345
L. Hopkins, 190, 230, 1150, 200, 885
J. Ford, 60, 116, 401, 15, 295

S. Peden, 95, 195, 520, 50, 564
W. Nesbitt, 120, 190, 1200, 120, 635
C. B. Stuart, 50, 200, 300, 25, 300
D. Boyd, 50, 95, 319, 30, 600
Q. R. Godsey, -, -, -, -, 45
J. Godsey, -, -, -, -, 25
W. H. Harrison, 70, 180, 626, 30, 758
M. Stinhouse, 120, 220, 670, 15, 54
H. H. Sproun, 50, 50, 100, 50, 190
D. Mayfield, -, -, -, 30, 70
G. Vaughn, -, -, -, 10, 175
W. F. Lester, -, -, -, -, 145
P. C. Lester, 15, 285, 2500, 580, 560
Lester & Son, 50, 350, 1000, 500, 1350
J. H. Hayne, -, -, -, 2, 25
James Hudson, -, -, -, 3, 111
Alexd. Grisham, 20, 60, 500, 26, 55
H. Smith, 50, 50, 500, 130, 436
E. Lyles, 70, 102, 1000, 60, 600
D. Green, 60, 150, 1600, 250, 480
M. Hammett, 50, 130, 1000, 75, 318
G. Martin (tenant), 55, 4, 1200, 80, 156
T. Shockly, 60, 332, 4000, 200, 550
J. Hipps, -, -, -, -, -
J. T. Henry, 75, 190, 15000, 400, 623
A. Taylor, 125, 225, 3500, 500, 600
G. R. Dill, -, -, -, 5, 10
W. Tilly, 50, 100, 500, 5, 265
J. Trammell, 30, 20, 300, 76, 275
D. Trammell, 90, 70, 1000, 85, 710
J. Trammell Jr., 20, 100, 300, 3, 130
J. Trammell Sr., 100, 300, 1600, 200, 1000
A. Stuart, 9, 23, 100, 6, 157
Robt. Pitman, -, -, -, 5, 130
P. Turner, 20, 85, 210, 2, 55
E. Hightower, 3, 4, 300, 110, 240
J. Ward, -, -, -, 5, 140
T. Calloway, 50, 150, 1200, 190, 425
D. McKinney, 50, 100, 2000, 110, 240
W. Rhodes, -, -, -, 4, 45
A. Turner, 40, 160, 1600, 125, 525

D. Davis, -, -, -, 10, 225
George Robinson, -, -, -, 8, 60
W. Calloway, 60, 190, 3000, 100, 459
J. Jackson, 10, 15, 500, 50, 260
B. W. Kelly, -, -, -, 6, 35
P. Cox, 75, 325, 5000, 15, 255
John Rhodes, -, -, -, 4, 72
F. Johnson, -, -, -, 25, 100
B. Cox, -, -, -, 16, 180
A. Ballinger, 50, 63, 1700, 5, 15
B. F. Barton, 30, 90, 500, 10, 100
M. D. Dickey, 200, 2200, 10000, 700, 700
M. Edwards, 25, 205, 1500, 65, 179
James Mayes, -, -, -, 5, 145
H. Bishop, 5, 30, 155, -, -
R. Brown, 1, 13, 30, 2, -
Q. (I.) Simpson, 30, 120, 150, 155, 350
W. Hawkins, -, -, -, 10, 15
G. Poole Sr., 30, 323, 2000, 440, 160
L. Batson, 14, 23, 259, 6, 119
J. Brookshire, -, -, -, 35, 240
J. Hooker, 25, 90, 1265, 50, 250
A. Batson, 6, 25, 300, 5, 15
J. Ayers, 35, 105, 800, 8, 260
H. Green, 40, 75, 1300, 85, 276
M. Raney, 45, 175, 1200, 30, 122
T. Roberts, 40, 80, 1000, 200, 400
R. Croft, 131, 490, 6000, 2000, 2000
S. S. Crittenden, 40, 120, 5000, 700, 400
T. Runnels, -, -, -, -, 152
T. Turpin, 75, 75, 2000, 400, 700
J. C. Furmon, 200, 840, 15000, 600, 1774
J. Morgan, -, -, -, -, 30
G. Anders, -, -, -, -, -
M. Batson, 5, 15, 150, 5, -
W. Thompson, 150, 1100, 15000, 1200, 1800
A. Nealy, 35, 35, 500, 45, 178
W. Raney, 2, 23, 150, 5, 81
E. P. Neely, 30, 90, 500, 5, 25
W. Roberts, 65, 185, 2000, 50, 344

H. T. Thompson, 60, 60, 2000, 200, 500
W. Burns, -, -, -, 3, 85
C. Farmer, -, -, -, 50, 350
H. Whitehead, -, -, -, 5, 5
W.C. Campbell, -, -, -, 4, 75
E. Lock (Lark), -, -, -, 10, 460
M. Hawkins, 20, 80, 100, -, 60
G. Clayton, -, -, -, -, 25
O. P. Phillips, 100, 300, 5000, 500, 700
J. Freeman, -, -, -, 15, 193
J. Hall (Hull), 2, 1, 100, 2, 20
S. Marchbanks, 100, 1900, 8000, 200, 860
W. Roberts, -, -, -, 5, 200
S. Marchbanks, 20, 110, 750, 30, 200
A. E. Dearman, -, -, -, 2, 8
E. W. Howard, 20, 80, 600, 25, 105
E. Batson, 25, 167, 1000, -, 150
H. Batson, 40, 60, 1000, 8, 300
G. Marchbanks, -, -, -, 45, 90
T. Duncan, -, -, -, 5, 65
F. Duncan, -, -, -, 4, 60
S. Neal, -, -, -, -, -
S. Whitmire, 50, 142, 1500, 125, 154
W. Brown, -, -, -, 4, 65
A. J. Barton, 40, 40, 800, 8, 194
H. Bridwell, -, -, -, -, 35
H. Poole, 50, 200, 5000, 300, 540
T. Stokes, 50, 350, 2500, 100, 470
A. J. Gilreath, 50, 123, 5000, 75, 300
J. H. Clark, 130, 305, 9000, 100, 350
J. W. Batson, -, -, -, 5, 195
G. Fowler, -, -, -, 6, 200
N. Ligon, 30, 200, 1500, 4, 56
W. H. Gilreath, 20, 178, 2500, 60, 180
S. Cooper, -, -, -, 80, 230
S. Butts, 50, 145, 100, 35, 250
H. J. Gilreath, 200, 1200, 12000, 1000, 1300
W. H. Goodlett, 75, 125, 4000, 275, 770
L. Bishop, -, -, -, -, 16
R. Montgomery, 30, 70, 2400, 4, 300

W. Flynn, 25, 125, 1500, 4, 115
R. G. Whitmire, 60, 196, 1500, 125, 169
A. Coleman, 50, 50, 5230, 300, 375
D. Hoke, 15, 15, 500, 600, 530
C. Merrick, -, -, -, -, 15
J. P. Poole, -, -, -, 45, 8800
Peter Caudle, 5, 75, 4000, 300, 15
V. McBee, 265, 11050, 180000, 4620, 2530
W. P. McBee, 100, 1400, 14000, 375, 780
J. Reynolds, -, -, -, -, 60
Mary Waddle, -, -, -, -, 215
T. B. Roberts, 15, 42, 700, 300, 610
R. P. Goodlett, -, -, -, -, 100
J. C. P. Jeter, 60, 190, 3000, 60, 800
W. H. Watson, -, 7, 150, 240, 15
J. P. Langston, -, -, -, 15, 42
J. Adams, 50, 87, 3000, 300, 27
S. Thruston, 50, 12, 4000, 600, 590
P. F. Sudduth, 75, 170, 2000, 210, 170
B. F. Cleaveland, 250, 1200, 15000, 390, 1748
B. Smith, -, -, -, 50, 20
F. F. Beattie, 75, 3105, 16400, 450, 600
C. J. Elford, 15, 50, 10000, 1000, 700
R. D. Long, 30, 131, 1600, 125, 1000
B. F. Perry, 50, 425, 6650, 1000, 1000
J. McPherson, 20, 10, 3500, 75, 300
R. Long, 10, 20, 1500, 150, 225
M. B. Earle, 100, 500, 6000, 420, 540
W. Goldsmith, 500, 1300, 15000, 1340, 2820
J. Eldridge, -, -, -, 50, 205
W. Chow, 715, 3000, 68500, 1000, 1826
J. P. Boyce, 80, 80, 25000, 1000, 4850
C. T. Hammond, 150, 200, 5000, 450, 1805

W. Beacham, 100, 200, 1500, 270, 15
G. N. Collins, 200, 2300, 14000, 950, 1690
O. B. Irvine, 600, 2461, 58725, 4410, 4400
E. Montgomery, 50, 280, 1500, 225, 660
M. Loveland, 50, 843, 5000, 40, 468
T. M. Cox, 100, 1400, 12000, 500, 250
W. F. Prince, 150, 450, 7500, 1500, 5525
W. R. Jones, 50, 300, 2500, 350, 1000
T. S. Arthur, 125, 7800, 38500, 450, 760
J. F. Butler, -, 200, 2000, -, -
C. B. Stone, 100, 200, 20000, 150, 750
A. B. Crook, 250, 3500, 13500, 1260, 8584
Jos. Goodlett, 6, 34, 400, 165, 135
J. M. Jones, 30, 160, 5000, 300, 700
E. Jones, 100, 600, 6000, 100, 350
J. M. Stokes, 200, 1300, 11000, 1500, 1460
W. U. Thomas, 78, 716, 3000, 370, 225
W. McDaniel, 40, 210, 1200, 100, 100
T. Bowling, 500, 7500, 30000, 1000, 4500
A. Norton, 100, 200, 3000, 130, 700
T. C. Gower, 300, 1500, 7500, 500, 405
D. G. Westfield, 4, -, 1000, 1650, 295
A. McBee, 20, 2584, 10000, 550, 1295
H. Williams, 100,170, 1650, 300, 844
G. Ingraham, 50, 182, 2500, -, 65
John Hoyt, 25, 1000, 3000, 50, 100
J. M. Benson, 200, 300, 6000, 400, 1052

C. W. Brooks, 250, 1000, 38700, 1000, 2100
W. Wadkins, 100, 200, 3000, 175, 460
G. W. Brooks, 200, 250, 4000, 1000, 570
J. Crittenden, 60, 540, 8000, 1000, 570
B. F. Staisley (Stairley), 100, 455, 15000, 900, 1918
W. F. Easley, 300, 700, 10000, 500, 1575
J. M. Green, 35, 196, 6000, 600, 565
W. H. Campbell, 200, 3200, 17000, 400, 300
W. Bates & Co., 100, 200, 1000, 500, 2000
J. Markley, 100, 600, 6000, 300, 650
P. C. Edwards, 300, 200, 7500, 250, 1680
G. W. Perkins, 400, 1180, 19900, 600, 3310
J. B. Johnson, 50, 120, 250, 10, 185
E. Love, 10, 44, 150, 3, 50
H. E. Lynch, 125, 820, 100, 25, 608
E. N. Coleman, 60, 242, 1100, 200, 608
J. M. A. Turpin, 450, 1250, 8000, 500, 1330
P. B. Benson, 25, 95, 300, 200, 250
Alexd. McKinney, 100, 500, 1600, 95, 960
P. Rhodes, -, -, -, 5, 195
E. Dill, 2, -, 10, -, -
W. Holly, -, -, -, 2, 30
E. Wood, 25, 75, 125, 5, 180
B. Holly, 60, 100, 600, 10, 270
N. Forest, 6, 24, 20, -, 10
N. Muse, 8, 92, 25, -, -
F. Trammell, -, -, -, 2, 10
D. W. Hodges, 400, 3200, 14000, 650, 1755
T. A. Goodwin, -, -, -, 20, 910
W. Coleman, -, -, -, 2, 15
J. T. Williams, -, -, -, 3, 20
R. Dill, 36, 124, 130, 10, 30

W. Trammell, 50, 340, 400, 25, 615
D. C. Anders, -, -, -, 1, 15
J. Trammell, 60, 200, 200, 25, 150
T. Trammell, 80, 490, 200, 25, 500
B. E. Middleton, -, -, -, 8, 25
W. B. Southern, 30, 40, 150, 10, 230
T. H. Panther, -, -, -, 10, 50
M. A. Allen, 30, 116, 250, 2, 160
E. Garner, -, -, -, -, 15
S. Coleman, -, -, -, 10, 42
G. B. Hutson, 20, 18, 125, 5, 100
N. H. Dill, 50, 115, 620, 70, 140
J. Brannon, 20, 130, 100, -, -
J. Tinsley, -, -, -, 2, 15
J. Green, 75, 190, 300, 85, 515
S. Marchbanks, 20, 79, 95, -, 50
E. Meadows, -, -, -, -, 50
J. Howard, -, -, -, 2, 25
P. F. Sudduth, 75, 140, 500, 50, -
J. M. Harrison, 150, 350, 1600, 200, 750
L. B. McCall, 3, 13, -, -, 215
S. S. Gilliard, 2, -, 100, 2, 150
W. Smith Sr., 5, 109, 3000, -, 180
W. Smith Jr., 35, 67, 2000, -, 170
T. E. Ware, 1200, 4800, 13000, 1000, 8000
T. D. Gwinn, 65, 500, 4000, -, 20
J. T. Carpenter, 4, -, 200, -, 150
J. A. David, -, 16 ½, 1000, -, 350
J. M. Barry, 10, 30, 200, 5, 210
A. S. Scruggs, -, -, -, -, 65
B. Howard, -, -, -, -, 300
G. Ingram, 100, 125, 2000, 3, 50
G. F. Towns, 75, 5000, 9000, 150, 600
A. McBee, 10, 672, 14000, 405, 1386
M. W. Montgomery, 20, 130, 375, 10, 80
P. Burns, -, -, -, 10, 150
Nathan Hughes, -, -, -, 15, 400
Zadoc Hughs, -, -, -, 5, 115
J. H. Hawkins, -, -, -, -, -
W. S. Cox, -, -, -, 5, 30
H. Fowler, 50, 35, 350, 10, 325

P. Fowler, 20, 50, 200, -, 15
J. Penson, -, -, -, -, 165
J. Davidson, 40, 60, 195, 8, 170
R. Adams, 20, 35, 125, 6, 175
W. Ray, 20, 30, 135, 5, 50
G. Spillars, 60, 33, 225, 10, 200
John Bayne, 40, 60, 130, 10, 250
J. Davis, 20, 50, 100, 5, 100
A. Clark, 20, 200, 1500, 200, 170
W. Cox, 65, 120, 1000, 8, 180
W. C. Gary (Gany), 50, 10, 350, 10, 120
J. J. Lock, -, -, -, -, 225
T. Goldsmith, 150, 499, 1100, 30, 585
N. Austin, 70, 130, 600, 15, 700
J. P. Cox, 20, 40, 100, 8, 150
M. B. Wasson, 100, 250, 800, 225, 500
J. M. Peden, 60, 210, 350, 15, 300
S. Ramsey, 60, 145, 700, 20, 600
Jos. Nash, 100, 240, 800, 20, 700
W. Granger, 5, 25, 300, 5, 200
S. Payne, 50, 80, 1000, 16, 150
S. Hicks, 50, 150, 2000, 20, 300
S. Loftis, -, -, -, 2, -
J. M. McDaniel, 40, 370, 2000, 10, 350
H. Payne, 50, 60, 1200, 5, 250
H. Willbanks, -, -, -, 4, 25
T. Granger, -, -, -, 10, 75
A. Granger, -, -, -, 20, 400
W. A. Collects, -, -, -, -, -
T. Brown, -, -, -, 3, 65
O. W. Garrison, 75, 133, 1800, 5, 280
E. Townsend, 50, 217, 2500, 5, 200
R. C. Reid, -, -, -, 3, 50
S. Hicks, -, -, -, 3, 60
M. McDoogle, -, -, -, 2, 35
E. Farmer, 50, 250, 3600, 10, 600
T. Smith, -, -, -, 3, 75
Israel Charles, 200, 500, 7000, 25, 1660
J. H. Woodsides, 50, 132, 1200, 10, 550

M. French, -, -, -, 2, -
S. Sullivan, 10, 30, 500, -, -
D. C. Sullivan, -, -, -, 5, 100
W. R. Sullivan, 35, 145, 1800, 5, 300
D. Smith, -, -, -, 5, 100
J. D. Sullivan, 200, 623, 8000, 150, 7000
C. B. Sullivan, -, -, -, 4, 35
W. H. Evans, 120, 280, 5000, 75, 600
M. Manly, -, -, -, 10, 49
R. Bruce, 60, 190, 1200, 10, 200
M. Woodson, 75, 120, 2000, 5, 320
W. Harris, -, -, -, 2, 29
W. R. Eskew, -, -, -, 5, 100
W. Gray, -, -, -, 5, 300
J. C. Cothran, 30, 75, 1200, 10, 250
W. Jordan, 25, 75, 1000, 5, 130
L. Chastain, 40, 80, 1000, 8, 20
T. Holliday, 95, 115, 1200, 15, 300
W. M. Chandler, -, -, -, 3, 5
John Watson Sr., 55, 340, 3300, 200, 360
S. McGovern, 25, 20, 500, 5, 75
J. Thompson, 40, 50, 500, -, 57
B. Day, -, -, -, 3, 35
L. W. Watson, 150, 550, 9000, 50, 600
T. Fergerson Sr., 60, 100, 1300, 10, 150
T. Fergerson Jr., -, -, -, 3, 30
W. L. Pollard, -, -, -, 5, 100
T. Nicols, -, -, -, 3, 42
Jasper McElliason, 1, -, 500, 3, 45
J. W. Southern, 75, 185, 3000, 100, 170
S. Nicols, -, -, -, 1, 15
A. Jimeson, -, -, -, 5, -
E. S. Irvine, 700, 1895, 57000, 2000, 7425
J. P. Hillhouse, 150, 400, 8000, 800, 937
E. Saterfield, -, -, -, 3, 7
W. Saxon, 2, -, 150, 3, 45
A. Willimon, 10, 40, 1200, 8, 140
A. Snyder, 10, 12, 650, 10, 300
Jesse Dean, 75, 25, 3400, 40, 900
C. P. Dean, 40, 200, 3000, 50, 330
Mary Jacobs, 200, 700, 6000, 200, 1000
R. Jacobs, 40, 320, 4000, 35, 450
J. Willimon, 30, 30, 1000, 5, 100
M. Stone, -, -, -, 5, 35
J. Wallace, 40, 41, 1000, 5, 100
W. Wallace, -, -, -, 3, 5
M. W. Williams, 20, 23, 8000, 20, 550
W. M. Smith, -, -, -, 5, 53
T. P. Smith, -, -, -, 10, 300
G. White, -, -, -, 3, -
J. A. Hitt, -, -, -, 3, 15
E. A. Jacobs, 40, 260, 4000, 20, 484
W. Bridges, -, -, -, 10, 400
D. Wheaton, 3, 7, 100, 33, -
R. Sowell, 4, 32, 300, 3, 65
Willis Benson, 400, 1449, 25000, 300, 1988
William Hitt, -, -, -, 5, 120
Nancy Cox, 100, 160, 2600, 20, 200
J. P. Smith, 50, 165, 1200, 10, 350
H. S. Henderson, 33, 77, 150, 20, 275
R. Cox, 80, 220, 450, 25, 370
E. Mayfield, 40, 280, 380, -, -
Jas. Locke, 50, 550, 840, 200, 600
K. Story, 40, 60, 300, 30, 400
W. J. Cox, 65, 375, 650, 20, 470
D. Cox, -, -, -, -, 20
H. Cox, -, -, -, -, 20
W. T. Smith, -, -, -, -, 45
_. Richardson, 20, 80, 80, 10, 125
Q. Richardson, 50, 60, 400, 10, 440
A. Cox, -, -, -, -, 20
M. Cox, 60, 40, 60, 5, 30
W. Cox, 100, 68, 400, 10, 110
John Cook, 60, 100, 600, 225, 1100
H. Bozeman, 100, 405, 700, 30, 876
M. B. Moore, 50, 50, 400, 25, 370
M. Scott, -, -, -, -, 35
W. S. Moore, 50, 291, 1200, -, -
A. Long, 20, 45, 50, 10, 80
T. Garrett, 75, 141, 300, 20, 500

W. Deavenport, 55, 155, 600, 20, 350
Isaac Scott, -, -, -, -, 20
T. M. Cox, -, -, -, -, 40
L. Long, -, -, -, -, 300
L. B. Long, -, -, -, -, 50
W. T. Dacus, 50, 150, 450, 20, 350
O. P. Henderson, -, -, -, -, 100
A. Mayfield, 40, 60, 225, 15, 340
Isaac Cox, 20, 44, 150, 100, 60
N. D. Locke, 50, 75, 350, 5, 460
J. W. Goldsmith, 80, 72, 500, 10, 380
A. T. Bramlett, 20, 80, 300, 5, 100
J. Rogers, -, -, -, -, 40
S. A. Moore, 60, 156, 700, 20, 560
E. H. Smith, -, -, 40, -, 45
N. Austin, 215, 745, 1850, 5, 40
J. W. Glems (Glenn), 20, 50, 175, 5, 40
G. W. Blakely, 75, 150, 350, 10, 500
G. Clarke, 100, 144, 550, 15, 650
B. B. Glems, 15, 70, 300, 3, 140
W. W. Butler, 40, 102, 240, 10, 250
T. M. Cox, 60, 105, 500, 10, 420
R. Martin, 75, 77, 375, 15, 240
Y. Coker, -, -, -, -, -
W. J. Johnson, 5, 10, 35, 3, 60
J. S. Ashmore, 35, 90, 300, 10, 100
H. Brasher, 50, 50, 375, 10, 430
T. L. Woodsides, 200, 435, 1650, 150, 1200
W. Gilbert, 30, 40, 300, 35, 170
A. Thompson, 80, 150, 800, 10, 550
W. H. Woodsides, 200, 352, 2070, 150, 1212
J. T. Bennett, 200, 560, 3700, 150, 1530
H. Baldwin, 50, 77, 370, 15, 400
P. Huffs, 400, 975, 1000, 5, 400
P. D. Huffs, 50, 86, 1000, 5, 400
Lewis Huffs, 100, 500, 1040, 250, 1163
J. H. Harrison, 400, 1000, 70, 500, 2663
A. M. Peden, 100, 295, 570, 20, 600
Jas. E. Savage, 120, 223, 620, 25, 550
Jas. Dunbar, 130, 213, 7000, 175, 600
M. N. Bryson, 50, 50, 400, 10, 220
Garner Vaughn, 100, 150, 675, 20, 600
Wm. Parrish, 19, 60, 170, 5, 175
John Parish, 75, 100, 500, 10, 500
Newton Bramlett, 25, 25, 100, 5, 150
George McVay, -, -, 90, -, 25
A. Nash, 70, 310, 450, 15, 322
Moses Fowler, 150, 136, 957, 200, 1000
Jos. McDowell, 95, 125, 125, 15, 600
W. S. Marshall, 60, 200, 450, 10, 350
Y. Nash, 40, 80, 300, 5, 200
Q. Babb, 40, 80, 300, 5, 200
G. Thomason, 60, 50, 700, 10, 500
W. Willis, 50, 60, 800, 10, 500
E. Terry, 50, 65, 500, 10, 325
T. Glenn, 35, 55, 350, 10, 200
W. S. Austin, 50, 92, 400, 10, 720
E. Baldwin, 70, 200, 600, 10, 672
S. L. Roberson, 50, 150, 300, 20, 545
J. L. Hood, -, -, -, -, -
M. C. Goodlett, -, -, -, 5, 90
J. G. Fowler, -, -, -, 5, 240
J. L. Farmer, -, -, -, 10, 20
L. Cox, 40, 1060, 2700, 50, 430
Seth P. Poole, -, -, -, 5, 30
W. H. Cox, -, -, -, 5, 234
L. Trammell, 48, 200, 500, 5, 150
M. Mullinax, -, -, -, 1, 8
J. Nelson, -, -, -, 8, 160
J. A. Altum, 25, 125, 300, 10, 195
J. Watson, -, -, -, 10, 157
J. Watson, -, -, -, 10, 52
W. Cox, 60, 640, 800, 100, 420
D. Barton, 15, 185, 300, 5, 150
J. Grisham, -, -, -, 5, 30
G. A. Gilreath, -, -, -, 5, 60
T. F. Garner, -, -, -, 5, -
R. Cox, -, -, -, 10, 437

Ervin Cox, 30, 270, 500, 10, 328
M. Tucker, 40, 220, 300, 1, 70
T. W. Mullinax, -, -, -, 8, 80
J. W. Mullinax, -, -, -, 20, 495
A. Moore, 100, 400, 700, -, 57
R. Medlin, -, -, -, 4, 50
M. Browning, -, -, -, -, -
C. Osborn, 50, 320, 500, 40, 295
L. Potts, 50, 149, 500, 10, 354
M. Griffin, 30, 20, 150, 5, 275
E. Griffin, 45 105, 275, 10, 650
W. B. Johnson, 70, 850, 550, 8, 730
H. P. Potts, 20, 23, 100, 5, 138
G. W. Kuykendall, -, 25, 100, 100, 50
A. Smith, 40, 50, 100, 5, 200
J. A. Tankesley, -, -, -, 5, 80
E. Eledge, -, -, -, 5, 40
B. Tankesly, 20, 50, 200, 5, 150
A. C. Griffin, 30, 40, 100, 15, 200
M. Smith, 40, 150, 400, 10, 287
A. J. Smith, 20, 190, 250, 50, 33
M. E. Smith, 40, 240, 450, 40, 293
E. P. Poole, -, -, -, 2, 184
S. Capps, -, -, -, 15, 374
J. Mullinax, -, -, -, 10, 160
D. Howard, -, -, -, 8, 135
C. P. Trammel, -, -, -, 5, 1
Mary Allen, 40, 106, 100, 3, 40
E. G. Kelly, 16, 34, 100, 7, 240
J. B. Shell, 22, 80, 100, 50, 70
R. Goodlett, 50, 115, 350, 40, 290
M. Halder, -, -, -, 15, 70
N. Springfield, 50, 175, 400, 10, 65
J. M. Helms, -, -, -, -, 15
S. Patton, -, -, -, 10, 2
J. B. Marchbanks, -, -, -, 5, 85
Wm. Timmons, -, -, -, 15, 50
B. Bolin, 100, 180, 1400, 10, 540
N. Hall, -, -, -, 8, 355
J. H. Coleman, 75, 75, 750, 251, 295
S. Bishop, -, -, -, 5, 100
J. N. Lanston, -, -, -, 5, 30
A. Helms, -, -, -, 10, 53
W. May, -, -, -, 5, -
E. Harrison, -, -, -, 15, 30

S. May, 100, 70, 200, 5, 245
M. Carter, 60, 119, 500, 15, 195
H. D. Carter, -, -, -, 3, 125
T. K. Rice, 40, 70, 100, 10, 300
S. Burns, 40, 70, 325, -, 32
A. D. Bridges, -, -, -, 3, -
T. Bridges, 60, 160, 950, 20, 592
J. Boling, -, -, -, 5, 189
W. M. Bridges, 80, 120, 600, 5, 150
B. Hawkins, -, -, -, 5, 90
G. W. Carter, -, -, -, -, 76
A. Bridges, -, -, -, 5, 40
H. McCullough, 5, 6, 50, 5, 70
W. Larke, -, -, -, 5, 45
W. A. Persley, -, -, -, -, -
B. Masters, 30, 500, 1200, 125, 475
T. Masters, 50, 1000, 1600, 50, 778
J. Hinds, -, -, -, 5, 100
E. Cassell, 4, 300, 200, 5, 306
D. McJunken, 200, 700, 4000, 400, 554
J. A. Clark, -, -, -, 5, 66
Charles Yates, -, -, -, 3, 50
J. Demarcus, 10, 190, 300, 75, 475
G. Moore, 10, 85, 150, 15, 200
R. McJunkin, -, 100, 150, 5, 50
M. Burgess, 80, 200, 2000, 50, 530
Wm. McKinney, 100, 616, 5000, 500, 862
W. Kelly, -, -, -, 3, -
B. Baswell, 50, 200, 2500, 40, 327
W. Nicol, 150, 350, 15000, 205, 818
A. C. Stepp, 100, 300, 3500, 800, 2000
N. Traynhorn, -, -, -, 100, 315
J. H. Gains, 60, 240, 3600, 525, 550
H. Scott, -, -, -, 100, 325
W. A. B. Devenport, 90, 200, 5100, 250, 950
M. A. Arnold, 100, 400, 6000, 400, 940
Wm. McCain, 50, 16, 800, 198, 420
J. Coker, -, -, -, -, 25
M. T. Devenport, 25, 33, 700, 10, 25
F. Bagwell, 50, 260, 1800, 200, 450
J. Bagwell, -, -, -, 5, 30

N. Gambrill, 75, 125, 2000, 150, 230
E. Gains, 75, 150, 2000, 365, 446
H. Thompson, 60, 115, 1400, 10, 260
J. N. Medlock, -, -, -, 3, -
R. Scott, 80, 180, 2000, 300, 360
S. Roberts, 40, 77, 1200, 3, 60
C. Emmons, -, -, -, 10, 335
W. T. Traynhorn, -, -, -, 210, 40
J. McCullough, 70, 60, 1200, 95, 300
Jas. Bagwell, -, -, -, -, 75
D. C. Bridgewell, -, -, -, -, 50
J. French, 600, 1171, 18000, 500, 2812
W. H. Creamer, -, -, -, -, 60
G. W. French, 96, 308, 6000, 135, 636
J. C. Sullivan, 600, 1754, 22850, 1200, 2600
R. Boling, 200, 50, 1500, 100, 728
M. Davis, -, -, -, -, 30
T. J. Jones, -, -, -, -, 20
A. Ransy, 100, 260, 3600, 200, 630
W. Sims, 100, 180, 2800, 250, 1008
B. Gunnels, -, -, -, 150, 204
J. M. Sulivan, 400, 1200, 15000, 2950, 2170
J. Kirby, -, -, -, 10, 680
J. Kirby, -, -, -, 6, 22
A. Bagwell, -, -, -, 25, 300
W. G. Vance, 140, 392, 5830, 410, 1010
F. Deavenport, -, -, -, 10, 300
W. Anderson, 100, 256, 1780, 300, 485
J. S. Anderson, 100, 200, 3000, 400, 930
T. L. Boyce, 40, 45, 850, 50, 240
E. Meeks, -, -, -, 60, 140
L. Deavenport, 60, 76, 1121, 190, 600
D. D. Moore, 195, 372, 7047, 400, 800
M. L. Davis, 40, 140, 850, 15, 189
T. T. Campbell, -, -, -, 40, 235
_. Nicols, -, -, -, 65, 357
J. M. Calton (Colton), -, -, -, 25, 100
J. B. Johnson, 25, 49, 600, 15, 100
R. Rainey, -, -, -, 5, 50
C. P. Dill, 100, 400, 3000, 15, 450
W. Neavs (Nidus), -, -, -, 75, 150
J. H. Bradley, 100, 100, 4000, 50, 510
L. Styles, -, -, -, 5, 20
Sarah Bradley, -, -, -, -, 20

Horry District, South Carolina
1860 Agricultural Census

The South Carolina Department of Archive and History has microfilmed its census records. Detailed information on the history of these records as they were created and later turned over to South Carolina by the Department of the Interior's Bureau of the Census is in the Foreword.

Columns 1, 2, 3, 4, 5, and 13 represent the following information on the census:
1. Name of Owner, Agent or Manager of Farm
2. Acres of Improved Land
3. Acres of Unimproved Land
4. Cash Value of the Farm
5. Value of Farming Implements and Machinery
13. Value of Livestock

The first few pages of this county census were out of sequence when microfilmed.

W. A. Bessent, 100, -, 1000, 75, 500
Jas. W. Stevens, 30, 120, 300, 40, 300
C. E. Lewis, 30, -, 300, 20, 100
Wm. Fullwood, 25, -, 250, 25, 200
Arthur Lewis, 20, -, 250, 25, 225
Jas. _. Lewis, 40, 160, 400, 50, 525
W. A. Lewis, -, -, -, -, 100
Arthur Benton, 15, 235, 150, 50, 200
Patrick Moore, -, -, -, -, 100
Wm. L. Dubois, 25, -, 250, 25, 750
Jesse J. Cox, 25, -, 300, 50, 800
K. H. Futch, 250, -, 5000, 500, -
G. Mills, 6, -, 120, 10, -
Wm. Matthews, 250, 800, 5000, 300, 2700
Wm. Thompson, 12, 235, 120, 50, 220
Thomas Jones, 4, -, 40, -, 12
Edwd. T. Ricks, 30, 430, 300, 100, 550
Lorenzo D. Bellamy, 20, 280, 200, 100, -
Henry Thompson, 10, 90, 100, 25, -
Isaac Joiner, 12, 110, 120, 20, -
Wm. M. Montgomery, -, -, -, -, -
J. J. V. Montgomery, 65, 300, 650, 200, -

Wm. W. Williams, 4, -, 700, -, 135
Elias C. Nixon, 10, 26, 200, 100, 300
A. C. Suggs, 15, 20, 150, 75, 450
J. J. Jenerette, 12, 40, 150, 50, 225
Bethel I. Dubois, 12, 190, 120, 10, 60
Jos. Dubois, 10, -, 100, 10, 40
Thos. W. Gore, 100, 100, 1000, 100, 465
James Easters, 3, -, 300, -, 50
Wm. H. Stone, -, -, -, -, 75
W. I. Gore, -, -, -, -, 40
W. L. Litchfield, 5, 3, 100, 30, -
Wm. R. Inman, 10, -, 100, 40, 300
Wm. A. Clardy, 40, 450, 400, 150, 600
Capt. Thos. Randall, 400, -, -, 600, -
Edward W. Cox, 20, 80, 200, 10, 40
Henry Inman, -, -, -, -, 90
J. J. Gore, 150, 1650, 1500, 140, 700
Charles Tharp, 30, 120, 300, 50, 850
B. N. Ward, 60, 90, 600, 50, -
Samuel Permenter, 40, 125, 500, 50, 750
M. F. Clardy, 60, 300, 600, 60, 500
W. E. Suggs, 25, 225, 250, 50, 575
Seth Bellame, 100, 700, 1000, 50, -
E. L. Ganse, 10, -, -, 25, -

Wm. Montgomery, 100, 700, 1000, 100, -
Est. John S. Thomas, 40, 260, 400, 50, -
W. J. Vereen, 6, -, 60, 20, -
D. R. Stevens, 7, 150, 70, 25, -
Wm. Stevens, 20, 100, 200, 50, -
E. A. Suggs, 15, 150, 150, 25, -
Dr. W. K. Cuckin, 30, 420, 300, 100, 550
Martha Dunn, 50, 120, 500, 100, -
Wm. V. Dunn, 40, 150, 400, 75, -
Anzy Vaught, 40, 140, 400, 50, -
Thomas McCall, 15, -, 150, 25, -
Chestnut, Todd, 60, 470, 600, 100, -
Phillip A. Cossee, 8, 300, 100, 100, -
Thomas A. Joiner, -, -, -, -, 150
R. Livingston, 70, 1700, 700, 150, 1150
Calvin P. Hardy, 12, -, 200, 20, 240
J. B. Edge, 150, 3100, 5000, 200, 1500
Ann King, -, -, -, -, -
Jos. M. King, 50, 125, 500, 50, 85
Jos. D. Vereen, 3, -, 30, 10, 500
Peter Cox, 300, 5000, 3000, 500, 1500
Daniel M. Edge, 60, 800, 600, 150, 600
Peter J. Owens, 2, -, -, -, 325
J. J. Reaves, 5, 250, 100, 10, -
Wade H. Parker, 100, 1700, 1000, 75, 1300
Wm. S. Edge, 12, 360, 150, 75, 700
Helen A. Edge, 40, 460, 400, 25, 300
Jas. H. Branton, 30, 175, 300, 100, 750
W. W. Waller, 60, 5000, 600, 150, -
Francis M. Dunn, 20, 480, 200, 40, -
Joseph Lee, 4, -, 50, 20, -
Isaiah Hucks, 50, 400, 500, 75, -
Phillip J. Elks, 6, -, 60, 5,100
Peter Jno. Elks, -, -, -, -, 300
A. N. Brown, 14, -, 100, 5, 70
Wm. Hearl, 20, -, 200, 50, 540
Sion West, 10, -, 100, 50, 560

E. J. Lay, 20, -, 200, 10, 85
John P. Stalvey, 6, -, 60, 5, 45
John W. Elks, 6, 70, 60, 6, 60
John J. Brown, 30, -, 100, 10, 180
J. W. McCormick, 20, 114, 200, -, 250
Bethel A. Brown, 15, -, 150, 25, 85
A. R. McCormick, 6, -, 60, 5, -
Jeremiah Stalvey, 30, 515, 300, 50, 480
Richard Brown, 10, 147, 100, 10, 210
W. C. Eldridge, 12, 40, 120, 15, 200
Saml. Brown, 5, -, 50, 5, 40
Joseph Mishon, 15, 145, 150, 25, 325
Jonah C. King, 40, 360, 400, 100, 610
Thomas King, 25, 375, 250, 60,735
Isaac Parker, 50, 1950, 500, 100, -
S. M. Hughes, 20, -, 200, 25, -
Daniel Brown, 15, -, 150, 5, 60
Elizabeth Johnston, 4, 196, 40, 5,60
John S. Willson, 12, -, 120, 25, 200
Milton Macklin, 50, 550, 60, 100, 620
Benj. Hucks, 50, 800, 500, 50, 300
D. W. Oliver, 60, 2000, 600, 200, 2130
I. G. Waller, 25, 25, 250, 50, 290
W. P. Nixon, 25, -, 250, 20, 250
Ann Nixon, 30, 120, 300, 20, 500
Henry Todd, 10, -, 100, 25, 175
Peter Vaught Sr., 225, -, 4500, 500, 2600
Matthew Linguish, 20, 230, 200, 35, 325
Sarah Fullwood, 20, -, 200, 10, -
Elizabeth Cox, 60, 200, 600, 25, 200
Chauncy Willard, 350, 7250, 7000, 100, 1800
Jas. Hening, 30, 500, 300, 10, 150
A. W. Bessent, 50, 250, 500, 50, 225
Mrs. F. P. Cox, 20, -, 500, 20, 550
Joseph A. Cox, 70, -, 700, 20, 500
Thomas H. Moore, 30, -, 100, 30,70

Eliza Singleton, 1000, 5000, 1500, 150, 500
Isaac Brown, 125, -, 120, 20, 125
U. A. Delettre, 300, 2500, 3000, 300, 1400
John M. Smith, 20, 20, 200, 50, 100
Z. G. A. Jordan, 2, -, 25, -, 60
J. G. W. Dewitt, 150, 250, 1500, 50, 700
Mrs. Eliza Murdock, 20, -, 100, 10, 75
John P. Smith, 10, -, 100, 10, 60
Lawson D. Sessions, 10, -, 100, 10, 75
Thos. R. Parker, 4, 50, 5, 150
Jonah E. Collins, 20, -, 200, 15, 250
Thomas McCormick, 6, 996, 300, 35, 220
W. B. McCormick, 10, -, 100, 5, 50
Wm. Bartley, 10, -, 100, 10, 125
Ferguson McDowell, 15, -, -, -, -
Elias Bartley, 15, -, -, -, -
Thomas McDowell, 10, 690, 100, 25, 600
Alexr. Cox, 5, -, 50, 5, 110
William Sing, 15, -, 150, 10, -
Moses McDowell, 20, -, 200, 75, -
William Burgess, 20, 700, 200, 50, 600
Jesse Alford, 6, 60, 60, 5, 600
Mary Alford, 10, 300, 150, 25, 800
B. A. Tillman, 120, 1080, 2000, 300, 1700
John M. Tillman, 250, 3000, 5000, 500, 3225
Jos. D. Newton, 8, 220, 100, 20, 50
Duff G. Stalvey, 5, 45, 50, 3, 30
Bently S. Stalvey, 5, 57, 50, 3, 2
James P. Newton, 10, 1800, 200, 50, 400
Catherine Stalvey, 15, 160, 150, 25, 320
Maberry Stalvey, 6, -, 60, 5, 75
George Stalvey, 20, 340, 200, 50, 600
Peter V. Stalvey, 15, 35, 150, 30, 270
Isaiah Stalvey, 30, 200, 300, 50, 875
Jeremiah Smith, 15, 350 150, 75, 300
Jos. J. Wortham, 200, 2000, 2000, 500, 3100
Jos. J. Vereen, 170, 700, 1700, 100, 900
Sarah Vereen, 30, -, -, -, 350
Mrs. Sarah J. Thomas, 60, -, 600,-, 220
Thos. King, 50, -, 500, -, -
Miss Martha Smith, -, -, -, -, 60
John N. Lee, 150, 540, 1000, 150, 1300
Eliza Joiner, -, -, -, -, 130
John Hardy, -, -, -, 20, 70
Elizabeth Murrell, 10, -, -, 10, 200
J. J. Dunn, 30, 120, 300, 25, 575
S. J. Wilson, 50, -, 500, 10, 630
David R. Newton, 50, 1750, 500, 50, 485
John A. Wilson, 10, -, 100, 15, 320
Mrs. A. H. Wilson, 50, 250, 500, 20, 450
Jos. A. Clardy, 100, 700, 1000, 50, 600
Saml. Brown, 30, 100, 300, 50, 500
Thos. C. Shackelford, 50, 450, 500, 25, 200
B. E. Sessions, 100, 700, 2000, 100, 1060
T. F. Nixon, 500, 9900, 20000, -, 700
A. Barnhill, 30, 200, 300, 30, 275
I. W. Williams, -, -, -, -, -
Isaac I. Hardy, -, -, -, 8, 74
A. Causey, 40, 75, 150, 30, 145
Elmore Carter, 50, 686, 2200, 50, 350
I. S. Cox, 8, 93, 300, 5, 235
Mary D. Cox, -, -, -, 4, 90
W. L. Hardee, -, 400, 1000, 100, 193
W. E. Hughs, 60, 120, 700, 45, 625
N. J. Cox, 40, 524, 2000, 30, 650
D. H. Hardee, -, -, -, 20, 402
E. J. Parker, 10, 4440, 2000, 5, 4108

W. S. Reaves, 200, 5000, 15000, 50, 2260
D. W. Todd, 25, 175, 200, 8, 205
Isaac I. Parker, 40, 460, 1500, 8, 205
R. H. Gause (Ganse), 20, 270, 290, 25, 617
Isaac Patrick, -, -, -, 10, 386
R. M., Todd, 100, 900, 2000, 20, 200
Riley Norris, 5, 333, 800, 40, 240
T. A. West, 6, 96, 100, -, -
E. D. Richardson, 30, 1570, 1000, 40, 350
Mark Reaves, 15, 500, 1030, 20, 192
Jesse Carter, 45, 720, 1530, 40, 540
W. M. Benton, 2, 45, 200, 5, 247
W. Boyd, 40, 810, 1062, 35, 350
W. W. Todd, 37, 463, 800, 6, 145
James Faircloth, 15, 200, 200, 8, 95
W. S. Todd, 50, 1350, 2000, 10, 500
T. L. Hardee, 50, 2200, 3000, 75, 985
B. Royals, 20, 250, 500, 30, 275
Alfred Inman, 18, 33, 300, 6, 150
W. T. Anderson, 50, 450, 1500, 4, 320
I. M. Beaty, 15, 485, 1700, 25, 95
David M. Hux, 30, 170, 500, 10, 250
D. N. Hux, 20, 80, 250, 5, 125
John H. Beaty, 50, 1650, 1500, 25, 400
Jehu Causey, 150, 1850, 7000, 135, 788
E. D. Causey, 20, 380, 500, 25, 625
R. P. Green, 15, 585, 100, 10, 283
Margaret Royals, 12, 150, 300, 10, 180
Charles T. Dusenbery, 14, 236, 600, 10, 190
Z. W. Dusenbery, 45, 1155, 2000, 100, 810
Ara Causey, 15, 85, 300, 10, 100
I. G. Woodward, 20, 780, 100, 26, 115
S. H. Singleton, 40, 60, 500, 30, 380
T. A. Pinner, 15, 190, 500, 6, 108

H. H. Wright, 100, 400, 1000, 100, 1000
Joseph Thompson, 50, 1350, 3000, 150, 700
S. Branton, 15, 44, 600, 8, 2337
W. Murrow, 15, -, -, -, 100
Isaac Martin, 10, 90, 300, 20, 207
Henry Buck, 100, 8000, 100000, 10000, 4390
I. E. Dusenbery, 28, 1847, 3500, 100, 410
George W. Cannon, 8, 149, 800, 6, 375
W. B. Williams, 9, 291, 300, 8, 40
Caleb Howell, 12, 388, 400, 5, 385
Thos. Martin, 15, 485, 500, 10, 330
W. Harper, 13, 159, 500, 15, 132
Alexr. Shelley, 6, 195, 200, -, 120
B. Moore, 200, 1300, 2000, 35, 461
I. Woodward, 30, -, 1370, 95, 676
E. Tindal, 6, 394, 400, 10, 280
H. J. Cannon, 15, 985, 1500, 30, 425
S. Smart, 15, 585, 2000, 40, 381
L. S. Brown, 85, 500, 1500, 75, 324
M. Paul, 20, 80, 150, 15, 300
W. D. Martin, 60, 672, 1500, 10, 280
S. Parker, 25, 307, 600, 50, 384
P. Port, 25, 300, 350, 50, 500
John Paul, 12, 238, 700, 10, 704
W. W. Lourimore, 17, 395, 1000, -, 270
John Tindal, 16, 385, 800, 5, 76
R. J. Lourimore, 30, 170, 700, 35, 474
Jane Lourimore, 20, 340, 500, 10, 350
W. W. Jordan, 25, 171, 400, 25, 274
I. G. Lourimore, 30, 570, 1200, 15, 400
J. A. Hendrick, -, -, -, -, 250
Thos. S. Beaty, 30, 570, 1000, 5, 260
D. Hux, -, -, -, -, -
S. James, 12, 309, 200, 12, 165
Jane Beaty, 15, 144, 600, 40, 500
Robt. Milligan, 40, 400, 2000, 20, 200

I. H. Faulk, 50, 1700, 2000, 25, 551
Eliza Todd, 25, 1263, 4000, 10, 365
I. Williams, 30, -, -, 5, 250
L. Alford, 20, 48, 238, 30, 314
F. I. Sessions, 100, 3085, 4000, 100, 800
Thos. Smith, 12, 160, 500, 30, 300
W. Parker, 25, 1775, 5000, 12, 482
I. P. Jordan, 3, 12, 40, 5, 504
I. M. Woodward, 25, 1350, 1375, 15, 490
James Brown, -, -, -, -, 95
W. Singleton, 15, 385, 600, 25, 210
D. Murrow, -, -, -, 8 178
C. B. Sarvis, 120, 2855, 30000, 100, 2175
James Howell, 50, 920, 2000, 7, 737
S. W. Beverley, 25, 975, 2000, 7, 400
M. Boron, 10, 120, 300, 10, 250
M. Johnson, 20, -, -, 5, 82
S. W. Martin, -, -, -, 5, 200
E. Williams, 40, 1000, 1000, 10, 160
A. Manning, 150, 3000, 4000, 150, 1400
L. F. Hughs, 90, 620, 1000, 50, 585
P. Singleton, 40, 460, 1000, 10, 220
W. H. Johnson, 150, 8450, 10000, 100, 930
E. Johnson, 50, 550, 1000, 25, 350
I. F. Sarvis, 40, 1460, 3000, 10, 310
Joseph Jordan, 20, 220, 1000, 20, 905
I. Williamson, 25, 475, 2000, 15, 446
James Williamson, 12, -, -, 5, 40
I. B. McCracken, 100, 2700, 5000, 25, 789
J. E. Glasgo, -, -, -, -, 225
B. B. McCrackin, -, -, -, -, 250
J. Guiton, 20, 229, 250, 25, 585
J. D. Jordan, 15, 35, 100, 5, 130
S. Lewis, 30, 392, 2000, 30, 214
L. Hughs, 30, 366, 1500, 25, 341
H. Smith, 30, 260, 1000, 30, 950
J. M. C. Martin, 35, 1165, 2000, 4, 570

J. J. Roberts, 20, 300, 1200, 10, 300
W. H. J. Lourimore, 125, 190, 700, 30, 470
D. M. Johnson, 40, 960, 1200, 100, 760
W. Johnson, 60, -, 290, 30, 240
John Dicks, 50, 2950, 4000, 50, 1329
J. Backsley, 25, 275, 1500, 12, 230
S. Standley, -, -, -, -, 270
J. N. Roberts, 35, 2075, 4000, 25, 776
A. B. Skipper, 150, 1339, 7000, 50, 720
J. Johnson, 16, 134, 500, 10, 440
I. R. Jones, 40, 591, 1000, 40, 422
C. Tompkins, 15, 93, 200, 4, 104
J. Tompkins, 40, 60, 200, 7, 360
J. Harrelson, 15, 35, 150, 25, 370
A. M. Johnson, 25, 125, 150, 6, 100
W. Johnson, 9, 41, 150, 6, 330
J. H. Roberts, 25, 475, 750, 25, 307
W. H. Bryant, 10, 90, 300, 25, 70
G. W. Ward, 100, 2300, 3400, 20, 1860
A. Royals, -, -, -, -, 300
T. D. Todd, 10, 165, 300, 5,75
W. P. Allen, 90, -, -, 8, 415
T. Cooper, 45, 644, 2000, 50, 600
A. Cooper, 40, 220, 400, 35, 560
T. S. Beaty, 35, 385, 600, 10, 142
E. B. Tompkins, 15, 250, 600, 14, 86
W. G. Causey, 45, 575, 2000, 100, 800
R. R. Sessions, 20, 230, 250, 10, 250
W. G. Bellemy, 20, -, -, 5, 435
W. R. Hughs, 60, 340, 500, 100, 600
W. J. Ellis, 40, 1960, 3000, 30, 1800
Isaac Jordan, 10, 90, 200, 5,227
S. Cook, 50, 300, 500, 25, 357
I. Squires, 50, 216, 1000, 50, 401
I. Ward, 40, 70, 500, 5, 500
F. S. Gillespie, 40, 600, 3000, 172, 625
A. Sudam, 20, 220, 200, 25, 331
E. Tompkins, 50, 448, 1500, 12, 80
G. Tompkins, 25, 115, 500, 10, 120

G. Rabon, 50, 300, 1000, 30, 685
Thos. Hux, 45, 150, 500, -, 215
Thos. Dorman, 25, 475, 1200, 25, 240
I. W. Hardee, 20, 180, 350, 15, 224
W. Suggs, 60, 2000, 3500, 45, 775
T. Graham, 10, 590, 1500, 7, 229
T. Holt, 25, 175, 800, 8, 240
W. Gerald, 50, 300, 800, 20, 440
P. T. Gerald, 25, 175, 400, 10, 140
D. Boyd, 20, 1325, 3000, 25, 450
Elizabeth Cox, 35, 65, 100, 12, 140
Simon Ray, 25, 675, 700, 10, 300
H. Gerald, 22, 1000, 1022, 5, 257
B. B. Smith, 20, 192, 300, 20, 94
W. Smith, 13, 67, 200, 25, 476
John Heneford, 25, 75, 300, 25, 380
Wilson Holt, 10, 173, 1000, 7, 174
J. C. A. Holt, 35, 165, 1000, 15, 385
R. Lee, 50, 150, 1000, 25, 175
I. Grainger, 60, 900, 1000, 20, 270
W. R. Prince, -, -, -, -, 100
D. Blackburn, -, -, -, -, 178
W. Hardee, 50, 850, 1000, 30, 462
S. McKnabb, 75, 240, 1000, 5, 280
H. Harris, 30, 510, 1100, 25, 445
I. J. Ludlam, 75, 725, 1000, 30, 420
L. Gerald, 25, 275, 800, 20, 360
Isaac Stephens, 30, 210, 1000, 5, 418
B. Stephens, -, -, -, -, 175
M. Carter, 15, 65, 160, 10, 151
R. Boyd, -, -, -, -, 200
S. M. Sessions, -, -, -, -, 125
J. McCrackin, 25, 100, 200, 7, 326
W. Jones, -, -, -, -, 180
John A. Johnson, 40, 927, 2500, 40, 520
C. W. Hux, 35, 175, 350, 40, 375
E Allen, 40, 560, 1200, 30, 660
D. Allen, 15, 85, 200, 25, 130
T. Brown, -, -, -, -, 100
J. Baker, 25, 225, 250, 15, 186
J. J. Baker, 16, 894, 200, 15, 160
L. Allen, 45, 255, 500, 10, 465
I. W. Hughs, 2, 378, 1100, 10, 300

W. C. Gause (Ganse), 30, 370, 300, -, 250
F. Gause, 20, 185, 300, 5, 467
Mary Thompson, 25, 235, 500, 5, 150
E. Mishoe, 30, 325, 600, 20, 403
J. Barnhill, -, -, -, -, 88
D. Shelley, -, -, -, -, 215
C. D. Norris, 12, 488, 1000, 30, 225
I. R. Todd, -, -, -, -, 125
I. S. B. Reaves, -, -, -, -, 225
Sarah Reaves, -, -, -, -, 380
E. C. Gore, 35, 775, 800, 25, 485
W. Edge, 9, 71, 150, 15, 307
Wm. Holt, 70, 4330, 15000, 25, 586
I. H. Cade, 25, 1375, 2800, 25, 170
D. Fowler, 13, 187, 500, 5,161
G. Fowler, 2, 98, 100, 4, 65
Luly Fowler, 25, 600, 1500, 18, 115
D. P. Fowler, 8, 37, 75, 20, 220
A. Rhodes, 25, 75, 200, 35, 200
Dorcas Fowler, 50, 125, 1100, 30, 277
G. Fowler, 50, 145, 1000, 5, 352
Jacob Fowler, 50, 198, 500, 69, 483
B. Fowler, 12, 54, 175, 4, 150
M. Fowler, 15, 35, 100, -, 150
W. Fowler, 20, 135, 300, 5, 250
Edmon Fowler, 50, 450, 1000, 12, 544
J. B. Powell, 20, 130, 400, 10, 175
E. C. Powell, 30, 330, 1000, 50, 345
W. I. Sarvis, 46, 354, 500, 26, 390
I. Stephens, 50, 350, 1500, 12, 200
John Prince, 20, 134, 500, 25, 340
W. F. Cox, 10, 90, 207, 8, 340
D. B. Holmes, 20, 660, 1000, 10, 260
C. W. Suggs, 23, 227, 800, 12, 300
Lot Prince, 15, 275, 600, 25, 135
M. Graham, 80, 60, 1500, 25, 273
Rhoda Sarvis, 40, 360, 1200, 30, 520
W. B. Moore, 12, 112, 500, 15, 190
A. Alford, 15, 110, 250, 5, 359
E. Brown, 60, 340, 500, 10, 196
A. Brown, 40, 371, 800, 15, 423
C. Smith, 35, 150, 700, 20, 1147

D. Brown, 25, 255, 500, 5, 52
I. Rabon, 15, 235, 200, 10, 435
N. M. Mishoe, 40, 60, 500, 10, 250
J. W. Mishoe, 50, 150, 600, 10, 391
J. R. Jordan, -, -, -, -, 240
Julia Jordan, -, -, -, -, 127
R. N. Squires, 25, 58, 415, 20, 230
J. A. Squires, 20, 55, 100, 20, 110
M. H. R. Martin, -, -, -, -, -
W. D. Hux, 8, 43, 50, 5, 195
Jordan Hughs, 40, 150, 800, 12, 311
J. Demary, 40, 560, 1500, 25, 274
E. Spivey, 50, 200, 1000, 30, 500
J. Demary, 25, 450, 1000, 25, 500
D. Demary, 30, 70, 400, 8, 225
E. C. James, 25, 125, 700, 30, 170
Joseph James, -, -, -, -, 60
E. B. Jenkins, 30, 220, 500, -, 152
M. Reynolds, 75, 705, 8000, 40, 485
W. Floyd, 30, -, -, -, 200
A. W. Johnson, 27, 1351, 4000, 16, 297
S. W. Kirbon, 100, 2400, 15000, 10, 910
J. Jones, 30, 270, 1200, 30, 657
W. H. Jones, 25, 550, 3000, 20, 455
E. B. Jones, 50, 750, 3000, 15, 440
A. Elvis, 15, 325, 800, 10, 130
D. E. Crawford, 30, 700, 3000, 10, 453
S. D. Barnhill, 22, 5000, 7000, 1000, 2590
A. Rabon, 25, 200, 600, 10, 270
J. Smith, 30, 220, 250, 10, 225
N. B. Cooper, -, -, -, -, 400
B. P. Stevenson, 25, 573, 10000, 200, 220
F. B. Graham, 100, 400, 2000, 30, 250
B. B. Mincy, 75, 925, 3000, 50, 400
E. Phipps, 40, 160, 500, 100, 348
B. Watts, 12, 38, 100, 6, 200
S. Blackburn, 15, 70, 250, 2, 181
D. A. Royals, -, -, -, -, -
A. G. Todd, 7, 168, 300, 25, 250
S. Todd, 15, 135, 50, 25, 130
B. Stevens, 135, 2500, 15000, 10, 1240
T. Booth, 30, 510, 1000, 25, 250
J. R. Thompson, 50, 800, 1500, 25, 425
S. Anderson, 150, 2650, 6000, 100, 1580
J. Lee, 20, 420, 880, 5, 171
J. McCracken, 30, 395, 300, 10, 200
B. T. Sessions, 50, 450, 1000, 25, 400
S. N. Sessions, -, -, -, -, 225
R. Todd, 25, 225, 250, 5, 350
J. N. Ludlam, 20, 180, 500, 15, 165
J. J. Booth, 40, 300, 1000, 25, 440
Sarah Stone, 15, 145, 300, 15, 230
James Baker, 60, 440, 800, 27, 180
H. Cartrett, 50, 373, 423, 5, 460
P. Cartrett, 75, 1625, 2000, 15, 620
E. J. Sessions, 40, 360, 500, 10, 352
D. Rabon, 15, 45, 200, 6, 100
A. King, 35, 121, 400, 25, 500
I. Porter, 35, 65, 200, 15, 160
R. Allen, 15, 85, 150, 25, 150
J. T. Baker, 8, 92, 150, 15, 110
J. King, 9, 51, 100, 18, 171
M. Tyler, 15, 65, 200, 15, 120
Wm. Bell, 35, -, 570, 25, 347
J. Carrol, 25, 220, 1000, 25, 280
G. Rabon, 40, 60, 100, 15, 80
A. R Rabon, 100, 200, 300, 35, 572
Gabriel Rabon, 40, 260, 500, 30, 400
T. Cartrett, -, -, -, -, 175
G. Rabon, -, -, -, -, 150
G. M. Rabon, 40, 400, 2000, 35, 300
S. Rabon, 15, 45, 350, 12, 225
A. Rabon, 20, 125, 400, 15, 450
W. Rabon, 13, 187, 187, 15, 35
M. Martin, 20, 80, 300, 10, 300
L. Floyd, 100, 1215, 3000, 30, 500
A. Gore, 35, 435, 1000, 25, 325
W. Best, 40, 457, 1800, 20, 240
K. M. Floyd, 40, 83, 600, 10, 250
J. J. Best, -, -, -, 10, 200
Pugh Floyd, 100, 1037, 1800, 400, 478

E. Huggins, 75, 275, 1500, 25, 435
H. J. Floyd, 60, 500, 3000, 30, 775
D. J. McQueen, 125, 1692, 5000, 40, 600
A. H. Johnson, 25, 440, 1500, 15, 300
A. H. Skipper, 50, -, -, 25, 1164
J. B. Skipper, -, -, -, 5, 200
Thos. Vaught, -, -, -, 5, 200
A. B. Skipper, 30, 600, 1500, 30, 747
J. Barnhill, -, -, -, 5, 120
J. N. Jones, 19, 80, 500, 5, 65
John Graham, 25, 1000, 3000, 5, 125
R. M. Powell, 200, 1200, 5000, 50, 402
C. McQueen, 30, 370, 2000, 10, 412
S. McQueen, 30, 370, 2000, 10, 100
M. R. Martin, 40, 282, 1200, 25, 490
A. W. McQueen, 40, 330, 1200, 24, 243
E. Pittman, 150, 280, 8000, 50, 674
J. Cannon, 100, 200, 500, 25, 420
W. Cannon, 15, 37, 200, 5, 160
J. Cannon, 20, 80, 200, 8, 339
Isaac Cannon, 20, 280, 800, 10, 200
J. Dawsey, 25, 100, 200, 9, 400
P. Johnson, 65, 315, 1540, 20, 720
S. Barnhill, -, -, -, -, 30
A. Johnson, 30, 120, 500, 6, 400
D. H. Johnson, 60, 190, 300, 10, 130
W. Johnson, 15, 170, 360, 10, 80
H. Johnson, 15, 2, 250, 5, 75
D. Rabon, 10, 240, 500, 10, 250
J. T. Alford, -, -, -, -, 50
W. Hardwick, 25, 575, 1200, 15, 200
S. Hardwick, 25, 125, 300, 10, 130
A. A. Graham, 25, 75, 300, 10, 115
M. McCracken, 25, 475, 1000, 15, 225
John Smith, 90, 510, 1200, 120, 349
D. S. Johnson, 7, 143, 500, 15, 680
A. M. Hardwick, 30, 70, 275, 25, 200
B. Holt, 27, 302, 690, 30, 335
C. Allen, 20, 5, 50, 30, 130
D. W. Alford, 15, 317, 332, 5, 102

D. W. M. Chesnut, -, -, -, -, 1000
E. Skipper, 35, 1800, 3700, 15, 575
M. W. Strickland, 70, 930, 2000, 30, 450
J. M. Sarvis, 20, 95, 500, 20, 289
S. Jenrett, 20, 230, 1500, 25, 500
A. D. Martin, 35, 165, 700, 6, 85
J. Johnson, 15, 150, 300, 20, 245
M. Johnson, 75, 221, 600, 10, 500
M. Johnson, 60, 640, 644, 10, 182
H. Elliott, 100, 388, 1400, 100, 380
C. Ray, 12, 288, 500, 10, 170
S. Thompson, 15, 45, 300, 15, 24
G. W. Graham, 15, 88, 400, 5, 65
M. Johnson, 25, 23, 1475, 5, 135
R. Chesnut, 75, 1386, 3000, 15, 344
James Loller, 20, 380, 400, 25, 215
J. S. Elliott, 25, 124, 225, 10, 90
S. C. Johnson, 150, 650, 4000, 300, 1000
W. R. Strickland, 75, 525, 2000, 25, 445
Sarah Gerald, 15, 44, 250, 10, 160
A. Lewis, 50, 250, 1400, 40, 287
S. Hardwick, 14, 1114, 1000, 12, 313
A. Hardwick, 50, 125, 500, 10, 410
J. J. Kirton, 75, 1021, 2200, 25, 960
O. B. Smith, 100, 488, 2000, 30, 64
J. P. Kirton, 70, 600, 7000, 50, 1190
M. R. Skipper, 80, 588, 1500, 25, 539
A. Tompkins, 20, 120, 200, 10, 455
J. Benson, 20, 131, 500, 50, 274
L. H. Floyd, 50, 1250, 3000, 100, 900
J. Skipper, 100, 500, 2500, 40, 654
J. Floyd, 40, 146, 801, 5, 170
N. H. Lewis, 15, 35, 250, 30, 406
W. J. Gerald, 75, 1100, 1200, 50, 495
P. Gerald, 80, 395, 1000, 10, 600
L. Gerald, 200, 254, 454, 40, 512
H. Gerald, 125, 1575, 1700, 15, 962
B. Gerald, 40, 852, 1800, 8, 397
H. Gerald, -, -, -, -, 400
J. Small, 30, 85, 300, 4, 57

R. Small, -, -, -, -, 40
J. Small Sr., 35, 225, 500, 25, 307
B. Daniels, 35, 240, 250, 5, 25
W. Lewis, 75, 425, 1000, 30, 330
P. Lewis, 300, 590, 1500, 60, 1255
W. Lewis, 100, 800, 2000, 30, 420
W. Small, 500, 210, 550, 20, 315
J. Stroud, 25, 275, 300, 20, 265
G. Stroud, 20, 300, 350, 16, 280
W. P. Floyd, -, -, -, 25, 374
A. Floyd, -, -, -, 25, 380
D. A. Blanton, 25, 75, 200, 10, 140
S. Elliott, 88, 162, 400, 10, 400
A. Elliott, 300, 2700, 6000, 25, 650
H. Elliott, 125, 275, 800, 15, 275
J. Wise, 70, 310, 800, 25, 232
A. J. Floyd, 50, 285, 800, 15, 265
I. Hardee, 25, 175, 800, 4, 20
R. Page, 40, 468, 1000, 15, 325
D. Lewis, 50, 550, 2400, 30, 530
L. Strickland, 100, 1350, 2000, 30, 530
A. P. Strickland, 50, 450, 100, 5, 142
S. Strickland, 200, 2900, 2000, 10, 405
S. Grainger, 25, 315, 1000, 25, 75
A. J. Strickland, 75, 600, 667, 5, 220
J. C. Beaty, 60, 978, 1800, 10, 315
M. Stevens, 50, 1070, 3200, 15, 305
D. Mincy, 70, 420, 2300, 10, 710
I. B. Hardee, 25, 300, 600, 5, 120
Cornelius Chesnut, 10, 190, 75, 20, 40
Ready Chesnut Sr., 30, 770, 350, 100, 600
Ready Chesnut Jr., -, -, 100, 8, 95
Robert Chesnut, 4, 100, 50, 5, 100
Colman Chesnut, 8, 360, 75, 12, 55
Robt. Anderson, 30, 820, 200, 20, 335
Silas Anderson, -, -, 30, 5, 30
Abraham Smith, 35, 938, 300, 15, 279
C. W. Smith, -, -, 200, 25, 125
M. W. Warren, 20, 180, -, 5, -
Noah Lee, 60, 320, 300, 20, 200

Wilson Hardee, -, 50, 50, 5, 60
Isaac J. Hardee, 22, 122, 250, 11, 190
Calvin Hardee, 20, 80, 150, 10, 100
Arthur Hardee, 40, 190, 250, 8, 100
Joel Hardee, 15, 80, 60, 4, 25
Wesley Todd, -, -, 20, 50, 60
I. B. Hardee, 80, 1017, 400, 25, 240
Daniel Chesnut, -, -, -, -, -
W. W. Hardee, 35, 438, 400, 25, 130
C. B. Hardee, 6, 40, 1000, 50, 500
John Grainger, 160, 2275, 1000, 50, -
Levi Grainger, 150, 468, 400, 100, 308
Jane Griffin, 100, 650, 225, 15, 120
Zadoc Bullock, 100, 339, 250, 15, 320
Bythel Buffkin, -, -, 40, 3, 30
James Williamson, 150, 1267, 200, 20, 805
Elias Tyler, 100, 600, 300, 15, 240
Abram Bellemy, 150, 1950, 3000, 100, 1556
Mary Bellemy, 100, 600, 500, 25, 400
Henry Cumbee, -, -, -, -, 10
W. H. Potter, -, 2090, -, 400, 26
F. K. Bellemy, 10, 190, 50, 8, 216
Addleton Bellemy, 700, 600, -, 25, 480
Daniel Bellemy, 50, 950, 1000, 50, 202
J. M. Butler, 50, 2601, 200, 100, 400
M. Housen, -, -, 25, 3, 20
Curtis Williamson, 50, 250, 150, 75, 248
Charles Bullock, 60, 340, 250, 15, 240
G. W. Hammond, 50, 200, -, 10, 20
James Hammond, 40, 560, 300, 50, 175
John Enzor Jr., 5, 145, -, 10, 152
Benjamin Fowler, 100, 851, 200, 15, 142

Elisha Bullock, 100, 350, 1200, 100, 240
Archibald Hammond, 75, 1235, 300, 20, 222
Alva Enzor, 40, 340, 200, 10, 168
D. R. Anderson, 50, 150, 300, 20, 370
Wm. Griffin, 100, 1000, -, -, -
Ezekl. H. Parker, 300, 2000, 1000, 25, 575
B. Parker, 50, 275, 50, 30, 46
John Williams, 25, 75, 200, 10, 35
Wright Floyd, 150, 500, 300, 20, 160
Frederick Floyd, 150, 500, 150, 10, 430
Jane E. Floyd, -, -, 225, 10, 85
James P. Floyd, 6, 180, -, 5, 20
Thos. W. Galaway, -, 629, -, 100, 50
William Jones, -, -, 100, -, 30
John Floyd, 100, 895, 300, 25, 450
John G. Floyd, -, -, -, 20, 100
Elizabeth McDermit, 50, 250, 175, 10, 80
Chas. McDermit, -, -, 75, 10, 40
Wilson Floyd, 30, 35, 200, 10, 80
Delila Goodson, -, -, -, -, 25
Hugh Grainger, 200, 900, 500, 15, -
John Buffkin, 75, 1725, 700, 15, 345
Levi Watts, 12, 13, 50, 3, 11
James Floyd, 250, 3505, 1000, 60, 760
William Cossee, 20, 55, 150, 5, 30
F. C. Wright, 25, 275, 100, 25, 75
Jas. G Patterson, 25, 1275, 300, 50, 400
D. B. Campbell, 22, 600, 200, 75, 241
Eliza Anderson, 25, 875, 150, 75, 200
Wm. F. Bryant, 50, 210, 100, 150, 600
W. H. Privett, 68, 1663, 250, 130, 476
John Dorman, 75, 100, 250, 50, 429
Robt. P. Hardee, 40, 644, 200, 25, 317
Joseph Todd, 58, 1700, 500, 75, 880
Richd. Cartrett, 25, 293, 200, 35, 425
Clarky Alford, 5, 195, 15, 5, 40
Levi Anderson, 10, 1240, 50, 50, 545
Thomas Gerald, 25, 275, 200, 25, 315
W. H. Gerald, 10, 190, 25, 75, 60
Matthew Fowler, 10, 290, 25, 12, -
James Bratcher, 100, 900, 400, 50, 549
R. G. Grissett, 250, 3850, 1500, 150, 1450
Henry Chesnut, -, -, 80, 5, 88
Robert Anderson, 20, 80, 150, 5, 388
Sarah Cox, 50, 700, 100, 5, 32
Margaret Chesnut, 25, 275, 75, 5, 45
John Chesnut, -, -, 25, 50, 55
John W. Todd, 25, 325, 100, 70, 295
William Jordan, 10, 290, 70, 10, 250
Saml. Carrel, 10, 56, 100, 10, 60
John Hardwick, 20, 230, 100, 25, 35
James Hardee, -, -, 125, 10, -
William Hardee, 10, 90, 75, 15, 258
Robert Hardee, 25, 175, 100, 6, 125
Reuben Shannon, 75, 100, 150, 15, 375
Isaac Lewis, 50, 100, 114, 4, 145
Saml. McQueen, 60, 780, 500, 50, 350
J. T. Moody, 65, 568, 700, 300, 247
Lawson Pridgen, -, -, 100, 60, 110
L. B. Stith, -, -, 50, 40, 60
Mrs. Jane Graham, 200, 3500, 1600, 150, 652
L. D. Graham, -, -, 300, 500, 239
A. J. Graham, 150, 900, 1600, 100, 800
S. F. Graham, 13, 500, 300, 125, 205
Hezekiah Cartrett, 15, 148, 100, 50, 248
W. F. Nobles, -, -, -, -, 100
Henry Holmes, 10, 190, 50, 5, 40
Benj. Holmes, 15, 181, 150, 20, 225
Sarah Holmes, 25, 375, 100, 10, -
J. N. Booth, 35, 325, 200, 30, 400

Arthur H. Crawford, 75, 250, 500, 150, -
John W. Graham, 15, 290, 25, 200, 250
W. M. Dorman, 25, 175, 225, 25, 225
Henry Lewis, 15, 175, 150, 10, 175
R. P. Smith, 25, 1175, 150, 40, 325
W. P. Allen, -, -, 75, 10, 250
Saml. Faircloth, -, -, 100, 5, 40
Drisel Standland, -, -, 50, -, -
Elizabeth Williams, -, -, 50, 10, 6
Leonard Carter, 5, 95, 200, 75, 135
William Cartrett, -, -, 75, 5, 50
W. G. Ludlam, 5, 245, 100, 5, 32
Wm. Rogers Jr., 5, 220, 50, 25, 100
Saml. P. Vereen, 160, 3040, 800, 50, 1355
Wm. I. Graham, 400, 3650, 10000, 50, 1650
John Darby, -, 2400, -, -, -
Thos. F. Gillespie, 30, -, 300, -, 250
Jas. A. Thompson, 4, -, 2000, -, 200
E. F. Harrison, 5 ½, -, 1200, -, 30
Thos. H. Holmes, 25, 50, 5000, 100, 550
John R. Beaty, 40, 800, 5500, 100, 700
Wm. P. Melson, 5, 75, 200, 50, 95
Chas. F. Molloy, 100, 1500, 4000, 200, 1000
Saml. Bell, 80, 3500, 4000, 200, 650
E. Baum, -, -, -, -, 50
J. H. Norman, 2, 850, 3000, -, 1700
Thos. W. Beaty, 2, 1000, 2000, -, 800
Wm. H. Buck, 4, -, 2500, -, 300

John R. Cooper & Co., 80, 1500, 2000, 50, 1450
Wm. J. Taylor, ½, -, 1000, -, -
Jos. J. Richwood, 1, -, 1000, -, 100
S. W. Wilson, 2, -, 2000, -, -
Jane Norman, 3, -, 5000, 20, 225
Curtis Cluris, 30, 20, 1200, -, 50
I. T. Lewis, 1, 200, 400, -, 50
A. W. Price, 2, -, 300, -, 5
Joseph F. Harrell, -, 176, -, -, 250
Jos. C. Bridges, -, -, -, -, 100
Jas. S. Burroughs, 7, 40, 2000, -, 1300
W. D. Gurganus, 1, -, 1800, -, 75
Michael Sellers, 25, 1000, 3000, 100, 750
Mary Gilligan, -, -, -, -, 125
James C. Inman, 1, 25 1/3, 1000, 10, 50
Alfred Inman, 10, 15, 200, 50, 295
George Durant, -, -, -, -, 50
Jos. T. Walsh, 1, -, 3000, -, 50
Saml. Pope, 1, -, 3500, -, 165
Elizabeth Smith, 1, -, 300, -, -
Martha A. R. Beaty, 1, -, 1000, -, 40
Frances Graham, 1, -, 1500, -, 100
Rev. M. A. Conolly, -, -, -, -, 150
C. E. Ludlam, 3, 4, 2000, 25, 100
W. R. Freeman, -, -, -, -, 100
Silas Todd, 20, 100, 1500, 50, -
James Anderson, 5, 40, 10, 10, 70
B. J. Singleton & Co., 2, -, 4000, -, 800
S. Stacy, 10, 90, 20, -, 30
Henry Hardy, -, -, -, -, 550

Kershaw District, South Carolina
1860 Agricultural Census

The South Carolina Department of Archive and History has microfilmed its census records. Detailed information on the history of these records as they were created and later turned over to South Carolina by the Department of the Interior's Bureau of the Census is in the Foreword.

Columns 1, 2, 3, 4, 5, and 13 represent the following information on the census:
1. Name of Owner, Agent or Manager of Farm
2. Acres of Improved Land
3. Acres of Unimproved Land
4. Cash Value of the Farm
5. Value of Farming Implements and Machinery
13. Value of Livestock

Page numbering appears to have changed where the even numbered pages are now the header pages instead of the odd numbered pages as header pages.

J. H. Thompson, 15, 100, 600, 25, 45
H. D. McLester, 26, 93, 1400, 23, 430
R. W. Love, 40, 400, 4500, 4500, 1600
James Love, 170, 690, 6000, 200, 1000
J. L. Haile, 60, 113, 5000, 12, 700
Wm. Clyburn, 200, 300, 1000, 200, 500
W. B. Young, 300, 150, 9000, 300, 1400
Jas. Fletcher, 50, 336, 1500, 100, 400
Mary Fletcher, 100, 230, 4000, 100, 400
W. J. Fletcher, 40, 300, 1500, 100, 800
J. S. Fletcher, 73, 100, 2000, 150, 300
Jesse Truesdel, 300, 1500, 7000, 500, 1500
W. Shields, 200, 700, 5000, 200, 1200
Thos. Gaskins, 100, 600, 7400, 100, 600
L. R. Gray, 50, 120, 1500, 50, 400
J. J. Knox, 500, -, 15000, 300, 2000
D. E. Quinlin, 60, 250, 4500, 120, 350
J. C. Stover, 120, 400, 1800, 50, 500
J. N. Ingram, 150, 550, 5500, 300, 700
J. M. Ingram, 700, 3500, 65000, 1000, 7000
M. M. Hammond, 150, 370, 4500, 60, 1000
J. D. Stanley, 16, -, 1400, -, 950
D. J. George, 200, 400, 3500, 150, 800
G. W. Hammond, 100, 300, 3000, 40, 175
Susannah Biggard, 150, 600, 9000, 150, 500
R. S. McDirue, 30, 10, 900, -, 500
W. Duncan, 100, 500, 6000, 75, 500
J. L. Jones, 500, 2020, 30000, 575, 3241
S. Hudson, 300, 780, 8000, 300, 1684
John Brown, 500, 1850, 22600, 2000, 13160
A. D. Jones, 219, -, 4300, 100, 1600

W. C. Cunningham, 500, 2000, 50000, 1000, 5000
C. B. Cureton, 400, 1200, 20000, 400, 3500
Crayton Williams, 10, 15, 3150, 10, 500
J. C. McWillie, 500, 2500, 18000, 1600, 2500
Charlotte Collins, 500, 1500, 13000, 250, 1800
Jesse Kilgore, 700, 35000, 15000, 300, 2000
S. Wardlow, 300, 700, 15000, 150, 1000
J. R. Dye, 650, 1200, 27000, 500, 5000
Thos. Duren, 50, 50, 2200, 50, 300
N. M. Kelley, 150, 650, 3400, 200, 600
Jane Gardner, 100, 400, 1250, 20, 100
J. W. Ford, 850, 950, 70000, 500, 3000
James Crayton, 40, 200, 2800, 10, 450
C. L. Dye, 300, 700, 12000, 500, 2000
J. E. McLure, 50, 270, 1800, 200, 700
D. R. Reeves, 50, 315, 4900, 250, 700
J. C. Gibson, 50, 96, 1600, 100, 250
J. R. Miller, 150, 730, 20000, 200, 1800
J. U. Mattacks, 19, 17, 300, 5, 200
R. Fletcher, 50, 150, 300, 150, 300
J. B. Hughes, 100, 200, 15000, 150, 706
J. T. Copeland, 50, 400, 5100, 35, 200
D. J. Copeland, 15, 20, 100, 16, 100
Elizabeth Stover, 100, 500, 2000, 150, 755
S. Barefield, 50, 900, 2500, 25, 350
Andy Cauthen, 200, 1800, 18000, 150, 1200
Amos Faulkenbery, 30, 320, 450, 25, 150
John Thompson, 475, 2200, 28000, 1000, 2800
Samuel Shannon, 200, 150, 3200, 300, 2390
J. T. Trantham, 200, 400, 2000, 300, 2365
D. D. Kirkland, 200, 350, 7500, 250, 1420
Wm. Drakeford, 220, 1345, 15400, 300, 1588
Richard Owens, 150, 30, 2500, 130, 550
Nancy McDowell, 125, 375, 1000, 200, 900
S. Shaylor, 40, 60, 1200, -, 371
Elizabeth Aldrich, 200, 130, 4200, 50, 960
George Mattacks, 20, 80, 100, 5, 50
John L. Milling, 600, 22300, 24800, 450, 4140
Benj. Cook, 1500, 40500, 60000, 250, 3770
Benj. Campbell, 27, 75, 21000, -, 300
J. B. Mickle, 400, 1500, 16000, 400, 3500
Hugh Young, 30, 200, 1800, 100, 360
S. M. Young, 40, 120, 270, 5, 300
Ira Jackson, 100, 150, 1000, 100, 320
Wylie Patterson, 400, 350, 10000, 200, 2000
D. M. Coats, 10, -, 375, 10, 250
W. C. Brown, 300, 525, 7000, 800, 2500
H. G. Coats, 200, 700, 3000, 200, 340
D. D. Perry, 250, 300, 8250, 600, 1700
B. McCoy, 150, 200, 3000, 2000, 900
J. S. Gardner, 10, -, 150, 50, 250
John Turner, 60, 218, 1500, 50, 390

W. Myers, 70, 600, 4400, 100, 610
B. Humphries, 100, 700, 800, 100, 560
B. T. McCoy, 100, 500, 4500, 100, 910
Chapman, McCoy, 50, 1250, 4500, 100, 935
B. Humphreys, 30, 270, 200, 25, 135
S. B. Hall, 50, 650, 3400, 50, 385
J. R. Ratcliffe, 35, 800, 3200, 30, 520
W. H. Ratcliffe, 10, 125, 4200, 40, 650
Susan Hall, 20, 220, 550, 10, 150
Jeff Hall, 150, 1950, 4985, 50, 700
Wm. Hall, 250, 2750, 9700, 100, 812
W. J. Hall, 65, 207, 1300, 50, 599
Angus McSwain, 500, 1200, 16000, 500, 1250
Wm. McSwain, 50, -, 1500, 50, 700
J. J. Tiller, 100, 100, 4000, 50, 300
J. R. Shaw, 150, 300, 4500, 150, 1000
J. L. Tiller, 70, 230, 790, 100, 550
Geo. Kelley, 30, 70, 950, 50, 175
Samuel Davis, 20, 32, 750, 20, 270
H. H. Hall, 40, 160, 900, 30, 500
_. H. Stokes, 65, 219, 890, 50, 600
Tobias Folsome, 40, 182, 1250, 50, 400
John Gardner, 40, 160, 6000, 100, 300
R. R. Atkinson, 22, 86, 1000, 50, 135
Elisabeth Adkinson, 10, -, 1000, 15, 195
R. B. Kelley, 40, 69, 1300, 20, 174
H. Barnes, 70, 180, 1800, 100, 370
R. L. Elmore, 20, 18, 450, 18, 175
W. M. Kelley, 55, 1055, 1300, 83, 330
J. J. Kelley, 35, -, 1200, 50, 260
Wiley Kelley, 900, 3000, 60000, 1000, 4202
Robt. Reeves, 55, 395, 4500, 150, 10500

B. J. Scarborough, 50, 248, 3000, 50, 200
Alfred Davis, 70, 230, 400, 20, 700
Willis Josey, 240, 440, 4500, 500, 2000
John Folsome, 100, 10, 2500, 100, 800
Mills Kelly, 50, 150, 2000, 50, 450
Daniel Gardner, 250, 600, 5000, 300, 800
E. J. Stokes, 40, 95, 2195, 25, 580
George Norris, 10, -, 250, 10, 50
Himbrie Stokes, 50, 50, 1500, 50, 600
Daniel McGoopin (McGoofin), 15, -, 275, 25, 400
Duncan McGoogan, 30, 30, 125, 5, 200
Drury Campbell, 45, 400, 275, 35, 155
J. J. Campbell, 30, 30, 140, 10, 300
Ranson Evans, 45, 275, 450, 10, 100
Wilson Sturns, 60, 140, 1250, 30, 110
John Holland, 35, 200, 100, 30, 92
J. W. A. Berry, 30, 20, 2450, 30, 250
Wm. Clyburn, 12, -, 150, 10, 175
James Clyburn, 150, 530, 4350, 300, 16455
Joanah Marshall, 50, 200, 2400, 65, 650
Eli Copeland, 100, 150, 1400, 10, 660
Wylie Brannon, 100, 200, 1400, 40, 400
Wm. Waters, 70, 230, 1300, 70, 300
Jas. Bounnan, 40, 260, 1200, 53, 145
Jacob Ellis, 100, 500, 4300, 400, 750
J. J. McLaurin, 100, 1700, 11000, 250, 10750
D. Herrin, 200, 800, 2500, 180, 700
Angus McCaskill, 150, 300, 14000, 270, 1683
D. J. Cook, 20, 80, 450, 5, 140
David Burns, 30, 370, 450, 25, 370

John McGoogan, 150, 1850, 7500, 75, 1238
John Webb, 30, 1700, 17000, 50, 400
Wm. King, 100, 170, 1400, 350, 749
Rebecca Pitts, 100, 200, 1500, 200, 500
L. B. McPherson, 30, -, 1200, 35, 250
S. P. Murchison, 75, 485, 2600, 40, 350
D. McDaniels, 30, 170, 1250, 15, 315
Jas. Herrin, 12, -, 150, 12, 150
Amos Hough, 25, -, 200, 20, 250
Tollie Sutton, 20, -, 175, 15, 100
Joel Hough, 40, 460, 1600, 75, 350
R. R. Terrell, 200, 1000, 5800, 150, 900
Jonathan Newman, 30, 9050, 4400, 150, 950
Charity Hough, 200, 2400, 12000, 175, 1010
Nelson Newman, 130, 270, 50000, 120, 685
Wm. Moseley, 75, 130, 1500, 150, 350
Chas. Reilley, 130, 2800, 4000, 200, 1050
Levi Pate, 60, 440, 3000, 200, 420
Wm. Reilley, 30, 270, 1350, 75, 600
Andrew Reilley, 15, -, 1150, 10, 400
Wm. Reilley, 30, 270, 1270, 70, 300
J. A. Kirkley, 50, 150, 2000, 5, 175
John Holly, 100, 473, 1500, 120, 820
G. Sowell, 100, 200, 1400, 10, 810
Lewis Sowell, 40, -, 2600, 10, 230
Wm. Sowell, 150, 530, 1500, 175, 718
M. Blackwell, 40, 120, 200, -, 125
W. Mango, 300, 2300, 13000, 500, 1500
Geo. Bird, 20, -, 100, 10, 235
Wm. Taylor, 15, -, 90, 10, 100
D. McCaskill, 20, 12, 150, 10, 100
S. F. Clyburn, 100, 1053, 5000, 200, 1300
Jas. Eastridge, 75, 200, 1200, 25, 350
J. W. Eastridge, 40, 70, 1200, 25, 350
Jas. Cato, 50, 500, 500, 50, 200
Wm. Cato, 60, 440, 900, 20, 300
B. Cato, 120, 1100, 900, 100, 775
____. Mungo, 100, 307, 500, 50, 725
Gillam Sowell, 150, 550, 3000, 175, 975
J. R. Sowell, 120, 900, 1000, 500, 870
J. Bowers, 30, 120, 450, 50, 200
Lewis Phillips, 35, 219, 1250, 80, 300
T. Stroud, 100, 700, 5000, 50, 400
H. Robinson, 60, 300, 1400, 50, 300
D. T. Mahaffey, 215, 455, 3000, 60, 220
Tyre Mahaffey, 30, 150, 190, 10, 100
M. Freeman, 30, 195, 400, 10, 200
Levina Hough, 100, 4000, 4500, 50, 500
John Horton, 25, -, 300, 4, 250
Jesse Horton, 80, 1230, 8000, 350, 260
T. B. Gardner, 30, 460, 2500, 52, 270
C. J. Baskins, 20, 180, 225, 35, 250
J. M. Kinkley, 100, 300, 5000, 75, 600
Robt. Kirkley, 200, 2272, 10500, 300, 1050
C. Moseley, 80, 120, 1400, 100, 800
Burrell Jones, 145, 245, 10900, 200, 1050
Hilton Jones, 100, 225, 3000, 200, 928
S. J. Truesdel, 75, 600, 2800, 150, 1740
Jesse E. Truesdel, 300, 800, 5400, 118, 560
Geo. Peach, 30, 170, 2500, 31, 200

Geo. Whitley, 70, 30, 3800, 250, 1000
W. C. Cauthen, 40, 360, 1440, 30, 350
J. Faulkenbery, 60, 240, 4000, 100, 550
Henry West, 20, 150, 1200, 40, 200
Wm. Hammonds, 30, 70, 1000, 5, 230
Wm. Young, 25, 175, 1500, 50, 220
A. Young, 12, 29, 150, 5, 100
Eli West, 100, 100, 1500, 10, 340
Levi West, 40, 20, 400, 15, 350
B. West, 40, 240, 1500, 50, 400
J. H. Truesdel, 100, 10400, 3500, 100, 600
J. Clark, 20, 180, 800, 55, 300
M. West, 100, 170, 500, 100, 1000
J. Bruce, 30, 370, 1800, 50, 150
J. T. Cauthen, 45, 100, 2900, 125, 530
W. D. Gaskins, 100, 1000, 100, 250, 900
E. Gaskins, 150, 300, 4000, 250, 1500
J. Gaskins, 70, 1480, 500, 150, 500
W. C. Martin, 35, 245, 600, 50, 500
S. Young, 50, 110, 450, 25, 450
Hiram Wheate, 25, 175, 2000, 50, 300
A. Dabney, 50, 200, 1500, 50, 300
J. A. Young, 150, 1900, 7800, 200, 850
J. R. Kirkland, 100, 490, 4000, 140, 500
J. C. Clark, 50, 200, 1000, 100, 500
E. D. McDowell, 200, 300, 400, 100, 650
W. Cochran, 30, 55, 1250, 5, 260
H. A. McDowell, 200, 250, 6000, 350, 750
M. McDowell, 60, 75, 2800, 170, 500
N. H. Johnson, 50, 50, 500, 10, 500
A. Russell, 15, 150, 1500, 32, 60
D. Truesdel, 120, 370, 5000, 55, 600
J. T. Truesdel, 65, 50, 1700, 35, 950
Isaac Young, 18, 65, 450, 5, 200
R. Lewellen, 30, 1040, 1500, 60, 250
W. L. Picket, 350, 950, 1500, 268, 25
A. E. Peay, 170, 1000, 2000, 250, 1100
W. B. Huckabe, 400, 1650, 4700, 650, 1088
Thos. Murphey, 500, 500, 5000, 733, 2050
Jas. Jones, 1000, 1000, 5000, 500, 3000
John Warren, 158, 580, 2000, 300, 2000
Thos. Moore, 200, 155, 2000, 300, 790
Margaret Starke, 140, 1400, 5000, 350, 850
Abram Rabun, 40, 250, 300, 50, 200
Robt. Mickle, 170, 850, 4760, 550, 800
John Nelson, 500, 2000, 16000, 500, 3000
Martha Mickle, 300, 2700, 1800, 250, 1500
Mary Branham, 75, 10, 200, 25, 200
Jas. Branham, 90, 306, 800, 55, 500
Robt. Branham, 30, 110, 300, 50, 100
Madison Cook, 30, 49, 300, 35, 300
Vincent Parker, 45, 60, 400, 50, 200
James Teems, 200, 1820, 4000, 600, 3556
James Chesnut, 200, 500, 4000, 150, 1000
John Motley, 300, 1700, 2000, 600, 3000
John Hollis, 110, 190, 1700, 150, 1000
Ellen Watts, 100, 200, 1500, 150, 600
J. W. Rush, 25, 30, 1000, 150, 350
J. G. Sessions, 135, 600, 1500, 150, 800
S. H. Rush, 100, 115, 500, 100, 420

Burwell Albut, 133, 1650, 3000, 500, 1050
F. U. Elkins, 175, 350, 1000, 150, 550
R. L. Whitaker, 80, 480, 1200, 150, 500
Mc. Dawkins, 25, 175, 500, 75, 150
Ace Evans, 60, 140, 2000, 600, 300
David Kelley, 18, 45, 300, 75, 150
Alex Brown, 60, 140, 1000, 150, 470
J. H. Rose, 500, 2050, 4000, 550, 2000
Rebecca Miles, 50, 40, 800, 150, 500
Jas. Ross, 60, 340, 500, 200, 350
J. J. Ross, 50, 750, 500, 250, 600
Thos. Hendrix, 40, 200, 200, 55, 500
W. G. Goff, 40, 300, 200, 50, 550
A. C. Doby, 2000, 12000, 3000, 250, 2600
John McCaskill, 70, 170, 1500, 100, 700
Duncan Whitaker, 600, 400, 28000, 260, 3055
Jas Chesnut (3), 1000, 1965, 10000, 500, 2830
J. W. Arthur, 547, 365, 13000, 800, 2000
John McRa, 669, 4161, 4000, 1350, 7875
John Workman, 100, 1500, 7000, 1000, 1800
John D. Kennethy, 2800, 4000, 70000, 2500, 12240
B. Campbell, 70, 274, 1800, 200, 420
B. S. Lucas, 225, 500, 6000, 200, 878
J. E. King, 102, 700, 4800, 100, 800
G. F. DeVine, 50, 200, 1000, 4, 1000
L. W. R. Blair, 1000, 20000, 41000, 1000, 2000
S. D. Shannon, 300, 1200, 20000, 600, 2680
W. A. Ancrum, 300, 1200, 20000, 800, 3000
T. J. Ancrum, 350, 1300, 21000, 800, 3500
C. J. Shannon, 700, 500, 26000, 600, 3000
John Cantey, 800, 2000, 65000, 800, 8000
Martha Yates, 40, 300, 300, 50, 200
D. Elmore, 35, 75, 350, 100, 214
Thos. English, 30, 120, 250, 500, 360
A. L. Barnes, 60, 140, 700, 35, 75
Edwin Barnes, 150, 864, 5000, 400, 700
Elizabeth Trapp, 40, 760, 1500, 400, 500
E. L. Mixon, 50, 214, 500, 50, 366
J. L. Stokes, 150, 350, 1800, 50, 500
Robt. Trimnall, 20, 5, 200, 75, 350
John Croft, 50, 300, 1800, 200, 500
Jesse Atkinson, 100, 200, 600, 75, 280
Alex. McLeod, 100, 400, 1000, 800, 600
Wm. Arrants, 80, 510, 1600, 30, 600
Ezekiel Deese, 50, 100, 200, 50, 150
Hubbard Bradly, 80, 220, 500, 35, 300
Amos. Barnes, 75, 50, 800, 150, 550
Shadwick Rodgers, 100, 300, 1500, 50, 400
W. W. Stokes, 50, 250, 1450, 75, 400
Merrit Perrit, 40, 160, 350, 75, 200
J. W. Arrants, 30, 120, 300, 30, 200
Angus McCaskill, 25, 1200, 2800, 130, 200
W. Johnson, 70, 280, 1500, 50, 250
Hiram Stokes, 100, 350, 2400, 15, 200
F. M. Hall, 25, 135, 200, 50, 200
Sarah Peebles, 200, 1000, 200, 50, 500
Nancy King, 100, -, 200, 25, 125
John Smith, 25, 100, 1150, 50, 120
Wm. Outlaw, 65, 650, 2300, 25, 600

David Watkins, 30, 140, 1200, 15, 300
Lewis Peebles, 18, 400, 1150, 50, 500
R. M. Turner, 60, 340, 2400, 100, 550
Jas. Marsh, 60, 240, 1800, 150, 600
James Holland, 30, 470, 25200, 200, 270
John Holland, 225, 1300, 9000, 250, 1000
W. E. English, 30, 350, 1200, 500, 100
Angus McLeod, 30, 1720, 2350, 600, 1500
M. B. Brown, 40, 190, 30, 20, 100
T. L. Dixon, 600, 1000, 60000, 400, 3000
J. R. Brown, -, -, -, 125, 590
John Perry, 500, 2500, 20000, 500, 3150
W. E. Hughes, 100, 970, 15000, 110, 525
Wm. Dixon, 700, 500, 24000, 500, 3500
B. Perkins, 475, 2042, 12000, 10000, 4408
Richd. Drakeford, 175, 255, 2000, 150, 560
J. H. Vaughn, 100, 40, 3000, 300, 850
Gates Goff, 100, 200, 500, 50, 620
J. E. Rodgers, 90, 620, 2000, 40, 565
Mary L. Jones, 40, 30, 200, 40, 40
J. R. Thom (Thorn), 100, 300, 1200, 55, 750
Eli Bass, 110, 190, 300, 160, 450
J. C. Haile, 900, -, 10000, 450, 3000
E. W. Davis, 225, -, 1000, 50, 270
Wiley Watkins, 40, 187, 374, 50, 210
G. B. Gardner, 12, 40, 125, -, 120
Nathan Humphreys, 25, 75, 400, 20, 65
Hardy Thom (Thorn), 60, 140, 1200, 50, 800
Allen McCaskill, 300, 357, 2000, 100, 589
John Young, 21, 100, 200, 15, 371
Richd. Nelson, 50, 250, 900, 50, 150
J. C. Baskins, 50, 50, 400, 25, 150
Sarah Brown, 80, 120, 1000, 100, 450
Floyd Cameron, 400, 800, 2000, 100, 1650
Wm. Dabney, -, -, 200, 250, 200
Jas. Marshall, 70, 430, 1500, 200, 575
C. I. Shiver, 85, 700, 3000, 75, 250
Lauchlin McKennon, 60, 340, 2000, 200, 645
J. L. Yates, 50, 191, 500, 125, 350
Jas. A. Wethersby, 10, 14, 100, 75, 170
Chas. Perkins, 500, 6000, 30000, 665, 7325
Thos. Davis, 75, 150, 3000, 170, 565
Jas. F. Gardner, 200, 838, 3200, 250, 1282
John Sheron, 50, 150, 300, 20, 155
John Boykin, 200, 2900, 2000, 200, 837
B. J. Turner, 25, 135, 200, 40, 265
Daniel McCaskill, 300, 900, 3600, 325, 617
Levi Bradley, 100, 100, 1000, 35, 225
John Bradley, 30, 170, 500, 51, 30
B. Boykin (Ex), L. Boykin, 1000, 200, 12000, 5500, 3000
T. L. Boykin (tenant), -, -, -, 2000, 1910
John Kirby, 100, 220, 700, 50, 350
John Branham, 100, 300, 4000, 383, 839
M. A. Bowen, 300, 400, 9000, 160, 1400
Eliza Boykin, 90, 410, 2000, 90, 322
J. C. Higgins, 200, 800, 2500, 150, 1150
Dove Segers, 100, 220, 3300, 120, 740

J. A. Glenn, 100, 187, 1500, 300, 725

A. C. Bailey, 300, 9000, 12000, 75, 1900

Saml. Webb, 75, 324, 2000, 100, 500

Wm. Kirkland, 300, 1500, 4000, 1500, 1631

Wm. Kennedy, 500, 1000, 16000, 1000, 1760

H. H. Clark, 1000, 1700, 50000, 1000, 7000

J. R. Brown, -, -, -, 125, 570

Finly McCaskill, 180, 1200, 4500, 100, 830

John Mosely, 25, 75, 5000, 50, 150

L. W. Boykin, 275, 100, 4590, 500, 1450

Burwell Boykin, 2200, 27000, 74000, 5000, 12000

E. M. Ellebe, 600, 700, 15600, 500, 3284

B. E. Boykin, 300, 60, 5400, 500, 2407

J. L. McDowell, 300, 600, 8000, 350, 1850

Geo. Jenks, 30, 100, 170, 50, 125

Thos. Lang (Long), 300, 2500, 75000, 3000, 9000

R. J. Hall, 30, 165, 495, 100, 292

Thos. Holland, 60, 305, 710, 185, 700

E. Holland, 70, 250, 2000, 200, 620

E. Parker, 600, 2400, 850, 1800, 2500

B. T. Nennery, -, -, -, 45, 75

J. M. Shaw, 200, 355, 800, 50, 369

Mary Nelson, 100, 600, 2800, 75, 305

Henry Thom (Thorn), 250, 400, 1500, 50, 300

Elias Branham, 75, 170, 1500, 60, 436

C. C. Haile, 100, 373, 7000, 300, 1800

Harman Arrants, 80, 470, 2000, 145, 625

David Benton, 120, 90, 2100, 90, 1270

M. A. Jones, 40, 30, 200, 40, 75

Seaborn Jones, 500, 1500, 10000, 400, 1760

W. L. Cook, 15, 300, 1500, 30, 550

W. T. Wilson, 50, 140, 120, 100, 30

Fred Bowen, 150, 1400, 2000, 75, 600

J. L. Hogan, 100, 165, 2000, 125, 275

Wiley Wood, 100, 650, 2000, 100, 600

J. F. Sutherland, 100, 422, 4700, 280, 550

F. L. Zemp, 20, 450, 1787, 130, 420

James Dunlap, 250, 500, 40000, 1000, 3000

W. M. Bullock, 30, 1400, 3085, 25, 350

Zack Carity, 600, 800, 45000, 450, 3755

Nancy Tiller, 20, 280, 900, 200, 400

W. M. Hough, 20, 580, 1450, 900, 395

Jos. Bruce, 75, 200, 2600, 75, 536

Nancy Thompson, 75, 400, 2000, 50, 300

Bryant King, 16, 586, 1400, 60, 250

Rebecca Jones, 40, 345, 1500, 175, 250

J. J. Coats, 80, 620, 2500, 200, 500

Kenneth McCaskill, 300, 1800, 4800, 300, 1000

T. H. Elliott, 75, 1425, 3300, 40, 560

Jacob Young, 50, 1450, 1200, 20, 250

Benjamin Spears, 20, 160, 550, 30, 300

Daniel Munn Sr., 30, 650, 1600, 10, 500

Daniel Munn Jr., 40, 400, 800, 58, 800

H. W. Desaussure, 550, 1250, 36000, 250, 2700

Joseph Davis, 200, 4100, 6000, 500, 200
R. W. Proctor, 60, 500, 700, 100, 300
H. J. Allen, 60, 800, 2700, 60, 500
W. D. Hough, 200, 200, 2000, 217, 931
Thos. Peake, 35, 50, 225, 25, 125
A. H. Boykin, 2000, 2500, 45000, 150000, 17000
J. S. Thompson, 60, 20, 20000, 161, 2125
J. W. Arthur, 547, 265, 33000, 800, 2000
Mary E. Boykin, 400, 400, 6000, 100, 1500
Wylie Moore, 40, -, 106, 75, 100
Benj. Outlaw, 120, 560, 30300, 75, 620

Celia Lockhart, 200, 200, 10000, 175, 1051
John Thom, 35, -, -, 25, 175
T. P. Murphey, 100, -, 2000, 200, 700
R. R. Player, 100, 200, 1600, 150, 460
Richard Brown, 25, 100, 400, 75, 125
Norman Gillis, 30, 75, 600, 20, 50
Geo. W. King, 100, 1600, 3000, 300, 1000
Edith Myers, 130, 300, 1200, 100, 275
Lewis J. Patterson, 25000, 2000, 90000, 300, 6000
L. L. Whitaker, 600, 1600, 45000, 500, 3000

Lancaster District, South Carolina
1860 Agricultural Census

The South Carolina Department of Archive and History has microfilmed its census records. Detailed information on the history of these records as they were created and later turned over to South Carolina by the Department of the Interior's Bureau of the Census is in the Foreword.

Columns 1, 2, 3, 4, 5, and 13 represent the following information on the census:
1. Name of Owner, Agent or Manager of Farm
2. Acres of Improved Land
3. Acres of Unimproved Land
4. Cash Value of the Farm
5. Value of Farming Implements and Machinery
13. Value of Livestock

A. S. Nisbet, 62, 297, 2000, 100, 550
G. A. Nisbet, 25, 175, 800, 90, 365
J. W. Nisbet, 37, 35, 1000, 100, 469
J. H. McMurrey, 150, 325, 4000, 225, 1200
A. F. Nisbet, 35, 165, 1600, 60, 225
J. C. Nisbet, 37, 177, 850, 100, 407
Wm. Ross, 32, 208, 1000, 40, 227
Wm. C. Nisbet, 24, 114, 1000, 45, 356
Jas. Rodgers, 35, 165, 800, 20, 200
Nancy Hagins, 55, 38, 400, 95, 600
Wm. Neill, 30, 110, 500, 5, 138
Johnithan Wallace, 70, 945, 2000, 50, 606
Jackson Wallace, 20, -, 100, 5, 290
J. W. McCain, 100, 340, 800, 75, 590
Robt. Wallace, 15, -, 75, 5, -
Thos. M. Huey, 35, 300, 2000, 75, 550
Margaret Huey, 170, 480, 5000, 75, 630
Mary Steele, 25, 53, 100, 10, 85
Francis McAteer, 50, 159, 400, 100, 325
John Steele, 35, 165, 500, 25, 250
John Cook, 25, 50, 200, 5, 100
James McCorcle, 20, 75, 300, 5, 84
E. M. McAteer, 40, 75, 200, 15, 125
W. H. Adams, 50, 90, 600, 60, 300
Andrew McAteer, 70, 70, 150, 25, 125
W. Reed, 100, 600, 4200, 260, 1080
Abram Neill, 10, 140, 300, 45, 85
Matthew Neill, 25, -, 75, 5, 195
Caswell Starnes, 20, -, 75, 5, 150
M. L. McMurrey, 30, -, 12, 75, 244
J. S. McMurrey, 25, -, 125, 25, 275
J. W. Belk, 10, -, 40, 4, 65
Arch Wats, 40, 70, 300, 5, 150
J. N. Nelson, 40, 369, 1600, 40, 182
W. Nelson, 100, 314, 2000, 150, 700
J. M. Craig, 150, 350, 1000, 100, 740
Robt. Nelson, 35, 245, 800, 125, 380
N. J. Craig, 100, 180, 2800, 200, 1000
Daniel Nelson, 60, 396, 1270, 100, 320
Robt. Montgomery, 200, 415, 3000, 300, 1584
Jas. Steele, 20, -, 80, 3, 100
Jas. Steele, 15, -, 75, 3, 100
Wm. Sulivan, 60, 140, 1000, 125, 250
Sarah McCaly, 50, 100, 800, 55, 350
Jesse Williams, 10, -, 100, 8, 100
Isaac Rone, 80, 16, 1000, 100, 200
Wm. E. Nisbet, 15, -, 75, 60, 125
John Flynn, 93, 119, 2000, 100, 220

Andrew Nelson, 140, 300, 2200, 250, 1000
B. R. Hancock, 150, -, 1800, 200, 350
Jas. Sulivan, 50, 40, 510, 5, 320
Barbar Caskey, 30, 54, 420, 45, 285
Mary A. Flynn, 25, 25, 200, 5, 195
Calvin Belk, 75, 78, 700, 100, 400
G. W. Plylor, 50, 180, 900, 60, 150
Jas. Flynn, 25, -, 100, 5, 300
Margret Plylor, 40, 190, 750, 5, 180
Doctor Plylor, 40, 128, 500, 150, 300
Elisabeth Huey, 30, 43, 300, 4, 185
David Taylor, 160, 612, 3000, 250, 1200
John Glenn, 62, 90, 1500, 85, 425
Elisabeth Belk, 150, 388, 5020, 200, 852
R. T. Robinson, 40, 250, 1500, 85, 290
Alex Coffee, 130, 570, 7000, 200, 1000
D. Hood, 150, 280, 5300, 50, 1246
S. J. Dunlap, 100, 309, 6000, 185, 1000
R. J. M. Dunlap, 40, -, 400, 85, 600
W. R. Dunlap, 175, 225, 6000, 150, 925
H. B. Hood, 116, 36, 3600, 75, 835
J. M. Taylor, 110, 122, 3000, 75, 835
Margret Thompson, 100, 100, 2000, 5, 63
W. J. Robinson, 50, 38, 800, 50, 200
J. J. Craig, 200, 300, 5000, 250, 800
Louisa Montgomery, 100, 569, 2000, 180, 575
Salina Daffin, 70, 370, 4000, 100, 745
J. N. Taylor, 75, 225, 3000, 150, 595
Thos. Faulkner, 40, 160, 2000, 100, 254
D. P. Robinson, 75, 122, 5000, 75, 625
R. D. M. Dunlap, 125, 345, 4700, 200, 1390
Jos. Strain, 60, 72, 1000, 30, 372
L. B. Williamson, 150, 100, 4500, 300, 1000
Thos. McDow, 20, -, 160, 5, 160
W. R. Hood, 118, 100, 2200, 50, 600
J. D. Faulkner, 83, 100, 1800, 150, 650
C. H. Lathan, 100, 205, 3050, 150, 765
Jack Lathan, 45, 50, 1000, 40, 475
John Lathan, 110, 55, 1500, 150, 750
J. H. Lathan, 30, 58, 880, 50, 216
R. R. Thompson, 50, 110, 2000, 200, 300
Jas. A. Thompson, 50, 83, 1333, 40, 620
R. C. Lathan, 55, 92, 1400, 35, 275
John Foster, 500, 900, 32000, 500, 2500
R. M. Sims, 200, 660, 17000, 350, 2000
J. M. Lindsey, 210, 130, 3400, 275, 1010
James Faulkner, 230, 395, 6250, 290, 1212
J. C. Thompson, 75, 159, 2340, 135, 690
Saml. Faulkner, 100, 365, 5000, 300, 690
W. L. Faulkner, 50, 29, 1500, 50, 380
J. J. McAtter, 100, 100, 4000, 515, 630
Elihu Moore, 55, -, 15000, 10, 645
James Turner, 900, 1300, 4400, 800, 4484
J. C. Colwell, 140, 500, 12800, 300, 1500
Jos. Griffin, 40, -, 200, 3, 295
W. J. Vaughn, 85, -, 850, 25, 175
H. U. Campbell, 150, 400, 4000, 500, 1200
J. N. Nisbet, 100, 250, 3500, 100, 500
J. C. Ivey, 200, 533, 7000, 200, 800
W. J. Cureton, 400, 700, 15000, 600, 3000

W. J. Cureton, 300, 275, 18000, 250, 1600
John Porter, 150, 250, 4000, 150, 925
S. R. Porter, 100, 150, 2500, 100, 700
Elisabeth White, 80, 200, 3000, 60, 600
M. C. Heath, 250, 450, 4000, 150, 750
Jas. Steele, 125, 300, 4000, 100, 800
R. C. Delany, 150, 330, 4000, 100, 800
W. S. Fineler (Finder), 30, -, 90, 20, 50
J. R. Glenn, 27, -, 216, 3, 140
James Wolfe, 20, 140, 1280, 25, 290
James Dulaney, 70, 180, 2500, 50, 525
A. R. Rodman, 40, 266, 2500, 60, 200
Thos. McDowel, 90, 185, 2750, 85, 300
Mary Yarbrough, 50, 80, 1300, 10, 358
Y. J. M. Yarbrough, 36, 64, 1313, 60, 375
A. N. W. Belk, 70, 160, 2500, 75, 600
R. H. Porter, 75, 275, 3000, 57, 1000
L. K. Rone, 65, 248, 2000, 135, 700
J. J. Porter, 150, 325, 4000, 400, 900
Sarah Massey, 300, 400, 3000, 300, 1300
T. L. Johnston, 225, 250, 6200, 400, 1500
James Miller, 325, 375, 6000, 400, 2475
Adam Ivey, 350, 1950, 17000, 400, 2400
Allen Morrow, 300, 1000, 5000, 200, 1500
Adam Gorden, 75, 195, 2000, 50, 1700
Andrew Gorden, 40, 414, 2000, 10, 200
John Gorden, 40, -, 120, 10, 215
J. J. Carsus (Carous), 40, -, 200, 35, 230
J. McKibbon, 50, 100, 800, 75, 510
Thomas McKibbon, 40, 159, 600, 2, 180
Isabella Spratt, 30, 75, 200, 5, 325
J. A. Watson, 30, 170, 800, 15, 300
Wm. Asley, 30, -, 120, 10, 140
Frank Asley, 30, 240, 500, 8, 65
J. H. Grebble, 50, 83, 1000, 40, 235
J. M. Morrow, 100, 200, 3200, 150, 1000
R. M. Miller, 500, 700, 15000, 800, 2500
J. H. Hood, 40, 300, 2800, 250, 514
A. A. Coffee, 70, 160, 800, 75, 400
J. J. Slagle, 40, 180, 1200, 25, 200
D. M. Hagins, 50, 390, 1500, 105, 320
C. R. Smith, 30, -, 1000, 5, 280
W. T. Miller, 200, 80, 2000, 200, 600
A. A. Culp, 300, 659, 7672, 300, 1250
John Ross, 325, 181, 5000, 250, 1400
B. Sizer, 300, 450, 5000, 150, 950
Isaac Phillips, 35, -, 240, 2, -
Cynthia Culp, 75, 169, 1000, 55, 275
J. Patterson, 23, 75, 400, 1, 125
Doctor F. Powel, 22, -, 110, 5, 105
J. S. Culp, 45, 255, 1200, 3, 100
John A. Culp, 46, 29, 750, 3, 250
Benjamin Culp, 100, 200, 3000, 225, 675
W. Wilkinson, 60, 120, 1000, 55, 100
J. N. Howie, 50, 90, 1050, 90, 310
W. Culp, 100, 350, 1200, 60, 270
Ira Patterson, 50, 46, 500, 5, 330
H. M. Patterson, 30, 75, 600, 5, 250
R. L. Hood, 30, 100, 300, 10, 80
R. C. Potts, 110, 790, 4500, 300, 1384
C. J. Key, 300, 1200, 18000, 400, 5228

J. R. Bellew, 45, 83, 750, 50, 280
Nancy Bales, 50, -, 400, 60, 325
Solomon Harris, 75, -, 900, 12, 684
Jessie Harris, 35, 271, 3060, 25, 340
S. L. Patterson, 40, 135, 800, 40, 388
W. Bonds, 75, 75, 1050, 25, 300
Moses Moore, 340, 225, 4500, 190, 1000
T. K. Cureton, 100, 1617, 26170, 700, 4970
Margret McMurrey, 30, 120, 600, 30, 194
Thos. McCorcle, 50, 450, 2000, 70, 404
A. S. McAteer, 50, 56, 1000, 60, 165
A. J. Taylor, 70, 450, 7320, 125, 714
J. S. Adams, 25, 26, 500, 10, 150
J. A. Gamble, 75, 190, 2650, 100, 440
R. H. Coursant(Caursart), 81, 300, 3500, 150, 661
W. M. Adams, 70, 139, 1045, 70, 686
James Hood, 150, 165, 2000, 100, 740
J. H. Thornwell, 350, 450, 8000, 400, 1300
J. A. Cuningham 360, 583, 112000, 500, 2340
C. D. Crockett, 150, 350, 10000, 125, 760
D. M. Crockett, 100, 150, 3750, 175, 1100
R. H. Crockett, 220, 320, 5400, 200, 1062
W. McMullen, 75, 491, 5666, 115, 645
Joseph Adams, 100, 200, 2000, 50, 300
S. Williams, 153, 200, 4589, 200, 800
E. J. Williams, 25, -, 500, 10, 236
Amelia Avalines, 120, 75, 500, 100, 575
J. S. McMurrey, 40, 60, 1000, 8, 570

W. G. Stewart, 500, 1040, 15900, 300, 2300
H. H. Gauch, 400, 800, 12000, 700, 2040
J. N. Dunlap, 220, 863, 10830, 400, 1215
J. T. Wade, 35, 173, 2080, 50, 173
G. T. Wade, 400, 620, 13098, 310, 2400
J. M. Barton, 65, 131, 1468, 35, 525
M. E. Parry, 200, 600, 9600, 300, 1520
R. S. McIlwain, 400, 226, 6260, 700, 1485
H. J. McIlwain, 400, 410, 8000, 254, 1366
K. F. Baily, 60, 40, 1200, 10, 538
Griffin Short, 100, 39, 1668, 100, 700
John Baily, 90, 70, 1900, 75, 660
Ruben Baily, 115, 400, 5170, 50, 795
M. T. Tidwell, 40, -, 360, 60, 280
Nancy Walker, 30, 37, 670, 5, 140
J. F. Barton, 20, -, 200, 5, 250
J.S. Crenshaw, 45, 135, 1800, 55, 102
A. Fleming, 100, 350, 5000, 50, 500
E. B. House, 150, 150, 3000, 175, 800
H. L. Belk, 262, 115, 1810, 150, 675
S. Graham, 100, 410, 1800, 10, 20
J. P. Graham, 27, -, 175, 4, 300
H. R. W. Belk, 75, 300, 4000, 30, 420
M. H. Porter, 40, 160, 1000, 60, 242
A. J. Sistare, 50, 90, 600, 60, 225
J. W. Usher, 40, 235, 1000, 110, 325
John Usher, 75, -, 375, 75, 80
Elisabeth Caskey, 60, 72, 1100, 90, 330
John Adams, 80, 49, 1500, 75, 449
Jos. Coursart, 75, 18, 930, 200, 800
S. Robinson, 30, 230, 1000, 50, 225
S. Caskey 40, 310, 1200, 75, 200

Anna McDow, 100, 200, 2400, 125, 730
J. W. Cook, 50, 170, 1760, 15, 273
E. A. Caskey, 18, -, 144, 10,291
J. D. Caskey, 40, 430, 3000, 150, 366
D. S. Caskey, 40, 86, 680, 30, 300
W. R. Cauthen, 60, 940, 3000, 20, 200
W. R. Duran, 25, 300, 1500, 20, 200
W. Langley, 45, 55, 500, 30, 300
James Langley, 40, -, 200, 6, 85
Elisabeth Langley, 25, 100, 625, 44, 125
W. S. Harper, 150, 270, 16000, 370, 930
Mary Kirk, 85, 475, 5600, 115, 678
James H. Kirk, 30, -, 300, 10, 290
James M. Shaver, 150, 300, 4500, 100, 1048
Duran Baily, 40, 105, 1450, 2, 140
James Baily, 30, 130, 1600, 40, 235
Robt. Langly, 40, 60, 1000, 45, 250
Joshua Williams, 30, -, 240, 5, 129
Elisabeth Simons, 30, 90, 1500, 75, 225
John M. Harper, 75, 142, 2130, 80, 360
George F. Duncan, 150, 260, 4100, 150, 970
C. L. Duncan, 40, 60, 1000, 85, 300
G. H. Tidwell, 200, 280, 4800, 300, 845
Joseph Clark, 70, 30, 2000, 150, 842
Jehue Baily Sr., 250, 450, 7000, 250, 1000
John W. Twitty, 60, 170, 2300, 100, 550
Daniel Johnson, 200, 1100, 3000, 200, 700
Simon Bennett, 60, 180, 1000, 50, 250
Hiram Joiner, 25, 85, 1300, 100, 200
James Bruce, 100, 300, 3000, 100, 725
Wm. J. Stover, 75, 133, 1800, 75, 350
F. B. Mobley, 80, 110, 200, 75, 305
John G. Duren, 22, -, 175, 10, 260
J. M. Cauthen, 30, 85, 1000, 55, 200
P. T. Mobley, 75, 50, 1600, 75, 300
Agness Cauthen, 150, 52, 2500, 235, 665
Jackson Harris, 30, 41, 800, 55, 200
C. E. Beckham, 20, -, 160, 5, 116
Raleigh Hammond, 400, 100, 3500, 400, 670
G. W. Hammond, 500, 500, 5000, 200, 755
G. W. Lynn, 100, 120, 1000, 200, 450
Griffin Walker, 300, 700, 5000, 300, 1000
John Bell, 250, 250, 2500, 150, 867
A. D. Hillard, 150, 280, 5000, 310, 1229
T. Gillam, 150, 150, 2500, 300, 800
Mathias Crenshaw, 100, 49, 1192, 40, 400
J. W. Hindricks, 65, 37, 1000, 80, 300
W. C. Denten, 535, 1260, 14800, 825, 1228
Danl. Baily, 50, 162, 2120, 10, 180
Fleming Mackey, 45, 45, 720, 35, 133
W. R. Bailey, 45, 55, 500, 85, 204
Irvin Clinton, 200, 65, 2700, 150, 870
W. B. Cauthen, 150, 300, 4000, 50, 1250
Thos. B. Stover, 80, -, 640, 100, 460
Aster Baker, 30, -, 150, 5, 295
Jno. Goins, 40, 150, 1200, 10, 200
J. J. Carlisle, 50, 120, 1200, 60, 310
W. W. Johnston, 40, 60, 600, 70, 400
J. T. Johnston, 100, 100, 1200, 110, 370
Mikel Sims, 30, 70, 1000, 15, 158
J. R. Bennett, 35, 65, 1000, 10, 200
S. Love, 100, 169, 3228, 125, 800

Elisabeth Hammond, 100, 100, 2000, 75, 300
N. B. Vanlandingham, 80, -, 560, 50, 595
J. T. Makey, 300, 400, 9000, 600, 1550
W. R. Bennett, 20, -, 200, 50, 375
I. L. Caskey, 100, 478, 6936, 200, 1155
I. R. Douglas, 100, 40, 5000, 100, 975
I. Vanlandingham, 250, 1000, 10000, 200, 1325
Benjamin Adison, 10, -, 100, 5, 40
W. Vanlandingham, 22, -, 150, 5, 380
J. T. C. Vanlandingham, 20, -, 160, 10, 210
J. D. McCardle, 300, 1700, 19500, 325, 1603
Margret Stewart, 350, 500, 5000, 1000, 1709
H. T. Stewart, 20, 925, 10000, 500, 656
I. Clark, 150, 169, 595, 185, 1320
I. M. Bailey, 375, 42, 2000, 375, 865
W. B. Twitty, 110, 200, 2480, 150, 650
Jas. Adkins, 75, 131, 1648, 40, 578
T. Cauthen, 600, 1000, 5000, 80000, 4200
T. Cauthen, 100, 100, 2000, 25, 300
R. B. Cuningham, 600, 1100, 13600, 600, 2000
John Simpson, 300, 1300, 8000, 100, 500
L. I. Patterson, 500, 1300, 10000, 500, 2000
H. B. Wordlaw, 140, 360, 3000, 50, 600
Wm. Reves, 500, 700, 9000, 300, 1850
J. S. Thompson, 550, 450, 6000, 250, 1450
J. T. McDow, 700, 1000, 8500, 400, 2220
J. A. Montgomery, 400, 1500, 12000, 400, 1750
Lavinia Peroy, 300, 600, 9000, 150, 160
J. W. Benson, 200, 200, 2000, 300, 1000
Robt. McCarley, 800, 2400, 20000, 500, 1900
T. P. Ballard, 600, 700, 8500, 500, 900
A. McIlwain, 250, 380, 6300, 500, 1200
Rhode Horton, 70, 30, 650, 40, 335
M. C. Crenshaw, 450, 1450, 19000, 265, 2000
L. House, 100, 238, 3380, 210, 500
G. W. Bell, 16, 75, 1000, 125, 525
W. R. Clanton, 15, -, 150, 10, 100
Charlotte Tilmon, 300, 670, 6790, 500, 1310
J. L. Reed, 230, 700, 8000, 300, 2330
W. S. Pardew, 40, 110, 1200, 80, 280
Anna Alexander, 75, 25, 500, 85, 415
W. E. Bell, 300, 1700, 14000, 350, 1800
J. G. House, 140, 160, 3000, 100, 785
H. H. Coal, 75, 58, 1300, 70, 232
Alex Carter, 75, 325, 3600, 100, 400
Nelson Bell, 100, 265, 3000, 100, 400
Jos. Carter, 35, -, 300, 4, 174
H. B. Massey, 175, 25, 3500, 290, 1080
W. T. Johnson, 100, 200, 4000, 150, 450
J. C. McMurrey, 21, -, 210, 5, 150
D. D. A. Belk, 90, 510, 2300, 195, 740
Wm. Black, 70, 388, 1000, 50, 458
J. M. D. Black, 200, 1500, 13600, 200, 1500
Albert McManes, 23, -, 59, 5, 100

Elisha Plylor, 75, 970, 3135, 380, 1195
Noah McManes, 20, 180, 600, 55, 350
Wm. Jarret (Jant), 14, 36, 150, 3, 166
Andrew Rowel, 60, 267, 1635, 100, 400
John Taylor, 60, 300, 1500, 100, 312
James Coatney, 40, 160, 400, 15, 150
M. L. Plylor, 25, -, 125, 5, 260
Martin Plylor, 75, 135, 1040, 60, 540
M. A. Plylor, 22, -, 100, 5, 183
Frankey Shoute, 60, 226, 1960, 100, 360
John Shoute, 60, 342, 1500, 3, 158
Henry Rowel, 58, 258, 616, 100, 318
Fred. Sheehen, 40, -, 100, 5, 135
Bonnum Plylor, 20, -, 60, 15, 239
J. H. Sistase, 30, 55, 340, 2, 43
S. H. Taylor, 30, 100, 650, 114, 372
A. J. Taylor, 40, 43, 150, 5, 180
Wm. Rowel, 70, 365, 2175, 125, 510
Alex. Stegle, 35, 465, 800, 50, 168
John Carnes, 45, 340, 1925, 9, 365
W. A. Carnes, 25, -, 125, 5, 115
J. Carnes, 45, -, 2225, 8, 294
Littleton Heglar, 25, 75, 500, 5, 217
Christopher Small, 20, 6, 60, 5, 175
J. D. Small, 40, 69, 545, 55, 252
N. M. Small, 20, 161, 525, 15, 225
E. W. Belk, 22, -, 110, 5, 97
J. M. Small, 35, 74, 763, 50, 191
J. B. Williams, 35, 165, 1000, 5, 125
A. T. Small, 15, -, 73, 5, 165
S. T. Small, 100, 400, 3000, 210, 700
John Hale, 70, 80, 450, 110, 388
J. J. Small, 50, 130, 350, 75, 275
Wm. Knight, 60, 18, 300, 5, 200
Allen Small, 40, 80, 650, 75, 270
S.A. Outon, 23, -, 69, 10, 130
Robt. Belk, 50, 50, 500, 300, 895
Landy Johnston, 50, -, 250, 73, 393
Neil Johnston, 40, 300, 1360, 5, 200
H. H. Shoute, 40, 200, 1200, 100, 408
C. Small, 75, 300, 1850, 200, 600
J. B. Small, 70, 400, 2350, 200, 480
Uriah Small, 60, 100, 960, 300, 635
J. Belk, 200, 452, 3260, 100, 800
Levi Blackman, 60, 228, 1470, 100, 455
Thos. Small, 80, 150, 300, 150, 700
L. J. Belk, 80, 50, 1000, 70, 170
J. W. Belk, 105, 865, 4850, 275, 900
John Cone, 25, -, 250, 15, 176
J. C. Small, 90, 210, 900, 100, 800
J. Griffin, 35, -, 140, 55, 145
Jerret Hill, 90, 100, 900, 115, 295
Amos Blackman, 250, 187, 4000, 175, 890
S. B. Ingram, 30, 15, 180, 100, 375
B. Blackman, 40, 177, 800, 80, 517
A. J. Small, 20, -, 200, 40, 117
Mary Stogner, 30, 80, 660, 10, 220
W. J. Stogner, 40, 152, 1920, 50, 300
J. H. Williams, 20, 42, 475, 19, 206
A. M. Porter, 75, 793, 4340, 65, 800
J. C. Sims, 20, -, 200, 45, 320
Garret Sims, 40, 225, 2650, 140, 354
T. Sims, 15, -, 150, 5, 190
W. A. Jant, 40, 44, 500, 30, 233
J. R. Hunter, 80, 70, 2250, 125, 450
Uriah Funderburk, 250, 100, 6500, 500, 1500
R. Hagler, 150, 320, 3150, 225, 800
J. Funderburk, 75, 325, 1200, 190, 1141
Jas. Snipes, 35, -, 175, 5, 275
Phillip Snipes, 100, 40, 840, 75, 350
Daniel Plylor, 150, 350, 1500, 200, 1167
C. A. Plylor, 150, 100, 750, 300, 1200
Aron Plylor, 80, 240, 1000, 10, 450
W. Aldradge, 23, -, 69, 5, 26
N. Funderburk, 150, 500, 5000, 200, 800
J. Funderburk, 45, 85, 500, 75, 220
G. W. McNeely, 50, 210, 1800, 50, 480

W. C. Amfield, 25, 325, 1200, 60, 200
Elijah Waters, 75, 133, 1000, 85, 283
Alvin Massey, 100, 159, 2000, 400, 560
Ransour Plylor, 60, 140, 1000, 60, 425
Jonas Rowell, 75, 125, 1000, 125, 330
Jas. Lucart, 35, -, 144, 3, 140
Saml. Robinson, 600, 1000, 12000, 500,1800
W. S. McManes, 100, 60, 1000, 65, 350
J. P. McManes, 40, 60, 500, 40, 535
W. McManes, 30, 70, 475, 100, 210
Saml. McManes, 70, 130, 2000, 100, 500
Hugh McManes, 75, 36, 2500, 240, 815
James Belk, 30, -, 90, 5,100
Alex. Baker, 50, 75, 625, 116, 449
Margret Phillips, 15, -, 90, 3, 66
Wm. Copeland, 40, 10, 300, 4, 215
George Sweat, 25, -, 150, 3, 261
Wm. Funderburk, 100, 472, 2850, 150, 420
Titus Lany (Lang), 150, 350, 2500, 200, 800
John Lany, 30, -, 150, 100, 675
J. W. Horn, 28, -, 140, -, 40
Obediah Lany, 26, 34, 425, 5,180
Eligah Aaron, 45, 59, 650, 5, 101
Alex. Waters, 40, 60, 1000, 45, 385
N. Funderburk, 120, 370, 2940, 200, 485
Joseph Funderburk, 15, -, 150, 5,79
J. J. Funderburk, 15, -, 150, 5,79
W. W. Funderburk, 30, 70, 500, 3, 200
W. P. Plylor, 55, 71, 500, 5, 325
W. A. Funderburk, 65, 320, 1600, 250, 635
G. W. Funderburk, 75, 175, 800, 75, 500
M. Knight, 175, 400, 2500, 125, 650
A. L. Funderburk, 250, 1150, 5000, 200, 1000
W. W. Eastridge, 28, 222, 1000, 5, 105
G. M. Funderburk, 80, 70, 1000, 200, 575
John Carnes, 50, 300, 1500, 5, 155
Jacob Cones (Carnes), 90, 100, 850, 25, 300
Wm. Maser (Moser, Moses), 18, -, 120, 5, 100
Saml. Moses, 23, -, 93, 3, 50
Arter Locust, 16, -, 64, 3, 50
Irvin Knight, 20, 610, 2800, 5, 130
Sal. Rowel, 40, -, 160, 50, 225
James H. Rowel, 65, 300, 1000, 90, 415
Elihu Rowel, 19, -, 75, 3, 132
Burrel Threat, 25, -, 125, 3, 50
Wm. Belk, 25, 100, 600, 25, 265
John Stogner (Stagner), 60, 384, 4440, 25, 200
Jonas Carnes, 45, 155, 620, 50, 460
James Blackman, 40, 337, 2000, 50, 165
J. T. Kenington, 60, 60, 1000, 50, 350
Rebecca McManes, 30, 45, 1000, 75, 265
Amos McManes, 30, 240, 2000, 10, 350
John Cybourn, 60, 20, 1200, 125, 250
Levi Taylor, 17, -, 85, 8, 65
J. T. Fale, 20, -, 300, 5, 15
Traverse Phillips, 15, -, 50, 3, 68
Henry Baker, 35, 15, 200, 6, 150
B. F. Williams, 17, 95, 500, 50, 125
Alfred Knight, 50, 250, 1200, 20, 166
Eli Knight, 30, 270, 1000, 5, 215
John Wright, 30, -, 120, 5, 25
Jacob Fale, 250, 250, 3000, 50, 650
Amos Cook, 110, 470, 3900, 150, 620
A. J. Miller, 75, 13, 2380, 100, 300

Zachariah Sutton, 15, -, 75, 5, 150
Laban Pittman, 20, -, 200, 7,165
William Fale, 100, 250, 1750, 30, 500
Nathan Fale, 40, -, 200, 30, 190
Irvin Farmer, 30, 70, 1000, 40, 150
Wm. B. Miller, 17, -, 103, 3, 40
Ransom Gardner, 12, -, 72, 3, 25
John Fale, 60, 172, 1200, 75, 200
J. H. McManes, 20, 85, 700, 50, 435
Laban Fergason, 150, 425, 4600, 250, 680
Wm. Farmer, 50, 200, 2928, 500, 175
John Bird, 50, 200, 1000, 150, 500
Nancy Farmer, 50, 627, 7000, 100, 245
Daniel Farmer, 60, 240, 3000, 5, 225
Catherine Miller, 40, 200, 2500, 200, 325
R. T. Miller, 60, 90, 1100, 125, 325
Jas. Blackwell, 55, 125, 1200, 150, 350
Cordner Ingrim, 70, 70, 1500, 47, 200
Ransom Gardner, 20, -, 100, 25, 175
Silas Ingram, 50, 47, 500, 5, 250
W. J. Dunn, 50, 221, 1000, 75, 175
Charles Bird, 170, 650, 4500, 150, 825
Henry Mango, 150, 260, 3200, 75, 750
Burrel Phillips, 40, 135, 875, 30, 140
J. N. Sowel, 60, 75, 1100, 100, 625
Sarah Clybourne, 50, 1000, 2000, 10, 257
Hardy Robinson, 20, 80, 350, 4, 100
Hosea Scott, 30, 195, 600, 15, 150
Joseph Baker, 50, 100, 350, 50, 500
Norman Helton (Hetton), 25, -, 125, 5, 210
A. Broom, 28, 193, 1000, 30, 200
J. J. Ougbourn, 60, 250, 1000, 25, 350
James Poor, 60, 41, 600, 60, 390
Burrel Love, 18, -, 180, 5, 235
J. T. Brazington, 19, -, 190, 25, 182
W. J. William, 22, 155, 875, 5, 56
Andrew Williams, 30, 144, 705, 15, 128
Isaac Gardner, 30, 160, 500, 5, 150
David Helton, 45, 188, 875, 5, 150
J. C. Williams, 60, 50, 500, 50, 305
Mared Williams, 28, 72, 400, 5, 170
Alfred Gardner, 40, 106, 640, 6, 205
Robt. Gardner, 40, 160, 1000, 54, -
Joel Phillips, 40, 160, 600, 55, 405
Robt. Phillips, 65, 787, 3500, 50, 405
Clay Helton, 25, -, 125, 5, 130
Wm. Gardner, 75, 379, 2500, 100, 500
Charles Phillips, 25, -, 125, 4, 165
George Helton, 100, 450, 5800, 405, 720
Andrew Knight, 22, 30, 520, 5, 67
J. R. Welch, 350, 1050, 7000, 400, 1450
T. H. Helton, 34, 131, 2160, 45, 132
Moses Helton, 50, -, 300, 40, 315
Darling Gardner, 75, 425, 2400, 80, 450
James Gardner, 35, 185, 1000, 47, 150
Alfred Hinson, 25, 187, 636, 2, 215
Jessey Catoe, 50, 250, 1000, 5, 225
Jessey Hinson, 60, -, 300, 30, 100
John D. Hinson, 45, 145, 725, -, 60
Wm. Hinson, 100, 225, 2000, 25, 336
Richard Anderson, 25, -, 200, -, -
Rich. Kenington, 30, 30, 1000, 5, 185
Riley Catoe, 100, 765, 7650, 50, 1050
Asa Deese, 30, -, 240, 5, 205
R. Catoe, 25, -, 200, 5, 330
Emanuel Catoe, 40, -, 320, 20, 335
Elizah Hinson, 20, -, 100, 5, 100
Elijah Hinson, 35, -, 175, 5, 175
Glass Caston, 285, 785, 6000, 150, 1350

Willis Gregory, 75, 150, 2250, 310, 530
Eli Wright, 20, -, 200, -, -
Wm. Garvis, 50, 57, 700, 25, 75
Martha Gregory, 50, 160, 2100, 75, 350
Calvin Hinson, 65, -, 650, 15, 300
Saml. Kenington, 50, 150, 600, 80, 300
Miram Kenington, 15, -, 150, -, -
Thos. T. Gregory, 85, 200, 6350, 300, 610
W. J. Blackman, 200, 450, 8000, 285, 800
T. C. Blackman, 100, 270, 3000, 125, 600
Thos. Eastridge, 28, 24, 260, 5, 210
Milly Blackman, 20, -, 100, -, -
James Helton, 75, 375, 2200, 88, 290
A. J. Baker, 65, 20, 2666, 11, 179
W. J. Cook, 30, 32, 1000, 50, 290
John E. Cook, 40, 50, 1000, 30, 263
John Massey, 300, 60, 8029, 250, 1375
John V. Dein, 15, 85, 400, 5, 200
Jacob Carnes, 16, -, 80, 5, 80
John M. Belk, 40, 60, 1000, 30, 185
Jonathan Knight, 100, 439, 6000, 371, 690
John Arrant, 50, -, 500, 45, 245
Diana Bowers, 30, 24, 400, 5, 156
John Williams, 100, 105, 2000, 200, 817
Zack Helton, 60, 238, 2700, 50, 300
W. R. Connel, 20, 30, 100, 30,75
S. J. Connel, 18, 28, 125, 10, 130
Arch Farmer, 11, 38, 200, 5, 50
Harrod Johnston, 100, -, 500, 300, 527
Colvin Coan, 28, -, 140, 3, 150
D. Williams, 72, 100, 760, 150, 400
H. Belk, 70, -, 350, 5, 212
Rich. Outon, 30, 35, 300, 20, 75
James Williams, 60, 90, 1500, 100, 430
W. S. Hough, 40, 65, 800, 55, 295
Mial Helton (Hetton), 43, -, 430, 60, 615
Minton Helton, 356, -, 350, 5, 255
David Helton, 100, 186, 2600, 120, 350
W. B. Helton, 35, -, 350, 90, 425
J. _. Montgomery, 22, -, 132, 5, 175
J. P. Small, 40, 105, 315, 30, 155
Aaron Adams, 30, -, 150, 8, 230
Amos Eastridge, 30, 50, 400, 5, 100
Christopher Eastridge, 40, -, 200, 60, 723
W.C. Small, 70, 100, 760, 100, 333
Danl. Hinson, 150, 300, 4500, 200, 700
O. C. Hinson, 25, -, 250, 5, 250
C. F. Hinson, 100, 160, 5000, 200, 735
James Small, 90, 90, 1400, 90, 410
C. P. Bennet, 29, -, 145, 40, 200
J. R. Blackman, 80, 250, 1600, 50, 510
Charles Thompson, 30, 150, 150, -, 15
W. F. B_zing, 45, 70, 1200, 70, 275
J. D. Blackman, 75, 244, 2500, 110, 510
Wm. Baker, 60, 599, 2000, 125, 410
W. W. Blackman, 100, 520, 5270, 250, 500
Benjamin Blackman, 100, 800, 7200, 100, 600
John Gardner, 75, 543, 4029, 165, 790
Rhoda Adams, 40, 160, 1000, 50, 120
Malachi Adams, 25, -, 200, -, 70
Molcy Cook, 50, 55, 1000, 15, 250
C. Eastridge, 35, -, 105, 2, 100
A. R. Moore, 90, 260, 2850, 200, 450
M. J. Funderburk, 15, -, 150, 2, -
J. T. Funderburk, 29, -, 145, 5, 125
W. Faulkenburg, 40, 200, 1500, 100, 220
John Neill, 50, 270, 1600, 300, 405

George Clybourn, 45, 170, 1000, 5, 110
Jas. Roberts, 22, 132, 132, 5, 100
S. Hinson, 17, 43, 600, -, 24
Jas. Funderburk, 30, 100, 1040, -, -
W. W. Ellis, 200, 1800, 7500, 2300, 1250
A. B. Ellis, 25, -, 250, 20, 365
W. K. Ellis, 25, -, 250, 2, 82
Wash. Hinson, 85, 250, 3800, 125, 841
A. M. Caston, 50, 250, 1200, 15, 400
W. J. Caston, 22, -, 100, -, 120
W. L. Blackman, 27, -, 135, 31, 162
Peter Twitty, 70, 75, 1490, 75, 300
Ranford Horton, 75, 492, 3305, 100, 450
Michael Horton, 100, 500, 3000, 175, 850
Henry Holden, 200, 520, 7820, 175, 450
Henry Holden, 40, 200, 1200, -, 50
Bijah Catoe, 100, -, 1000, 125, 430
W. H. Roberts, 150, 238, 3880, 400, 300
John J. Roberts, 40, -, 400, 5, 200
J. R. Faulkenburg, 30, -, 240, 30, 145
J. R. Magill, 130, 75, 3500, 250, 80
W. J. Baskins, 65, 35, 300, 75, 650
M. R. Hinson, 25, -, 250, 5, 200
W. T. Phifer, 50, 128, 1800, 58, 400
Temperance Gardner, 35, 97, 500, 40, 145
Columbus Long, 30, -, 120, 10, 150
James Catoe, 200, 1013, 7065, 200, 600
John E. Backman, 40, 154, 1300, 75, 350
A. B. Backman, 40, 100, 700, 200, 175
Binohm Adams, 20, -, 100, 30, 150
D. W. Montgomery, 30, -, 150, 75, 240
Uriah Williams, 65, 555, 3000, 100, 550
John Holden, 45, 155, 1200, 75, 600
John Mongtomery, 50, 50, 300, 100, 350
John Jant, 14, -, 42, 5, 40
Thos. L. Clybourn, 250, 600, 6000, 600, 1000
Bennet Pitman, 250, 300, 12000, 300, 1200
Burrel Bradley, 80, 114, 1200, 112, 575
Andrew Johnson, 150, 198, 3480, 350, 650
William Hinson, 20, 120, 600, 5, 300
Wesly Hetton (Helton), 50, 425, 2375, 200, 550
J. A. Blackman, 45, 155, 1000, 65, 400
W. W. Baskins, 50, 150, 2000, 300, 531
L. Thompson, 50, 59, 1090, 100, 500
James Baskins, 100, 500, 7000, 125, 900
Phillip Robinson, 60, 364, 4240, 35, 200
Bethena Reves, 75, 211, 2000, 100, 600
J. A. P. Blackman, 34, -, 274, 30, 200
Elisha Blackman, 50, 4, 728, 75, 300
Hugh McManes, 30, -, 120, 2, 125
Irvin Sims, 22, 78, 500, 51, 300
David Chase, 20, 80, 1000, 10, 125
Juda Ellis, 30, 73, 1030, 80, 200
J. B. Reves, 85, 715, 3000, 50, 600
Wm. Bowers, 40, 123, 800, 75, 400
Robt. Criminger, 65, 254, 2000, 50, 452
A. J. Connors, 100, 600, 6500, 150, 600
Wm. J. Coal, 50, 163, 1000, 8, 400
Wylie Lyles, 35, 125, 700, 5, 125
William Lyles, 15, -, 150, 10, 130
John E. Lyles, 16, 113, 800, 5, 200
Elenor Blackman, 50, 333, 2674, 50, 400
Robt. Marshal, 150, 50, 2000, 200, 800

W. A. Biggart, 100, 62, 1620, 200, 460
W. W. Strain, 100, 200, 1500, 100, 400
Anna Garvis, 60, 300, 1800, 75, 300
John Strain, 36, 350, 3882, 200, 686
John Sings, 60,106, 1300, 125, 500
J. Sherhen, 90, 110, 1500, 75, 500
W. R. Marshal, 100, 100, 2000, 50, 600
L. A. Watson, 28, 68, 650, 4, 300
J. W. Marshal, 55, 200, 2500, 100, 450
Caswell Mobley, 150, 50, 2000, 150, 500
Thos. Craxton, 25, 225, 2000, 50, 400
Philomon Connel, 50, 35, 1000, 5, 200
H.H. Duncan, 100, -, 1500, 130, 500
C. C. Ballard, 140, 600, 7000, 100, 800
Jonathan Irvin, 300, 300, 6000, 300, 500
W. J. Blackman, 40, 88, 640, 40, 250
J. A. Hasselton, 100, 200, 2000, 100, 500
S. B. Emmons, 90, 70, 1200, 200, 500
J. D. Caskey, 100, 138, 2000, 150, 600
J. H. Mcfadden 800, 800, 16000, 200, 5000
S. B. Massey, 150, 350, 4000, 120, 1000
A. W. Johnson, 400, 100, 12500, 300, 1200
J. L. Dunlap, 40, 90, 1200, 75, 350
S. L. Strait, 15, -, 150, 50, 380
Jackson Braszel, 100, 293, 3000, 500, 700
John Denton, 1100, 600, 25000, 1200, 4000
J. R. Caskey, 500, 500, 10000, 1000, 3300

Tilman Goins, 350, 650, 25000, 600, 1400
J. T. K. Belk, 150, 150, 3000, 200, 1000
R. L. Crawford, 1000, 1000, 20000, 1340, 3645
William Todd, 75, 385, 4000, 200, 500
H. Dees, 20, -, 400, 50, 250
N. Gay, 50, 80, 2000, 100, 500
M. A. Trusdal, 60, 140, 1000, 100, 550
N. S. Horton, 30, -, 360, 6, 450
James J. Horton, 200, 970, 9640, 500, 1255
W. C. Horton, 40, 25, 400, 50, 400
Wesley Horton, 30, 32, 300, 25, 225
Wesley M. Horton, 50, 15, 500, 100, 225
G. W. Mobley, 50, 8, 500, 10, 125
J. E. Rutledge, 15, 37, 300, 10, 500
Drusilla Rutledge, 75, 467, 2000, 150, 50
D. M. Usery, 50, 100, 1000, 125, 300
R. W. Maddox, 15, -, 150, 25,100
James A. Kirkland, 150, 332, 1500, 125, 400
John H. Wilkinson, 30, -, 150, 5, 200
Thos. Cauthen, 300, 1720, 7500, 500, 2200
John Brown, 400, 1600, 9000, 400, 700
E. Hammond, 50, 100, 1500, -, -
Harvy Lathan, 400, 600, 6000, -, -
Rebecca Cauthen, 75, 75, 1000, 150, 800
W.C. Cauthen, 225, 700, 4500, 600, 1800
S. V. Robertson, 60, 475, 5000, 125, 500
Evan Rallings, 200, 650, 2000, 300, 1000
J. E. J. Beckham, 30, 30, 360, 65, 400
S. J. Carter, 30, 61, 600, 15, 225
Penhal Cauthen, 24, 80, 720, 15, 165

Cynthia Bridges, 14, -, 700, 5, 250
John Bridges, 16, -, 800, 5, 200
Alfred Andrews, 75, 195, 3000, 10, 140
L. M. Cauthen, 300, 484, 3000, 300, 900
Robt. Bowers, 50, 153, 500, 125, 500
J.C. Cauthen, 75, 50, 1075, 75, 400
S. J. Vincent, 70, 30, 800, 140, 425
Alex. Green, 15, 100, 150, 5, 200
Maria Fraser, 215, 725, 4000, 300, 800
Jeff Connel, 30, 210, 3000, 20, 200
J. B. Mobley, 300, 600, 4000, 400, 1020
Thos. Carter, 26, -, 200, 10, 65
P. W. Bennett, 30, 154, 300, 75, 200
Mary M. Trusdal, 150, 250, 1500, 80, 285
R. R. Williams, 60, -, 500, 20, 500
A. Bowers, 150, 175, 3000, 300, 1000
J. R. Trusdal, 150, 510, 3000, 300, 850
Ruben Trusdal, 100, 695, 5000, 100, 700
G. R. Miller, 60, 440, 900, -, 150
Saml. Lambert, 80, 190, 1600, 150, 1100
A. M. McKey, 100, 540, 5400, 400, 1200
T. J. Duncan, 45, -, 540, 30, 270
Redding Thompson, 50, -, 500, 15, 125
Meda Caston, 12, -, 120, -, 40
Isaac Caston, 15, 50, 150, 5, 40
Wm. Duncan, 250, 1260, 6000, 300, 1300
George Cauthen, 100, -, 1000, 50, 600
Lucy Vaughn, 271, 140, 12086, 500, 1300
Wylie Vaughn, 45, -, 450, 10, 300
Lewis Croxton, 40, 40, 1000, 15, 260
J. D. McIlwain, 500, 800, 15600, 2500, 3000
Renady Bailey, 100, 203, 3000, 200, 400
S. J. Gambolt, 100, 300, 4000, 200, 600
M. Clinton, 100, 600, 10000, 100, 1000
_. Lynn, 150, 850, 10000, 300, 1000
D. G. Anderson, 900, 2400, 49500, 1000, 5350
J. D. Wetherspoon, 760, 1541, 27600, 225, 2575
G. McC. W. Wetherspooon, 68, 494, 21258, 750, 3509
J. H. Wetherspoon, 70, 80, 900, 40, 810
John Porter, 350, 1100, 15000, 600, 2000
J. H. W. Stephens, 150, 100, 3000, 250, 800
Jones Crockett, 75, 400, 2500, 300, 600
John Denton, 140, 381, 5130, 200, 1028
J. D. Hale, 210, 500, 3000, -, -
F. D. Green, 500, 1350, 22200, 300, 3400
Saml. Adams, 400, 1000, 14000, 200, 2450
Dixon Barnes, 1000, 3000, 48000, 1000, 8000
Mary P. Barnes, 200, 413, 8000, 300, 1200
J. A. Harden, 500, 1600, 14000, 500, 3000

Laurens District, South Carolina
1860 Agricultural Census

The South Carolina Department of Archive and History has microfilmed its census records. Detailed information on the history of these records as they were created and later turned over to South Carolina by the Department of the Interior's Bureau of the Census is in the Foreword.

Columns 1, 2, 3, 4, 5, and 13 represent the following information on the census:
1. Name of Owner, Agent or Manager of Farm
2. Acres of Improved Land
3. Acres of Unimproved Land
4. Cash Value of the Farm
5. Value of Farming Implements and Machinery
13. Value of Livestock

This county does show some renters.

I. W. Motte, 378, 300, 11509, 1000, 1500
G. E. Grime, 160, 40, 2000, 100, 900
I. W. Simpson, 300, 110, 5000, 150, 1230
Jno. Garlington, 1000, 315, 13000, 5000, 3400
M. Madden, 115, 100, 4000, 200, 350
H. Finley, 80, 30, 2000 100, 700
S. R. Todd, 400, 600, 8000, 400, 1000
S. R. Todd, 450, 500, 15000, 500, 2500
I. W. Arnold, 50, 65, 1200, -, 500
Jno. W. Simpson, 400, 200, 8000, 200, 2000
J. M. Shockley, 110, 200, 4000, 250, 600
I. G. Traynham, 135, 55, 2280, 100, 625
Jane Farrow, 440, 200, 6400, -, -
H. Dial, 900, 350, 13000, 520, 2400
W. Mills Jr., 300, 600, 9000, 300, 3000
W. Mills Sr., 600, 300, 9000, 300, 2000
C. P. Sullivan, 894, 446, 20000, 400, 2900
Saml. Flemming, 900, 500, 18000, 700, 4000
T. L. Holmes, 300, 700, 8500, 300, 1500
Geo. Moore, 90, 60, 1500, 300, 900
Owen Sumeril, 130, -, 1300, 20, 50
Jas. Sumeril, 29, -, 900, 50, 175
B. Moore, 52, -, 700, 5, 350
Elijah Moore, 100, -, 800, -, 190
John Moore, 75, 25, 1600, 75, 225
Jno. Pinson, 30, 20, 500, 20, 900
D. Anderson MD, 630, 300, 13200, 150, 1020
H. Z. Madden, 303, 70, 4475, 125, 1450
Ann Madden, 50, -, 500, -, 125
W. A. Langston, 300, 40, 3600, 150, 1250
Anderson Moore, 60, 18, 1000, 75, 325
Chas. Martin, 28, 27, 825, 5, 225

Jno. Martin, 85, 15, 1200, 75, 300
Danl. Martin, 75, 40, 1600, 100, 500
Jno. Finley, 68, 40, 2000, 25, 400
Elijah Bailey, 30, 50, 3500, -, 1020
T. E. Ballantine agt., 500, 500, 10000, 300, 1000
Edmund Paslay, 350, 120, 10000, -, 2100
Danl. Carter, 180, 70, 3900, 50, 900
Richd. Watts, 170, 30, 2000, 50, 350
M. W. Watts, 105, 50, 1550, 50, 480
Jemima Cook, 300, 100, 4000, 400, 1400
Mary Phelps, 281, 75, 3600, 75, 1000
Milford Motes, 100, 19, 1428, 100, 300
Jas. Jones, 79, 20, 1400, 50, 390
Wm. A. Fuller, 500, 100, 9000, 300, 1800
L. Brown, 170, 30, 2000, 100, 410
H. Motes, 500, 200, 8500, 500, 1300
F. G. Fuller, 350, 350, 14000, 425, 3000
Wm. Cook, 400, 200, 8400, 300, 1000
Wm. Wharton, 200, 70, 6000, 100, 600
Adolph Fuller, 250, 50, 5000, 75, 1360
Frek. Nance, 1000, 1000, 32000, 600, 3700
Jas. G. Williams, 844, 844, 25320, 500, 4500
Drayton Nance, -, -, -, 300, 2125
J. N. Floyd, 240, 160, 6000, 75, -
Wm. Philips MD, 1050, 450, 22500, 600, 3500
J. J. Booser, 80, 60, 2000, 100, 650
Robt. Brown, 235, 150, 4500, 50, 950
Sam. Bryson, 205, 100, 5000, 300, 1300
Matt Bryson, 200, 35, 3000, 100, 600

Jas. Bryson, 235, 100, 5000, 100, 550
Alex. Nichols, 46, 47, 2500, 225, 400
Hargrove Miller, 100, 401, 1800, 70, 250
S. T. Fuller, 115, 40, 2000, 120, 525
Wm. Bryson, 330, 100, 8000, 300, 1300
Mary Waldrop, 450, 200, 9000, 1000, 1500
Geo. Winebrenner, -, -, -, 100, 400
A. M. Jones, 150, 40, 3000, 75, 775
Jas. Austin, 63, 15, 1000, 10, 100
Thos. Austin, 79, 30, 1600, 50, 375
Wm. Wright MD, 600, 400, 15000, 400, -
J. H. Irby, 400, 300, 14000, 200, -
Jas. Davis, 400, 200, 72000, 100, 800
Jesse Teague, 200, 300, 6000, 150, 1300
H. R. Redin, 90, 24, 500, 50, 325
Martin Shaw, 175, 225, 1250, 490, 850
B. F. Shaw, 160, 150, 6200, 150, 1366
Jno. Nelson Sr., 535, 200, 8000, 500, 1000
Alsers Coleman Jr., 350, 80, 6500, 175, 2100
Ann Fuller, 900, 300, 18000, 500, 2900
M. L. Bullock, 150, 50, 10000, 225, 800
Wm. Lindsey, 10, -, 1500, 10, 85
R. C. Starnes, 120, 40, 21000, 100, 1250
Robt. Austin, 20, 40, 1080, 10, 350
R. E. Campbell, 500, 300, 16000, 500, 5000
Hy. Miller, 280, 100, 4500, 300, 600
Wm. McGowan Jr., 350, 100, 7000, 300, 1500
Abm. Hollingsworth, 100, 60, 2500, 75, 1050

Jno. S. Lipford, -, -, -, 10, 8
E. G. Simpson MD, 225, 70, 16750, 200, 1850
E. G. Simpson Trustee, 400, 100, 10000, 300, 2500
Jno. Watts MD, 215, 35, 4000, 300, 1250
Archy Adams, 325, 175, 6000, 300, 1000
Nancy McWilliams, 54, 100, 1200, -, 5
Jas. Little 120, 20, 1500, 20, 350
Saml. Leman, 110, 80, 3000, 40, 475
Wm. Leman, 100, 100, 3000, 40, 250
H. T. O'Neal, 120, 40, 2000, 175, 630
Marcus Dandy, 450, 150, 9000, 500, 2500
Wm. Burnside, 40, 20, 1200, 400, 225
Jno. Austin, 80, 20, 1500, 20, 400
Jas. Goodman, 150, 100, 5000, 100, 90
Geo. Crisp, -, -, -, 20, 300
Jno. Crisp, 30, 20, 750, 50, 300
David Read, 50, 166, 4000, 20, 400
Jonathan Read, 116, 100, 4000, 30, 500
L. S. Austin, -, -, -, 10, 30
Sol. Sims, 100, 15, 1000, 25, 300
Jas. Austin, 320, 100, 6300, 300, 500
R. Austin MD, 150, 50, 3000, 200, 1000
David Owens, 513, 60, 7000, 600, 2900
Robt. Spierman, -, -, -, -, 250
Travis Hill, 1440, 722, 21600, 300, 1750
Robt. Hill, -, -, -, -, 825
Robt Gill, 270, 120, 4680, 150, 1300
Wm. Goggins, 100, 110, 1680, 75, 600
I. C. Vaughan, 200, 100, 3600, -, -
D. V. Scurry, 450, 250, 7000, -, -
Rev. W. Boyd, 1100, 500, 32000, 500, 3700
Jno. C. Hill, 440, 210, 8500, 500, 2030
A. M. Smith, 540, 260, 10000, 500, 2250
Nathl. Jeffries, 235, 200, 700, 200, 900
Jno. S. Brooks, 130, 20, 3000, 100, 800
E. W. Wade, 367, 100, 4670, 300, 1000
Wesley Smith, 725, 150, 13000, 500, 1000
John Hazel, -, -, -, 5, 175
Mark Glenn, -, -, -, 25, 300
Wm. Ward, 74, 80, 1800, 100, 600
Josiah Leak, 70, 100, 400, 150, 300
Richd Leak, 200, 150, 4200, 300, 1000
C. Bluford Griffin, 150, 50, 10000, 300, 600
Thos. Sprirman, 310, 100, 8200, 250, 1050
Wm. Bosman, 400, 80, 7500, 300, 850
D. S. Pitts agt., 400, 100, 7500, 300, 850
Wm. Boseman, 400, 80, 7500, 200, 900
Richd. Griffin, 283, 50, 3756, 300, 1900
Jno. Hitt, 197, 10, 2484, 100, 1150
A. Rudd, 622, 70, 8650, 200, 2150
Col. J. D. Williams (W), 1500, 1500, 75000, 1000, 20000
Col. J. D. Williams (SC), 800, 800, 21000, 300, 3000
Co. J. D. Williams (M), 550, 300, 15000, 300, 2000
Col. J. D. Williams, (Cr), 550, 550, 15000, 300, 2800
Col. J. D. Williams (V), 100, 200, 10000, -, -
C. M. Gouling, 380, 250, 18000, 300, 2200
Rev. Wm. Hitt, 190, 120, 4600, 300, 1200

Wm. Austin, 265, 75, 5100, 250, 1250
Jno. McGowan, 360, 70, 10750, 200, 975
Elisa Low, 100, 127, 3000, 200, 650
Danl. Whiteford, 80, 20, 1500, 20, 400
Jno. H. Pinson, 154, 130, 4500, 200, 4500
Wm. McGowan, 800, 300, 16500, 500, 2250
M. Starnes, 140, 140, 2800, 100, 850
Wm. Baxter, 187, 180, 3670, 100, 302
Louisa Cunningham, 2200, 1500, 74000, 2150, 6570
Harrison Fuller, 87, 25, 1680, 10, 265
Thos. H. Chappell, 300, 800, 26500, 300, 2650
D. Richardson MD, 335, 300, 9525, 600, 1000
Sally Griffin, 100, 40, 2100, 100, 650
Richd. Jenkins, 30, -, 900, 100, 500
Henry Carter, 350, 150, 10000, 300, 1350
Mitchell Hill, -, -, -, -, -
Elizabeth Ligon, 250, 50, 4500, 200, 1300
Robt. McCreary, 85, 40, 1825, 100, 890
Fleming Harris, 37, 10, 750, 50, 190
Absalom Coleman, 100, 30, 2000, 50, 390
Hogan Walker, 150, 50, 3000, 120, 1050
Richd. Harris, 460, 300, 11400, 200, 2025
D. W. Henderson, 208, 170, 7560, 200, 1350
L. Nichols, 70, 30, 1000, 100, 720
Jno. Milam, 290, 80, 5720, 200, 920
Jno. Watson, 160, 70, 2760, 100, 554
Jas. Finlay, 500, 250, 11250, 350, 1850

C. Nelson, 100, 50, 2250, 80, 450
Geo Burnside, 400, 125, 6288, 100, 1150
Richd. Watts, 400, 300, 10500, 400, 2000
Thos. Tuner Agt., 300, 100, 6000, 200, 1000
Hy Balls, 267, 100, 3900, 400, 1100
Jno. Neily, 70, 20, 1350, 30, 250
Washington Neily, 50, 40, 1350, 60, 75
Col. B. T. Watts, 172, 100, 5440, 150, 1400
David Whiteford, 120, 30, 2140, 50, 700
Patsy Whiteford, 90, 20, 1000, 5, 200
Willis Dendy, 250, 50, 6000, 300, 600
Aaron Wells, 160, 40, 3000, 150, 600
Richd. Goodman, -, -, -, 5, 250
And. Bohler, 375, 150, 6300, 300, 1100
Jesse Hitt, 105, 30, 2000, 75, 400
Benj. Hitt, 158, 60, 3500, 150, 920
Hy Hitt, 170, 20, 1900, 100, 250
M. Hitt, 134, 70, 3600, 500, 830
Jas. Long, 200, 100, 2000, 300, 700
Alex McWilliams, 264, 150, 6210, 400, 1222
Jno. Owens, 68, 25, 1000, 60, 100
Cath. Owens, 86, 10, 800, 10, 240
Elisabeth Wells, 120, 20, 1680, 25, 200
Richd. Reeder, 200, 200, 5000, 400, 100
Benj. Hitt, -, -, -, 40, 300
Benj. Wells, 25, 25, 1000, 20, 150
F. P. McClendon, 35, 10, 500, -, 150
Saml. Austin, 46, 15, 850, 50, 150
Clement Wells, 85, 30, 1500, 75, 250
Robt. Waldrop, 225, 75, 3600, 70, 550
Jno. Turner, 174, 40, 3200, 150, 800

Col. T. Walker, 285, 75, 7200, 500, 1400
Thos. Nelson, 121, 30, 2300, 50, 330
Washington Winn, 60, -, 1200, 75, 500
Isaac Grant 2nd, 140, 40, 2700, 150, 850
Wm. Fuller, 300, 75, 4500, 35, 550
Jno. Moore, 120, 10, 1000, 30, 350
Jesse Motes, 430, 100, 8000, 150, 1500
Ellen Pinson, 160, 70, 3000, 100, 700
Jno. W. Coleman, 200, 30, 3500, 150, 1060
Jno. R. Fuller, 260, 100, 7200, 1000, 1300
Milton Cox, 36, 7, 750, -, -
Jas. Fuller, 93, -, 1080, -, -
Thomas Fuller, 100, 22, 2200, -, -
L. P. Davenport, 40, 60, 600, 50, 700
Wm. Finley, 129, 20, 1500, 100, 490
L. M. C. Bowman, 30, 73, 1550, 100, 425
Sarah A. Hunter, 80, 20, 1500, 10, 75
Mabra Madden, 120, 130, 5000, 100, 735
B. W. Nia, 220, 120, 5000, 250, 1350
Hy Fuller, 300, 200, 7500, 300, 965
Wm. Nelson, 95, 70, 2300, 80, 1000
L. K. Teague, 100, 60, 2500, 50, 430
Michael Burts, 121, 50, 2000, 80, 570
Wesly Fowler, 100, 50, 2250, 125, 440
W. A. Fowler, 300, 250, 8250, 100, 700
Margt. Todd, 169, 50, 2500, 75, 1180
Neiley Tinsly, 150, 50, 2000, 100, 850
Jno. Davenport, 270, 30, 4000, 100, 1075
Wm. Henderson, 250, 50, 4500, 250, 1060
Jno. Wilcut, 400, 200, 24000, 150, 1450
Geo. Elmore, 120, 10, 1300, 100, 545
Travis Davenport, 292, 30, 1500, 100, 750
Margt. Miller, 120, 50, 2550, 250, 1100
Elisa Miller, 130, 50, 2700, 100, 735
Bluford Parks, 32, 25, 900, 40, 225
Duke Shirly, -, -, -, -, 350
D. Anderson MD, 325, 475, 1600, 1100, 2500
D. Anderson MD, 480, 300, 1280, 200, 1450
Josiah Nelson, -, -, -, -, -
Joel Anderson, 264, 100, 7280, 1800, 1450
J. Anderson Trustee, 100, 75, 2800, 10, -
Thos. Smith, 800, 600, 16800, 400, 1850
F. Anderson, 100, 100, 2500, 200, 1500
W. E. Caldwell, 650, 350, 17500, 400, 2500
J. R. Wharton, 100, 160, 3000, 125, 595
Locke Madden, -, -, -, -, 700
Jas. Fuller, 365, 50, 4150, 600, 1600
G. Fuller, 160, 40, 650, 50, 360
Jefferson Milan, 155, 25, 2000, 225, 1040
Bart Milan, 280, 50, 5000, 800, 1100
Ang. Forgey, 325, 125, 6750, 600, 1340
Silas Fuller, 260, 40, 3000, 125, 500
Charles Fuller, 200, 600, 3900, 150, 400
Y. Nelson, 110, 20, 1300, 50, 250
Jno. Norman, 65, 25, 1500, 150, 425
Wm. McPherson, 200, 50, 2750, 150, 750

Matt McPherson, 100, 25, 1775, 10, 350
L. H. McGee, 92, 10, 1200, 80, 810
N. Sims, 80, 50, 2000, 125, 1055
N. Griffin, -, -, -, 5, -
Jno. Puckett, 300, 300, 6000, 150, 1050
Jas. Puckett, 70, -, 300, 10, 30
Wm. Greadon, 100, 25, 1500, 100, 330
Wm. Graves, 135, 135, 3375, 100, 830
Aaron Hill, 80, 76, 1872, 50, 1150
Jno. Spoon, 75, 125, 2500, 300, 1175
W. Y. Anderson, 54, 260, 1180, 250, 850
Mary Knight, 100, 36, 1360, 50, 530
Jno. W. Knight, -, -, -, -, 130
Jas. Reddin, 400, 140, 5000, 50, 136
Jno. Smith, 500, 540, 10400, 100, 800
Jno. Smith, 250, 150, 4800, -, -
Jno. Smith, 200, 100, 2400, -, -
Jno. Smith, 467, 233, 10500, -, -
Jno. Smith, 267, 133, 4800, -, -
Jno. Smith, 800, 400, 44400, 450, 10500
B. Anderson, rented, rented, rented, 20, 510
Gen. A. C. Jones, 213, 100, 2130, 100, 2000
Jno. H. Golding, 200, 100, 3000, 100, 1030
Jno. W. Anderson, 65, 50, 650, 100, 375
Matt Jones, rented, rented, rented, 10, 175
Hy Reddin, 26, 20, 506, 70, 165
Ben. Jones, 240, 60, 3000, 200, 1201
J. M. Daniel, 100, 20, 1200, 50, 400
Geo. M. Sadler, rented, rented, -, -, 200
Jas. W. Daniel, 18, -, 216, 75, 230
Jas. M. Clardy, 500, 150, 6500, 250, 1220
Daniel Gotherd, 100, 50, 1500, 80, 1050
A. Meachen, 70, 45, 1400, 150, 970
Wm. Madden, 93, 20, 1326, 10, 175
Da__ Donald, 375, 225, 6000, 250, 1030
Jas. Daniel, 200, 160, 3600, 100, 690
Wm. Becke, 325, 325, 6500, 250, 165
W. F. Holt, 100, 22, 1220, 10, 400
R. Murph, 100, 40, 1400, 20, 250
J. F. Smith, 500, 300, 8000, 500, 2256
R. Griffin, rented, rented, rented, 10, 350
S. P. Saxon, rented, rented, rented, 15, 250
D. P. Taylor, 96, 35, 1000, 15, 125
L. Anderson, rented, rented, rented, rented, 250
Jos. Anderson, 140, 50, 4350, 150, 750
Thos. Anderson, 125, 75, 3000, 25, 350
W. Lomax, 71, 35, 1500, 50, 550
C. Wells, 164, 100, 4000, 100, 600
J. M. Golding, -, -, -, 15, 250
J. C. Razor, 600, 200, 8000, 300, 1500
Robt. Norris, 50, 10, 600, 10, 40
J. Dunerly, 60, 20, 800, 175, 400
P. Roberts, 150, 50, 2000, 75, 250
W. B. Gains, 110, 10, 750, 75, -
M. Johnson, 200, 75, 2500, 80, 600
W. Hardy, -, -, -, 80, 275
B. Knight, 100, 60, 1600, 75, 350
Wm. Balantine, 100, 60, 1600, 75, 530
J. W. Turner, 208, 60, 2680, 200, 947
L. Brown, 50, 50, 1000, 100, 348
J. R. L. Wood, 100, 54, 1540, 75, 420
Jas. Eppes, 675, 550, 14700, 300, 1485
Wm. Puckett, 250, 50, 3000, 50, 536

Fr. J. H. Ware, 310, 150, 4600, 300, 1910
Nancy Bagwell, 80, 11, 900, 30, 190
W. Maddon, 75, 125, 2000, 75, 475
J. G. Humbert, 550, 225, 7500, 250, 930
Jno. Pyle, 155, 40, 1950, 100, 470
Ben. Taylor, 130, 50, 1800, 50, 485
Joel Ellerson, 125, 40, 1660, 50, 190
Sarah Ellerson, 200, 50, 2500, 75, 360
Thos. Carter, 800, 300, 11000, 250, 1160
C. Smith, 300, 100, 4800, 100, -
S. V. Knight, 108, 60, 1500, 75, 250
M. H. Murph, 90, 60, 1200, 50, 300
Jno. Knight, 338, 250, 6000, 300, 1300
Elisabeth Murph, 190, 40, 2300, 150, 400
Jas. Jones, rented, rented, -, -, -
Sarah Medlock, 150, 50, 2000, 100, 300
Andrew Patterson, 175, 95, 1500, 100, 500
Jas. Bagwell, rented, rented, -, -, 150
Drury Reeves, rented, rented, -, 25, 400
E. V. Gambril, 340, 60, 2000, 40, 350
Mary Mabers, 42, 10, 225, 2, 50
Land. Bagwell, -, -, -, -, 10
Wm. Ellerson, 220, 100, 2500, 150, 400
Wm. Moore, -, -, -, 70, 210
C. M. Miller, 700, 200, 13500, 250, 1760
H. Finley, 250, 150, 4800, 150, 1680
Jno. Robertson, 100, 22, 1200, 75, 740
Wriley Bolt, 180, 30, 1680, 150, 450
Jas. A. Simmons, 90, 75, 1650, 150, 940
J. T. Medlock, 100, 800, 1800, 50, 500
Nat. Pyles, 55, -, 550, 10, 200
Jas. Stone, 165, 125, 2900, 100, 415
Wm. Mitchell, 80, 15, 950, 75, 250
Wm. Wood, 130, 100, 2300, 100, 1170
T. J. Sullivan, 860, 400, 12600, 1500, 2570
E. W. South, 100, 54, 1540, 75, 600
M. Poole, 250, 50, 3000, 100, 910
W. H. Poole, 100, 59, 1530, 100, 365
W. Poole, 300, 100, 4000, 120, 1200
T. W. Perritt MD, 300, 75, 5000, 500, 1600
Mary Perritt, 200, 70, 3000, 100, 700
Henly Maddox, 150, 150, 3000, 350, 1149
J. L. Gilkerson, 100, 22, 1220, 50, 420
Wm. Browning, 100, 57, 1570, 150, 475
L. N. Maddox, 210, 250, 4650, 100, 975
D. Sullivan, 635, 350, 9850, 150, 110
A. Sullivan, 275, 125, 4000, 150, 1140
Jno. Mairs, 100, 30, 1300, 100, 375
Wm. Bolt, -, -, -, 50, 640
Jas. Bolt, -, -, -, 25, 360
And. McKnight, 125, 125, 2500, 250, 1250
J. C. Kilgore, 200, 300, 6000, 175, 930
Elisa Cheeks, 170, 30, 2000, 75, 1000
V. Baldwin, 164, 50, 2000, 250, 900
W. E. Gray, 125, 50, 1730, 100, 850
Pleasant Shaw, 265, 200, 4650, 100, 850
Jas. Anderson, 300, 134, 5000, 300, 1550
G. W. Anderson, 200, 160, 5400, 300, 800
W. M. Dorrah, 600, 400, 10000, 300, 2100
P. J. Mahon, 120, 100, 2200, 150, 630

E. C. Ragsdale, 100, 100, 2000, 75, 750
W. Wood, 200, 173, 3750, 100, 1100
Harvey Woods, -, 50, 500, -, 100
Martin Woods, 31, 50, 810, 20, 250
Thos. Bohling, 385, 200, 6000, 150, 1650
W. Dagnell, 25, 25, 500, 10, 165
Mel__, Babb, -, -, -, 100, 475
Martin Babb, 500, 250, 7500, 250, 1300
J. J. Shumate, 450, 150, 6000, 300, 960
Miles Nash, 400, 180, 5800, 250, 150
Thos. Hellams, 84, 10, 750, 50, 300
Has. J. Hellams, 150, 50, 2000, 50, 350
S. Shaw, 50, 18, 680, 10, 260
Jos. Avery, -, -, -, 20, 300
N. Hellams, 75, 50, 1250, 5, 200
E. W. Nash, 57, 25, 825, 40, 380
Danl.Becks, 275, 250, 6000, 300, 900
Nath. Henderson, 70, 50, 1500, 150, 600
Nancy Vaughan, 170, 100, 3000, -, 780
J. V. Bohling, 375, 125, 5000, 150, 1000
Jno. Anderson, 185, 175, 4500, 200, 1000
W. G. Rice, 390, 400, 24000, 1000, 4950
Jno. B. Craig, 650, 160, 16000, 1000, 2270
Jas. Martin, 150, 50, 2500, 100, 500
Jas. Culbertson, -, -, -, -, 250
J. N. Cooper, 35, 37, 850, 15, 250
Jno. Jowell, 60, 10, 1000, 15, 250
Wm. Redman, 25, 10, 600, 10, 300
W. Washington, 75, 50, 3000,700, 500
Anna Washington, 70, 33, 1500, 10, 200

Mansel Owens, 460, 100, 4000, 50, 1300
Radclife Jowell, 150, 25, 1750, 10,485
Geo. Jowell, 120, 16, 825, 5, 100
Jas. Owens, -, -, -, 25, 360
Jas. Neely, 275, 40, 2500, 100, 1200
Jos. Eldridge, 150, 50, 3500, 150, 650
Jno. Valentine, 525, 200, 7300, 600, 1500
L. D. Hitch, 175, 53, 2500, 100, 500
Young Pitts, 100, 53, 2100, 75, 200
LeRoy Pitts, 225, 25, 2600, 75, 500
Geo. Jones, 126, 75, 2500, 125, 475
Reuben Stevens, 300, 130, 4500, 150, 1000
Ruth South, 100, -, 1000, 10, 500
L. N. Taylor, -, -, -, 25, 500
A. Clardy, 480, 300, 8000, 125, 1500
Jas. Jones, 138, 70, 2000, 60, 600
G. B.Taylor, 76, 30, 1300, 70, 180
P. Taylor, 60, 27, 900, 10, 200
Ab. Meachem, 90, 60, 1500, 80, 600
L. Martin, 100, 50, 1800, 75, 400
H. Martin, 70, 30, 1000, -, 250
G. M. Brown, 100, 60, 1600,75, 300
Ben Smith, 90, 80, 2500,75, 150
Dan Boyd, 250, 50, 3500, 75, 500
Jas. G. Davis, 110, 70, 1200, 50, 500
Cullen Lark, 300, 150, 4500, 400, 1400
Danl. South, 50, 25, 1100, 70, 500
Jno. Walker, 500, 200, 8000, 100, 750
Frs. Becks, 600, 200, 8000, 1000, 2500
Thos. Y. Taylor, 65, 60, 1700, 60, 400
S. R. Simmons, 85, 25, 1300, 40, 400
L. Henderson, 100, 60, 2500, 150, 700
Ed. Bolt, 240, 200, 4500, 150, 1200
Jno. Bolt, 380, 70, 4500, 150, 430

L. Abrahams, 180, 40, 3000, 125, 675
Geo. Moore, 430, 250, 8160, 250, 1550
Hy. Fuller, -, -, -, 75, 180
H. H. Watkins, 181, 90, 2970, 190, 1180
Jno. Y. Boyd, 145, 70, 2580, 100, 400
Jas. Baldwin, 48, 40, 1500, 150, 200
J. F. Henderson, 180, 20, 2400, 100, 850
M. W. Henderson, 300, 100, 5000, 400, 1450
G. W. Culbertson, 27, 15, 30, 10, 180
L. Parks, 6, 2, 120, 10, -
Y. J. Culbertson, 247, 150, 5100, 100, 190
Y. J. Cooper, 40, 20, 720, 30, 340
Jas. Elledge, 250, 250, 11500, 120, 770
Hiram Burton, -, -, -, 80, 630
Christopher Spence, -, -, -, 40, 200
Hy Pitts, 250, 100, 3500, 300, 1190
Mary Elledge, 100, 70, 1200, 75, 900
B. A. Jones, 110, 20, 1300, 100, 680
Sarah Cooper, 140, 100, 2400, 100, 700
B. M. Boyd, 106, 35, 1410, 75, 350
Jas. Downie, 130, 20, 1500, 20, 450
Wm. Caldwell, 145, 40, 1850, 250, 500
Hy. Neely, 150, 30, 1800, 20, 220
Sandford Boyd, 100, 15, 1150, 100, 600
Bradford Boyd, 150, 57, 2484, 100, 575
G. W. Sullivan, 2200, 1100, 33000, 800, 3470
Aquila Lindley, 7, -, -, 100, 45
Jno. H. Sullivan, 350, 100, 4500, 100, 570
A. J. Coley, 40, 10, 500, 10, 250
Ross Bonhen, 190, 50, 2400, 100, 185
C. A. Saxon MD, 250, 150, 5000, 100, 1230
Jane Fleming, 137, 135, 3300, 100, 790
Wm. Wilson, 100, 50, 1500, 100, 70
Jas. Knight, 100, 50, 1500, 100, 400
Wm. Lindly, 200, 50, 2500, 100, 290
Wm. Mahaffery, 140, 150, 3000, 250, 1015
Harvey Gray, 67, 7, 1340, 100, 550
Jno. Hellams, 215, 5, 1500, 100, 625
Matilda Goodgion, 150, 250, 10000, 120, 1400
Robt. Brooks, 20, 80, 1000, 5,200
Marniner (Mamine) Brooks, 150, 150, 3000, 200, 425
Damp T. Armstrong, 33, 75, 80, 10, 330
Jno. Dial, 125, 125, 2500, 250, 265
Hannah Dial, 110, 40, 1500, 20, 440
Jno. Abercrombie, 200, 160, 300, 100, 790
H. P. Johnson, 100, 35, 1350, 25, 210
Jane Owens, 100, 70, 1700, 20, 680
Abner Babb, 372, 150, 5220, 200, 1225
C. M. Babb, 100, 37, 1370, 50, 800
Hugh Wood, 100, 50, 1500, 75, 750
Robin Wood, 150, 50, 2000, 100, 50
Dav. Stoddard, 557, 345, 8990, 300, 1380
J.H. Owens, 154, 100, 2540, 20, 1050
G. Willis, 68, 20, 1500, 40, 230
Lewis Powers, 284, 200, 4840, 300, 900
Rich. Childers, 200, 100, 3000, 100, 825
Johnathan Owens, 150, 100, 2500, 100, 630
Wm. Currey, 175, 75, 2500, 100, 625
Raply Owens, 60, 20, 900, 10, 165
Wm. Stoddard, 242, 220, 4620, 300, 1030

Frs. Stoddard, 266, 200, 4660, 125, 1300
Noah Fairborn, 65, 35, 1000, 100, 600
Dav. Stoddard, 55, 45, 1000, 100, 390
Nat. Austin MD, 170, 30, 2000, 200, 560
Mary Arnold, 200, 100, 3000, 100, 465
J. H. Shell, 250, 75, 4500, 300, 1690
Melmoth Atwood, 125, 30, 1300, 50, 600
Susan Dorroh, 280, 150, 5000, 150, 1280
L. Coliman, 487, 100, 8850, 1000, 1400
J. M. Martin, 60, 60, 1950, 100, 500
N. South, 29, 4, 500, 25, 250
Jno. Hill, 61, 10, 725, 125, 400
Josiah Burton, 100, 50, 2250, 100, 250
D. H. Henderson, 190, 75, 3200, 700, 1200
Jno. Culberson, 15, 80, 4000, 80, 1100
Robt. McDaniel, 100, 400, 6500, 175, 1000
Jno. Culberson, 95, 5, 1000, 75, 500
F. S. Coates, 60, 40, 1500, 100, 250
Robt. Jones, -, -, -, 10, 125
J. Blackwell, 69, -, 500, 10, 220
Jno. Boyd, 70, 30, 1500, 75, 550
S. McNiche, -, -, -, 75, 650
L. Spoon, 73, 10, 800, -, 100
S. Austin, 400, 80, 4000, 500, 1000
E. Avery, 130, 60, 2000, 100, 400
Jno. Bolt, 88, 50, 1700, 125, 550
B. Avery, 334, 100, 4500, 500, 1500
M. H. Johnson, 131, 80, 2200, 100, 700
Elisabeth Abercrombie, 60, 20, 800, 10, 300
Jon. Abercrombie, 125, 50, 1700, 80, 900
Willis Cheek, 500, 500, 10000, 700, 1400
L. Mahaffery, 170, 60, 2300, 400, 1300
Jno. Coleman, 100, 34, 1350, 50, 400
J. Y. Hellams, 35, 30, 500, 10, 200
Jno. Abercrombie, 15, 35, 500, 10, 250
Martha Woods, 30, 20, 350, 5, 200
Martin Woods, 40, 60, 1000, 75, 250
M. Mahaffery, 55, 100, 1550, 10, 150
Jas. F. Boyd, 25, 25, 500, 75, 125
Jas. Greadon, 40, 10, 500, 10, 150
Jas. Wharn (Wham, Whann), 175, 200, 4000, 150, 600
Robt. Wham, 25, 40, 650, 75, 450
Alston Babb, 225, 50, 4000, 250, 1000
Jas. Babb, 150, 40, 1900, 125, 1200
Jno. Rodgers, 40, 10, 750, 75, 220
Alex. Rodgers, 10, -, 150, 70, 200
Jas. Babb, 101, 15, 1300, 40, 225
Jno. Abercrombie, 250, 300, 5000, 300, 1300
R. A. Abercrombie, 60, 60, 1200, 35, 250
T. A. Pedon, 350, 350, 7000, 400, 1820
Jas. Taylor, 100, 63, 1700, 200, 600
Jane Williamson, 10, 2, 120, 10, 175
Dav. Childers, 450, 200, 6500, 400, 1000
C. White, -, -, -, -, 75
R. M. Farrow, 40, 10, 400, 10, 50
Thos. Farrow, 43, 10, 525, 10, 140
L. Abercrombie, 350, 200, 5500, 250, 1500
W. Gilliland, 60, 77, 1100, 100, 350
L. Farrow, -, -, -, 70, 150
R. Gilliland, 265, 265, 4300, 300, 1100
M. P. Evans, 225, 75, 3000, 150, 1000
Dav. Stoddard, -, -, -, -, 325

Saml. Barksdale, 400, 200, 6000, 500, 1200
B. Curry, 40, 25, 600, 5, 125
J. R. Putnam, -, -, -, 15, 150
M. Willis, 45, 30, 750, 10, 175
J. Armstrong, 99, 23, 1000, 25, 225
L. Roberts, 75, 25, 1000, 30, 175
Geo. Leak, -, -, -, 10, 200
Wm. Thomaston, 60, 20, 800, 10, 350
Wm. Willis, 88, 12, 800, 50, 200
Jno. Burdett, 75, 15, 900, 25, 300
Wd. Shockley, 85, 15, 500, 10, 300
Jer. Leak, 30, 20, 500, 25, 200
W. C. Leak, 30, 10, 360, 10, 200
M. Armstrong, 85, 20, 1100, 40, 300
S. Coker, -, -, -, 10, 140
Wm. Armstrong, 30, 20, 500, 10, 200
Jas. Knight, -, -, -, 10, 100
M. Henderson, 115, 50, 2000, 100, 150
W. Simpson, 90, 15, 1200, 75, 400
Ab. Parker, 200, 50, 5000, 100, 700
Willis Wallace, 220, 100, 3200, 100, 900
Sam Bolt, 400, 300, 7000, 150, 1100
E. Watkins, 415, 100, 5150, 100, 550
J. W. Godfrey, 80, 20, 1000, 100, 360
A. B. Godfrey, 180, 20, 2000, 100, 375
R. S. Culberson, -, 3, 60, 5, 10
E. N. Duval, 70, 30, 1000, 10, 75
J. Cheek, 350, 350, 11200, 400, 1280
M. Dorroh, 400, 200, 6000, 400, 1290
N. Culbertson, -, -, -, - 170
S. Downie, 150, 150, 3600, 100, 800
W. Tomlins, -, -, -, -, 160
J. Wasson, 86, 40, 1000, 100, 510
S. D. Glenn, 300, 125, 3400, 400, 1000
Mary Simpson, 150, 50, 2000, 100, 950
S. Pitts, -, -, -, -, 150
H. Mahaffery, 240, 100, 4080, 150, 1350
Polly Campbell, -, -, -, -, 40
W. J. Brooks, 93, 92, 2208, 5, 175
Jno. Armstrong, 138, 137, 3300, 100, 800
Reubin Brownlee, 140, 60, 2400, 120, 600
Jas. Adams, 38, 38, 912, 100, 200
Wm. Babb, 120, 30, 1500, 100, 850
Gideon Yeargin, 120, 60, 1800, 300, 475
Jno. Babb, 119, 70, 1512, 75, 625
Y. T. Kellett, 94, 70, 1968, 100, 550
Jas. Owens, 20, 20, 400, 50, 225
Wm. M. Owens, 80, 20, 800, 20, 200
Lydia McDougal, 20, 5, 200, 20, 625
R. M. Woods, 59, 50, 1090, 10, 390
B. W. Knights, 100, 36, 952, 75, 525
G. Bowens, 87, 20, 2070, 50, 700
Jno. Owens, 237, 56, 2830, 100, 1175
_. G. Owens, 135, 20, 1935, 10, 240
Wm. Hellams, 209, 50, 2590, 100, 800
Jno. L. Harris, 110, 15, 1250, 70, 700
Robt. Gray, 135, 40, 1575, 300, 930
C. Hill, -, -, -, 20, 380
. H. Boyd, 279, 100, 5700, 500, 780
D. A. Simpson, -, -, -, 5, 175
G. M.& L. B. Irby, -, -, -, 150, 920
D. _. Milam, 75, 50, 1321, 40, 400
Naomi Stone, 70, 40, 1650, 25, 280
Mary Irby, 1300, 400, 17000, 1000, 2800
John Yeargin, 300, 100, 4000, 250, 1017
Allan Dial, 500, 300, 9600, 500, 3300
Lewis Dial, 325, 200, 7875, 700, 3040
Hastings Dial, 200, 50, 3750, 400, 1550
John Hudgins, 350, 75, 6375, 500, 1400

Hy. Shell, 660, 300, 14400, 700, 3250
L. N. Ellerson, 125, 75, 3000, 200, 970
Alfred Barksdale, 202, 200, 8040, 200, 725
Allen Motes, 50, 20, 1050, 25, 380
Nancy Motes, 30, 8, 494, 100, 350
Sarah Ray, 57, 45, 1530, 45, 290
E. B. Mairs, 125, 400, 7875, 600, 909
Isaac Boyd, 60, 40, 1500, 400, 507
Williamson Boyd, 170, 50, 3300, 100, 525
F. Madden, 120, 80, 4000, 200, 625
Reuben Madden, 75, 30, 1050, 10, 600
Gab. Pinson, 280, 100, 4500, 700, 1216
Jos. Hips, 50, 25, 1125, 75, 440
Abe. Hipps, 130, 10, 1120, 40, 195
Elisabeth Bond, 100, 30, 1300, 100, 535
Wm. Morgan, 46, 80, 2520, 50, 657
Chas. Madden, -, -, -, 10, 25
Wm. T. Chappell, 337, 75, 4944, 200, 1015
Mabra Madden, 450, 150, 4820, 500, 1650
Wm. Boyd, 168, 30, 3270, 75, 1230
Jas. Hudgens, 400, 50, 6750, 160, 870
R. W. Ellerson, 270, 50, 3200, 275, 1350
J. Someril, -, -, -, 10, 65
Thos. Donald, -, -, -, 10, 150
Dicey Bailey, 20, 10, 200, 10, 150
E. Cunningham, 332, 250, 800, 600, 1150
M. Cunningham, -, -, -, 5, 275
Jasper Alison, -, -, -, 5, 175
Wm. Bolt, 170, 20, 2000, 115, 200
S. Riddell, -, -, -, 5, 200
Jos. Cole, 35, -, 300, 10, 100
Elihu Madden, 325, 95, 8000, 100, 1800
Jas. Worthington, 100, 60, 2200, 100, 950
Elisabeth Fowler, 200, 14, 1800, 100, 600
J. F. Fowler, 115, 25, 1600, 100, 400
Martin Henderson, 350, 150, 5000, 800, 1900
Jos. Moore, 70, 50, 3000, 700, 600
J. C. Henderson, 350, 50, 4000, 150, 1100
Jno. Burton, 95, 20, 1725, 100, 600
M. McDaniell, 250, 40, 3000, 150, 550
Moses Williams, 150, 50, 2500, 140, 600
P. Williams, 75, 25, 1000, 60, 600
Jas. Wethers, 160, 40, 2500, 50, 700
J. McDaniel, 290, 60, 4000, 200, 1200
Wm. Hudgins, 200, 150, 3500, 400, 1200
A. Martin, 200, 100, 3600, 400, 1900
Elisabeth Dial, 250, 50, 3000, 150, 750
Jos. Box, -, -, -, 10, 200
Jno. Bolt, 95, 15, 1300, 65, 1200
D. Barksdale, 330, 200, 6000, 600, 1375
Jos. Garey, 75, 40, 2000, 20, 350
J. W. Knight, 53, 20, 1050, 50, 250
Christopher Burns, 150, 70, 3000, 130, 600
Albert Dial, 175, 75, 5000, 600, 1000
R. Osborne, 247, 100, 3470, 100, 550
W. D. & J. W. Simpson, 500, 400, 12000, 200, 2300
W. D. Simpson, 160, 60, 2400, 100, 850
Allan Barksdale, 490, 150, 9600, 500, 2520
Mary Dial, 100, 69, 2000, 150, 1280
Josh. Burns, 54, 15, 850, 10, 390
L. E. Crisp, 120, 35, 1850, 100, 530

Jas. Brewster, 170, 80, 3000, 150, 890
R. Thomas, 170, 410, 6000, 150, 1680
J. W. Shockly, 65, 35, 2000, 500, 350
Nat. Barksdale, 350, 350, 8000, 500, 1480
Ivary Curry, 100, 50, 1500, 100, 420
Fn. Curry, 60, 10, 700, 10, 150
No. Hellams, 560, 400, 9600, 300, 1320
Jno. R. Switser, 550, 400, 9500, 300, 1200
W. A. Nabers, 95, 50, 1250, 10,165
Malinda Owens, 200, 50, 2500, 100, 388
Robt. Knight, 102, 40, 1000, 20, 100
Geo. Woolf, 130, 70, 2000, 75, 530
Jno. Nabers, 50, 50, 1000, 50, 225
W. R. Bramlet, 136, 40, 1760, 50, 250
Alex. Nabers, 265, 150, 4150, 100, 1025
Lem. Williams, 540, 150, 6900, 200, 1575
C. Kennedy, 150, 360, 7100, 100, 560
P. Martin, 60, 30, 1350, 70, 575
P. Martin, 60, 35, 1425, 10, 100
B. J. Newman, 117, 292, 2512, 50, 550
Rebecca Douglass, 116, 40, 2340, 40, 640
J. H. Boyd, 120, 20, 1120, 30, 525
Hy. Hill, 10, 30, 1560, 100, 1050
Wm. Owens, 27, -, 135, 30, 300
Elisabeth Owens, 106, 60, 696, 30, 50
M. Curry, 110, -, 550, 10, 190
H. Rowland, 66, 66, 1584, 75, 550
R. Franks, 323, 40, 4356, 40, 1000
C. Garner, 40, 40, 1200, 10, 165
Lewis Bramlet, -, -, -, 100, 400
Danl. Dendy, 270, 150, 6300, 100, 596

Saml. Fleming, 190, 60, 2500, 100, 800
J. H. Fleming, -, -, -, 1, -
Jas. P. Knight, 80, 40, 1800, 20, 570
Wm. Powers, 225, 175, 6000, 400, 1525
Caroline Fowler, 200, 50, 3000, 100, 930
Thos. F. Jones, 396, 100, 4000, 100, 940
P. F. Moore, 60, -, 500, 30, 400
R. Moore, 240, 20, 2500, 100, 740
Polly Powers, 220, 60, 2240, 73, 750
Wm. Putnam, 115, 50, 1650, 100, 500
Joel Maddox, 200, 90, 2900, 200, 840
B. Riddle, 75, 50, 1250, 75, 400
H. Garrett, 335, 75, 4000, 250, 775
A. W. Burnside, 150, 50, 2000, 10, 350
Benj. Martin, 175, 200, 4500, 100, 1140
E. J. Burnside, 182, 50, 2320, 500, 1150
M. Wallace, 132,200, 5312, 300, 850
Robt. Hand, 350, 200, 4000, 300, 1250
H. H. Martin, 62, 50, 1120, 20, 450
R. Martin, 307, 150, 5000, 75, 850
R. Robertson, 70, 26, 960, 10, 400
Jane Mills, 180, 50, 2300, 100, 575
Alex. McCarley, 586, 300, 10632, 150, 2425
S. Babb, 395, 200, 5950, 300, 1530
S. Robertson, 100, 30, 1300, 10, 455
Chas. Bramlet, 200, 300, 5000, 50,480
Jeremiah Martin, 262, 100, 2620, 2, 335
Fs. Martin, 111, 10, 968, 40, 285
J. H. Fleming, 100, 65, 1650, 350, 900
Geo. F. Moseley, 87, 75, 1620, 65, 580
M. C. Knight, -, -, -, 10, 50

A. Holcombe, 170, 30, 2000, 40, 370
B. F. Garrett, 116, 25, 1410, 500, 840
Jno. Putnam, 375, 25, 4800, 400, 1000
C. Putnam, 130, 35, 1650, 40, 600
Abner Putnam, 500, 150, 5200, 150, 1120
B. Barksdale, 300, 220, 8000, 1000, 1500
Sam. Franks, 200, 100, 4500, 125, 1000
Wm. Franks, 140, 80, 3500, 150, 800
N. Shockly, 110, 50, 1500, 100, 200
Wm. Hellams, -, -, -, 15, 150
R. Henderson, 160, 165, 4500, 300, 700
Elisabeth Coker, 70, 20, 900, 50, 200
Sophia Knight, -, -, -, -, 60
Dan. Simpson, 90, 70, 1600, 40, 400
H. Henderson, 30, 50, 800, 10, 140
J. Henderson, 200, 140, 4500, 75, 800
Yancey Hellams, 158, 150, 4600, 1000, 1000
Wm. Bolt, 150, 168, 4770, 125, 600
Jno. Bolt, 195, 100, 4000, 200, 550
Hy. Beadle, 200, 50, 3500, 150, 500
Jas. Todd, 65, 65, 1400, 20, 200
Sam. Simpson, 300, 350, 800, 700, 1000
E. Garrett, 25, 5, 300, 10, 150
Robt. Burns, 30, 25, 1200, 10, 300
N. Burns, 100, 20, 1500, 75, 650
Robt. Tailor, 20, 82, 1500, 30, 300
Jas. Milnor, 158, 20, 1500, 75, 800
Jno. Burns, 170, 200, 4000, 125, 800
Isabel Crisp, 30, 70, 1200, 75, 350
Wm. D. Watts, 1000, 500, 20000, 500, 3000
N. O. Kennedy, 300, 200, 10000, 400, 1900
S. Knight, 400, 100, 5000, 200, 1000
W. H. Fowler, 450, 450, 9000, 300, 1200
J. Brownlee, -, -, -, 5, 125
S. Coker, -, -, -, 5, 150
Jno. Atwood, -, -, -, 25, 210
Jos. Atwood, 50, 8, 300, 10, 175
S. Tomlin, 55, 5, 500, 10, 275
M. Owens, 100, 50, 1500, 20, 300
L. Owens, 400, 100, 5000, 150, 675
T. Robertson, 182, 150, 500, 500, 1200
Z. Garrett, 45, 30, 1000, 30, 300
J. P. Putnam, 250, 50, 2400, 100, 650
E. Watson, 138, 80, 1800, 50, 450
Jas. Putnam, 150, 10, 1000, 50, 700
Lewis Robertson, -, -, -, 5, 175
N. Dial, 75, 25, 1000, 50, 330
Jas. Dial, 200, 75, 2100, 75, 500
R. Curry, 200, 10, 2100, 75, 800
E. Hill, 90, 10, 600, 25, 300
R. J. Ball, 270, 30, 3600, 1500, 1200
D. Robertson, -, -, -, -, 50
Jno. Hughes, -, -, -, -, -
Scarlet Robertson, 135, 40, 1500, 75, 500
B. Robertson, -, -, -, 5, 150
J. Q. Robertson, -, -, -, 5, 125
J. M. Patton, 70, 20, 750, 20, 250
Clark Smith, 30, 40, 630, 25, 225
Jno. Simons, 114, 150, 2600, 50, 500
H. P. Sharp, 40, 15, 1000, 125, 400
C. Simons, 60, 40, 1500, 100, 680
Hy. C. Young, 470, 250, 10800, 500, 1800
C. Garlington, 200, 90, 4350, 250, 2180
Est. Dr. Young, 1000, 660, 10000, 200, -
Saml. Copeland, 750, 300, 9450, 300, 2450
Wiley Hill, 100, 72, 4000, 100, 480
J. A. Eichelberger, 650, 650, 2600, 350, 4065
J. A. Eichelberger, 435, 435, 12000, 350, 3480
J. A. Eichelberger, 75, 110, 5000, -, 1000
S. Bramlet, 165, 20, 1480, 40, 530

A. Moore, 140, 50, 1900, 75, 485
H. Cheek, 305, 75, 3800, 75, 900
Ellis Cheek, -, -, -, 5, 260
Jno. Cheek, 50, 70, 1200, 60, 50
Dan. Putnam, 200, 130, 3300, 100, 1415
Austin Cheek, 55, 75, 1040, 50, 665
W. Wallace, 200, 75, 5500, 100, 460
L. Fowler, 40, 40, 960, 75, 780
Jas. W. Fowler, -, -, -, 5, 200
Thos. Riddle, -, -, -, 5, 250
Chas. Williams, 500, 100, 9000, 200, 1600
Wm. Bryson, 100, 8, 2160, 6, 360
Mary Bryson, 150, 100, 3750, 150, 790
Luder Blakeley, 100, 50, 1800, 90, 550
S. Templeton, 159, 75, 2340, 150, 1090
D. C. Templeton, 300, 200, 6000, 500, 1770
Jas. Taylor, 300, 95, 4740, 50, 445
Danl. Taylor, 50, -, 500, 5, 400
Jane Taylor, 100, 100, 3000, 25, 850
Nancy Blakeley, 300, 80, 5700, 100, 1245
Wesley Bryson, 85, 40, 1488, 10, 225
Nath. Henry, 420, 100, 7800, 500, 2250
J. W. Chandler, 140, 60, 3200, 200, 450
S. Chandler, 140, 10, 1700, 50, 424
Mary McDowall, 184, 60, 2440, 50, 925
C. T. Tribble, 125, 15, 2130, 100, 975
Saml. East, 189, 35, 3360, 100, 650
Elias Barden, 185, 80, 3445, 500, 570
Sarah Young, 400, 300, 8400, 500, 2240
J. M. Young, 400, 100, 5000, 120, 975
Hy. B. Young, 375, 150, 8400, 500, 1125
A. R. Young, 103, 60, 260, 150, 490
Wm. Bailey, 400, 260, 6600, 400, 1480
Mary A. Holland, 1300, 300, 16000, 1000, 2875
J. M. Young, 565, 60, 6780, 500, 2945
E. Tribble, 345, 140, 7760, 500, 1925
Rob. Hunter, 122, 25, 1470, 60, 845
John Luke, 185, 65, 2400, 100, 1320
J. F. Workman, 768, 150, 11000, 700, 3003
Wm. Boyd, 166, 30, 2940, 200, 730
B. Blakerby, -, -, -, 30, 500
Jas. F. Coleman, 100, 30, 2000, 20, 390
Jas. Boyd, 260, 50, 6200, 500, 1000
D. Vance, 500, 200, 10500, 1000, 4200
G. W. Sadler, 152, 8, 1600, 50, 415
John Wallace, 288, 100, 580, 600, 1590
Robt. Adams, 300, 50, 5250, 600, 3214
B. Clark, 99, 20, 952, 50, 600
R. McElhenny, 60, -, 720, 10, 380
M. Adkins, 137, 50, 2055, 50, 652
Est. J. H. Irby, 810, 600, 28200, -, -
S. K. Taylor, 18, 2, 1200, 10, 50
A. S. Taylor, 100, 50, 1500, 40, 350
Nathan Day, 335, 150, 4900, 200, 1400
R. P. Workman, 573, 150, 12000, 1000, 3000
John Day, 80, 30, 1400, 100, 225
Q. Q. Adair, 75, 25, 1400, 40, 275
Wm. Spears, -, -, -, 50, 400
Jas. Rowland, 270, 100, 5000, 500, 1200
M. Benjamin, 100, 20, 1200, 15, 300
S. Powell, 130, 34, 1700, 70, 550
D. Blakeley, 70, 35, 1500, 50, 575
John J. Hill, 100, 25, 1500, 50, 200

F. Milam, 345, 200, 6000, 500, 1233
Jas. E. Boyd, -, -, -, 25, 175
John Tribble, 250, 130, 500, 600, 1900
N. Pyles, 500, 200, 1100, 600, 2800
John Bryson, 170, 65, 3100, 350, 600
H. M. Bailey, -, -, -, 10, 300
S. M. Bailey, 815, 200, 8000, 300, 1800
Marion Walker, -, -, -, -, 500
D. L. Ansley, 575, 125, 10500, 1000, 2500
Mary Brown, 200, 100, 6000, 125, 1500
Johnathan Johnson, 105, 55, 2000, 50, 720
Saml. Vance, 600, 100, 7000, 150, 1995
L. Young, 690, 400, 41000, 1000, 3300
Margt. Teague, 300, 50, 5300, 1000, 1300
Jas. Crawford, 350, 100, 5200, 1000, 1500
L. F. Pucket, 241, 60, 4000, 400, 700
A. Johnson, 220, 80, 6000, 1000, 1500
Milton Milam, 135, 30, 2500, 150, 1100
R. Russell, 40, 4, 450, 5, 200
Richd. Griffin, 540, 320, 14000, 1000, 2500
Margt. Bell, 179, 75, 5110, 500, 1175
Jas. Bell, 179, 75, 5100, 500, 2000
Wm. Blakeley, 355, 125, 7200, 1000, 1600
Jos. Abrahams, 240, 60, 4500, 725, 950
Robt. Vance, 500, 200, 14000, 1000, 3000
Wm. May, 150, 50, 2000, 75, 700
H. Bryson, 187, 25, 3200, 700, 1100
John Bryson, 100, 80, 3600, 100, 800
Jno. H. Davis, 1809, 800, 40000, 1800, 5200
Hy Hunter, 600, 109, 11535, 750, 1800
Saml. Hunter, 990, 160, 13800, 800, 2500
Thos. Neal, 166, 20, 2800, 100, 1400
Wm. C. Teague, 240, 125, 5500, 100, 1500
Susan Neal, 80, 15, 1500, 10, 125
Mary Miller, 430, 70, 6000, 500, 1400
Jos. Miller, -, -, -, 10, 400
Patsey Johnson, 90, 20, 1100, 10, 350
Wm. East, 430, 90, 6600, 1000, 1000
D. Wederman, 130, 40, 2600, 75, 750
Wm. Galeglary, 110, 18, 1280, 15, 175
John Herston, 125, 25, 2250, 75, 550
David Brooks, 67, 10, 900, 10, 200
Wm. Smith, 100, 11, 1300, 10, 250
Wm. Luke, -, -, -, 100, 600
J. Dalrymple, 140, 45, 2800, 75, 450
S. Dalrymple, 70, 15, 1200, 15, 175
Elbert Lindsey, 330, 50, 3800, 500, 1300
Wm. S. Stewart, 87, 20, 800, 100, 375
Alfred McCoy, 100, 17, 1100, 100, 350
John Bailey, -, -, -, 20, 450
Danl. Munroe, 59, 35, 2000, 15, 425
Mary Entrican, 54, 50, 1000, 10, 400
Isaac Entrican, -, -, -, 10, 125
S. Cargil, 80, 20, 500, 30, 106
J. Edwards, 80, 80, 1600, 50, 170
P. Gentry, 56, 30, 700, 40, 125
Alfred Jones, 200, 200, 2000, 25, 465
Nancy Kennedy, 35, 18, 500, 40, 360
M. Young, 460, 200, 7000, 150, 1475
R. K. Owens, 225, 100, 3900, 150, 250

Jno. F. Stewart, 70, 150, 1540, 15, 293
H. Moore, 200, 200, 2400, 50, 232
Leant. Rogers, 125, 60, 1400, 46, 393
Johnathan Henderson, 102, 50, 1400, 75, 600
Patsey Hawk, 100, 50, 1050, 5, 189
Alsey Clark, 50, 50, 900, 5, 102
Isaac Henry, 84, 80, 1640, 100, 436
S. Holcombe, 84, 20, 600, 5, 218
F. W. Gaylord, -, -, -, -, 320
Mary Cook, 325, 75, 3500, 50, 409
Andy Stoddard, 46, 56, 575, 15, 300
W. Hand, 70, 30, 700, 20, 259
O. H. P. Jones, 100, 35, 1300, 200, 330
Esther Jones, 300, 330, 5000, 150, 343
John Farrow, 40, 45, 500, 25, 137
Wm. Bramblet, -, -, -, -, -
M. Garrett, 75, 75, 1200, 50, 390
W. H. Stewart, 155, -, 1550, 150, 793
R. H. Vaughan, 105, 80, -, 100, 848
W. W. Compton, 45, 55, 800, 10, 85
John Garrett, 190, 60, 2500, 50, 250
R. A. Jones, 65, 100, 3000, 10, 347
R. M. Jones, 100, 100, 2400, 100, 1360
John Jones, 200, 200, 2000, 150, 893
Wm. Jones, 140, 60, 2000, 75, 589
Jno. Edwards, 44, 70, 510, 75, 409
Y. H. Hitch, 125, 30, 1500, 50, 225
W. E. Garrett, 200, 300, 4500, 100, 718
J. S. Cox, 177, 150, 2500, 200, 871
S. Hughes, 420, 120, 3700, 30, 695
M. M. Hunter, 525, 175, 4000, 250, 1304
J. M. Edwards, 270, 80, 1000, 25, 235
M. Hughes, 166, 160, 2000, 50, 615
Dr. Westmoreland, 132, 50, 1500, 25, 404
Wm. H. Hughes, 250, 100, 2500, 100, 739
Thos. Edwards, 300, 210, 4000, 100, -
N. Thaxton, 151, 50, 1688, 60, 475
J. F. Ramage, 93, 28, 1815, 100, 605
M. Benjamin, 67, 30, 970, 5, 220
B. C. Beasly, 310, 140, 4500, 440, 950
M. Workman, 101, 24, 1250, 40, 450
B. H. Little, 270, 100, 7400, 400, 1175
G. P. Copeland, 350, 20, 6660, 400, 1350
R. McClintock, 350, 250, 15000, 238, 150
T. M. Dendy, 280, 60, 4080, 100, 690
John Hunter, 470, 150, 12400, 200, 1450
B. Hunter, 54, 30, 2100, 100, 230
Job Dean, 64, 6, 840, 30, 320
David Mason, 250, 150, 8000, 1000, 1080
Tarsy Mason, 120, 120, 4320, 200, 465
H. K. Bonds, 245, 60, 5185, 450, 1150
R. C. Hunter, -, -, -, -, 460
E. F. Jones, 96, 60, 2808, 10, 240
Wm. Adams, -, -, -, -, 235
C. B. Adams, 596, 70, 4000, 200, 1050
A. P. Bailey, 32, 5, 750, 10, 200
Word Sanders, -, -, -, 100, 235
R. H. Hutton, 216, 30, 2460, 100, 870
Elisabeth Johnson, 170, 30, 1000, 10, 550
Jas. Oxner, 125, 25, 1740, 20, 430
Jno. U. Oxner, 75, 10, 1260, 10, 250
Fk. Johnson, 117, 30, 470, 200, 920
H. Barksdale, 210, 90, 5400, 400, 1200
Saml. Barksdale, 80, 90, 3000, 100, 875

Nathl. Green, 95, 80, 3150, 100, 1050
Saml. Workman, 93, 60, 2601, 80, 900
D. F. Garcy (Garey), 15, 10, 700, 150, 700
B. S. James, 750, 600, 127000, 1200, 4395
A. P. Martin 600, 320, 27600, 3000, 3450
A. J. McMillan, 100, 116, 5300, 500, 1016
Thos. Rook, 393, 175, 11400, 600, 1900
Wm. Rook, 505, 350, 17100, 1000, 3200
D. C. & H. Suder, 1000, 900, 38000, 1500, 160
Saml. Rook, 288, 250, 12300, 1000, 1625
Wm. Metts, 350, 150, 6000, 600, 850
Anne Metts, 1004, 340, 16000, 1200, 2500
John Dean, 200, 50, 3800, 250, 1220
Lewis D. Jones, 900, 260, 14500, 600, 1825
A. C. Holingsworth, 50, 70, 3000, 250, 575
J. C. Holingsworth, 300, 60, 3500, 10, 800
Mary B. Bell, 675, 125, 10000, 800, 1060
Richd. Adams, 151, 120, 5500, 50, 1360
Richd. Bons, 500, 45, 5500, 125, 1000
Adam Burley, 298, 30, 4000, 115, 1260
H. F. Neal, 150, 165, 6000, 100, 500
H. Meadows, 290, 10, 3000, 300, 1250
Thos. Ware, 1500, 300, 27000, 1500, 4450
L. W. Copeland, 600, 160, 11400, 1200, 1220
H. Ramage, 150, 76, 2300, 100, 920
M. McCready, 550, 50, 6000, 600, 2620
John Abrahams, 96, 4, 1000, 15, 450
Jas. Jeanes (Jones), 310, 20, 3300, 600, 1500
Jos. Abrahams, 100, 20, 1000, 150, 600
L. Abrahams, 80, 80, 1600, 600, 700
M. E. Jacks, 620, 100, 8000, 100, 1500
Est. Wm. Jacks, 160, 35, 2000, 150, 550
T. Jones, 80, 15, 1200, 80, 600
Thos. Owens, 370, 30, 4000, 1000, 1300
John Jacks, 525, 75, 6000, 1000, 1800
Wm. Young, 430, 125, 5600, 200, 1800
Jas. Wray, 295, 30, 2500, 50, 900
C. Wessen(Wesser), 150, 20, 1200, 40, 90
M. Ferguson, 800, 150, 9500, 500, 200
Saml. Young, 8500, 1500, 10000, 5000, 11700
John Wray, 270, 50, 4600, 125, 845
Jos. Watson, -, -, -, 20, 650
S. Wesson, 130, 15, 2200, 100, 400
John Odell, 80, -, 1200, 10, 350
A. Hendricks, 600, 130, 7300, 1000, 1022
Baron Gillam, 190, 10, 2000, -, 834
Jos. Duncan, 233, 60, 6000, 50, 250
D. Rayford, 450, 100, 5500, 300, 1600
O. H. P. Fant, 400, 300, 41000, 1000, 2020
Lydia Jones, 600, 200, 12000, 300, 2000
Susan Devose (Devox), 180, 60, 2400, 100, 535
J. B. Waddell, 105, 15, 1200, 100, 300
T. L. Jacks, 530, 70, 60, 800, 1760
J. A. Metts, -, -, -, -, 800

Jno. Duncan, 900, 413, 22000, 5500, 2400
L. Dillard, 233, 75, 6100, 1000, 1650
Alsey Young, 690, 100, 9600, 500, 1660
Spencer Rice, 445, 225, 20100, 150, 1020
Spencer Rice, 721, 200, 10300, 200, 3300
Louisa Kerns, 600, 500, 15000, 300, 1900
J. F. Kerns, 1450, 1100, 30000, 800, 4540
Wm. Young, 1400, 200, 15600, 500, 3500
L. Bradford, 600, 200, 8000, 1000, 2500
E. Oxner, 200, 40, 2400, 25, 385
T. R. Garey MD, 700, 350, 21000, 1000, 4720
Jno. Benjamin, 435, 120, 8880, 25, 775
Geo. Anderson, 190, 415, 10600, 410, 870
R. Johnson, 11, 4, 300, 3, 190
J. Adair, 280, 60, 5100, 700, 1090
Wm. Dillard, 70, 30, 1500, 120, 775
J. A. Meadows, 206, 40, 2460, 385, 1225
Hy. Johnson, 116, 20, 1360, 250, 1200
P. Meadows, 92, 50, 2840, 150, 875
H. Simpson, 122, 60, 3650, 30, 645
Wm. Alvin, 82, 250, 5976, 170, 725
J__. Horton, 120, 40, 1920, 100, 835
Jas. Copeland, 155, 100, 3060, 90, 940
John Johnson, 200, 100, 6000, 50, 680
N. Nabers, 80, 15, 1900, 5, 170
R. G. Pitts, 15, 25, 1350, 10, 1970
W. M. Sloan, 72, 50, 1464, 110, 390
J. Holcomb, 110, 60, 1500, 50, 450
G. Parsons, 250, 50, 2200, 100, 680
Wm. Lyons, 100, 100, 800, 300, 500
M. Garrett, 222, 50, 1900, 100, 375
Wm. Stewart, 150, 50, 2000, 150, 300
M. Braddock, 46, 50, 576, 25, 80
Roger Brown, 317, 60, 2000, 300, 1190
John Meck (Meek), 180, 70, 1800, 150, 438
A. Brown, 100, 36, 1360, 10, 200
Thos. Edwards, 250, 150, 4500, 200, 1065
Elisa Cooper, 120, 20, 1200, 10, 100
Jesse Godfrey, 175, 125, 2700, 10, 270
Jas. Pearson, 150, 80, 2300, 50, 395
Miles Scott, 202, 50, 2520, 100, 460
Elisa Edwards, 175, 25, 2000, 50, 470
Phoebe Holcomb, 110, 40, 1500, 125, 420
Jas. Parks, 550, 550, 13000, 300, 2360
O. H. P. Coker, 470, 180, 6000, 75, 1005
N. Parks, 100, 100, 10000, 35, 660
Thos. Anderson, 600, 200, 10000, 200, 2150
S. Griffith, 210, 40, 1600, 100, 975
H. P. Griffith, 220, 75, 2500, 50, 780
D. Anderson, 165, 35, 3000, 125, 590
John Jones, 150, 60, 3000, 75, 530
B. W. Holcomb, 157, 60, 1760, 10, 220
E. Thompson, 198, 70, 2144, 100, 445
M. Bowen, 130, 10, 600, 5, 85
S. Parks, 1100, 500, 10200, 200, 1420
Robt. Franks, 240, 200, 5280, 175, 500
H. Henry, 400, 300, 7000, 1000, 2290
B. Putnam, 155, 70, 2250, 50, 536
Ed. Garrett, 285, 100, 2850, 200, 1006
P. Garrett, 65, 35, 1500, 65, 180

Elisa Garrett, 175, 40, 1600, 50, 492
R. Burdett, 270, 30, 3000, 15, 215
F. S. Burdett, 164, 20, 1200, 25, 79
H. J. Glenn, 277, 45, 3220, 125, 708
N. Wright, 275, 200, 10000, 150, 1454
Wm. Brown, 940, 100, 12480, 125, 2545
Thos. Parks, 150, 50, 2400, 75, 718
H. Riddle, 140, 100, 1500, 40, 281
A. C. Gray, 410, 90, 7000, 75, 615
Jos. Prior, 100, 30, 1000, 50, 515
J. B. Gray, 300, 100, 4500, 150, 1600
J. Gray, 265, 100, 3650, 100, 896
Wm. Gray, -, -, -, 60, 887
R. L. Gray, 500, 200, 7500, 150, -
Jas. French, 230, 50, 1400, 100, -
Jas. H. Parks, 250, 100, 5250, 100, -
A. Burdett, 144, 43, -, -, 280
J. R. Farrow, 760, 45, 1400, 100, 387
M. E. Cox MD, 125, 10, 12000, 50, 417
F. Martin, 216, 200, 12180, 150, 1325
A. W. Parks, 240, 240, 7200, 100, 933
R. Stewart, 260, 200, 4600, 150, 1000
Robt. Stewart, 120, 130, 2500, 60, 380
Abel Liles, 115, 60, 2000, 130, 560
Sam Blakeley, 40, 220, 2300, 100, 300
E. R. Rowland, 60, 180, 4500, 200, 900
M. Compton, 25, 35, 600, 50, 125
Wm. Powers, 40, 18, 580, 50, 75
J. F. Parks, 300, 70, 4000, 60, 780
Wm. Hunter, 380, 800, 11000, 200, 2065
M. Fleming, 100, 4, 1400, 50, 494
N. Hunter, 100, 200, 4800, 100, 565
E. R. Coger (Cogner), 200, 200, 3100, 100, 530
S. Hunter, 100, 445, 11450, 150, 1017
M. Hunter, 250, 600, 10200, 250, 1893
M. M. Hunter, 400, 900, 6500, 750, 3400
Wm. Bryson, 140, 220, 5400, 150, 700
W. Thompson, 130, 70, 3000, 400, 1000
H. Peterson, -, -, -, 50, 550
S. T. Craig, 200, 400, 6000, 300, 1740
L. Nugent, 20, 60, 1200, 5, 150
W. W. Hitch, 152, 60, 1200, 5, 150
S. W. Farrow, 60, 90, 2000, 50, 590
Thos. McCoy, 500, 16, 3612, 600, 2275
M. M. Kelvey, 240, 60, 4500, 125, 1100
Thos. M. Sloan, 152, 70, 4040, 200, 500
J. T. Foster, 480, 80, 7280, 250, 1300
R. S. Owens, 370, 180, 11000, 500, 1600
R. S. Phinney, 260, 100, 6000, 300, 1595
N. Young, 130, 70, 4000, 150, 940
B. S. Jones (agent), 650, 50, 84000, 50, 1675
C. M. Ferguson, 326, 100, 5225, 400, 800
Thos. Badget, 200, 200, 6000, 175, 1184
J. W. Copeland, 100, 190, 3000, 50, 350
Jno. Blakeley, 260, 102, 3620, 80, 685
P. J. Byrd, 100, 50, 2000, 100, 600
L. F. Wright, 70, 60, 2000, 75, 400
J. D. Byrd, 60, 80, 2000, 100, 600
M. Dillard, 800, -, 16000, 385, 1335
N. Park, 120, 100, 2250, 100, 805
Jno. W. Clark, 100, 100, 3000, 100, 450

C. M. Clark, 60, 30, 1800, 50, 400
S. M. Clark, 60, 30, 1800, 50, 400
A. E. Clark, 60, 30, 1800, 50, 400
Elisabeth Stroud, 300, 300, 3300, 150, 600
J. Goodwin, 50, 230, 3000, -, 40
W. G. Gore, 100, 96, 3000, 200, 1000
Jas. Goodwin, 40, 15, 300, 25, 400
Jas. Compton, 110, 50, 2000, 75, 540
G. P. Pool, -, -, 1400, 25, 300
Danl. Jones, 200, 280, 6266, 250, 965
D. Hadden, 50, 90, 1400, 10, 575
S. Motes, 100, 25, 1200, 50, 332
B. Poole, 87, 40, 1500, 150, 590
J. Bryson, 150, 420, 5000, 200, 1145
Z. Stroud, 300, 125, 4250, 150, 750
W. Roberson, 50, 100, 1500, 40, 200
R. Coleman, 50, 50, 500, 65, 270
S. Franks, 130, 130, 15600, 50, 303
W. Wadsworth, 45, 10, 600, 5, 140
N. S. Harris, 288, 100, 4000, 175, 1260
J. Nabers, 100, 10, 1100, 50, 450
Jas. Copeland, 900, 300, 12000, 500, 2500
J. Phinney, 700, 100, 8000, 600, 2290
Jas. Adair, 690, 40, 5200, 500, 1325
R. Adair, 445, 40, 4000, 400, 1025
Susan Lang (Long), 675, 75, 7500, 300, 1600
S. Fergerson, 700, 100, 8000, 500, 1890
N. E. Boyce, 1000, 350, 16200, 1200, 3700
Wm. Philson, 690, 275, 19300, 850, 2800
E. Philson, 76, -, 760, 40, 500
Thos. Duckett, 1100, 100, 18000, 1000, 3000
Jas. Anderson, 110, 35, 1650, 30, 700
J. Templeton, 445, 50, 5000, 100, 900
W. Templeton, -, -, -, 10, 400
J. T. Templeton, -, -, -, 8, 250
Ralph Gore, 230, 30, 3900, 150, 900
Thos. Craig, 1450, 150, 16500, 500, 2600
A. A. Craig, 300, 100, 5000, 150, 952
J. Fielden, 600, 500, 12000, 500, 1500
Geo. Byrd, 1100, 300, 17000, 600, 1625
W. D. Byrd, 850, 450, 26000, 300, 2145
Jno. Snead, -, -, -, 10, 400
H. W. Prater, 140, 60, 3000, 75, 425
Anna Praiter, 160, 20, 2700, 75, 900
H. Milam, 100, 80, 3000, 70, 460
T. Little, 500, 250, 8500, 500, 1850
E. McCrea, 150, 25, 1500, 150, 650
E. Adkins, 540, 60, 4800, 700, 1975
G. Holland, 60, 90, 6900, 150, 1400
N. Henry, 250, 50, 3000, 150, 650
John Little, 300, 100, 4500, 500, 820
Jas. Workman, -, -, -, -, 340
A. Smith, 135, 40, 2625, 125, 1050
J. McClintock, 614, 100, 7200, 500, 2700
F. R. McCowen, 90, 30, 1200, 40, 225
Jos. Patterson, 250, 70, 6400, -, 950
Robt. Patterson, 270, 30, 3600, 100, 900
Mary Pool, 300, 60, 5400, 500, 1275
Allen Pool, 200, 40, 3000, 75, 600
Elihu Pool, -, -, -, 10, 425
R. F. Pool, -, -, -, 100, 1025
Wm. Epton, 136, 30, 1500, 5, 275
Job Cheak, 70, 15, 850, 5, 200
Ben Sherbert, -, -, -, 5, 175
Wm. Stone, 140, 10, 150, 100, 275
M. Rhodes, -, -, -, 10, 190
John Pool, 260, 40, 3000, 125, 920
E. Campbell, 40, 400, 7500, 300, 900
J. Willard, -, -, -, 10, 350
H. Toland, 80, 40, 1200, 300, 490

J. Langston, 480, 100, 5800, 600, 1675
T. Campbell, -, -, -, 10, 250
D. M. Richards, -, -, -, 10, 350
E. Mahan, 60, 70, 2000, 5, 225
R. L. Cleveland, 248, 75, 5000, 500, 1025
J. Goodwin, 400, 70, 5000, 250, 110
Saml. Stewart, 350, 100, 6800, 100, 880
H. Morgan, -, -, -, 10, 390
W. Wilder, -, -, -, 4, 5
W. Langford, -, -, -, 60, 450
W. A. Langford, -, -, -, 10, 330
M. A. Fleming, 72, 30, 1530, 100, 438
J. L. Ropp (Ross), 37, 6, 860, 5, 155
J. A. Mills, -, -, -, 10, 450
S. P. Fleming, 63, 40, 2060, 52, 380
G. M. Fleming, 63, 40, 2060, 52, 380
Hy Morris, -, -, -, 15, 335
Wm. Kurnell, -, -, -, 10, 45
M. Parson, -, -, -, 35, 650
H. Parson, 280, 200, 4800, 30, 1000
Hy Garrett, -, -, -, 20, 200
J. B. Higgins, 350, 100, 5400, 250, 1375
Hd. Garrett, 25, 25, 750, 10, 225
A. Higgins, -, -, -, 7, 350
S. Meredith, 800, 200, 15000, 680, 2100
J. Langford, 800, 800, 16000, 100, 5460
B. Langford, -, -, -, 15, 440
P. Cheak, 290, 60, 3750, 100, 895
J. E. Workman, 143, 65, 2912, 575, 750
J. P. Cheak, 90, 25, 575, 4, 170
Jas. Todd, 600, 200, 12000, 100, 840
J. M. Franks, 170, 200, 5550, 75, 330
U. W. Winn, 260, 300, 8400, 275, 1280
A. F. Fuller, 500, 600, 14300, 600, 5150

J. A. Barksdale, 20, -, 6000, 100, 1225
Hy. Garlington, 700, 400, 13750, 600, 5105
R. Dunlap, 143, 70, 4600, 150, 650
Jane Smith, 300, 130, 5000, 150, 730
R. Pitts, 1000, 15000, 75000, 500, 4810
M. Craddock, 140, 100, 4000, 300, 9650
J. Saxon, 600, 400, 12600, 500, 2100
J. F. Dorroh, 476, 400, 13000, 500, 1715
H. Cunningham, 125, 128, 3500, 100, 300
J. Hipps, -, -, -, 5, 200
Y. E. Cunningham, -, -, -, -, 100
J. Blakeley, 120, 60, 2000, 75, 500
J. Dorrow, 60, 58, 2500, 235, 430
F. Dorrow, -, -, -, 5, 100
M. Sloan, 60, 40, 1200, 125, 480
Jas. Dorrow, 30, 134, 1200, 40, 160
J. McQuown, 40, 78, 1000, 125, 95
R. McDowell, -, -, -, 50, 150
W. J. Taylor, 20, 20, 1000, 40, 100
O. Templeton, -, -, -, 15, 126
Jas. Bell, 100, 25, 750, 40, 424
J. Workman, 100, 100, 2200, 150, 300
J. Jones, 80, 25, 1450, 50, 345
Hy Frank, 40, 10, 500, 30, 120
T. Ferguson, 130, 281, 4750, 100, 920
Jas. Park, 160, 240, 4800, 500, 1400
M. Templeton, 60, 53, 1500, -, 78
J. A. McDowall, 18, 12, 500, 75, 150
John Taylor, 60, 52, 1120, 50, 364
W. W. Sloan, 20, 50, 800, -, 110
N. Taylor, 100, 111, 2000, 5, 50
J. Martin, 60, 40, 1200, 75, 231
Jas. Taylor, 50, 243, 4000, 10, 190
T. Hairston, -, -, -, 10, 45
R. Hutchinson, 45, 30, 1000, 30, 50
T. Goodwin, -, -, -, 10, 305
E. Glen, 65, 15, 1500, 75, 314
E. Spiers, 25, 75, 1200, 5, 225

E. Blakeley, 100, 174, 3000, 125, 1277
Jas. Blakeley, 60, 85, 2500, 60, 317
Thos. Todd, -, -, -, 40, 115
N. Todd, -, -, -, 30, 85
N. C. Todd, -, -, -, 40, 43
S. A. Todd, 200, 450, 6500, 50, 850
A. Todd, -, -, -, 10, 230
L. Duvall, 70, 25, 1200, 70, 377
M. Cunningham, 30, 85, 1150, 10, 274
Geo. Blakeley, 130, 150, 5000, 130, 475
B. Martin, 80, 20, 800, 50, 419
Saml. Todd, -, -, -, 60, 160
Thos. Sumeril, 100, 35, 1000, 50, 300
J. Fergerson, 250, 450, 8000, 150, 800
J. Leck, 60, 20, 1000, 20, 256
S. Benjamin, 30, 40, 1400, 20, 220
J. M. Wright, 125, 200, 3800, 170, 570
J. D. Benjamin, 3, 50, 1000, 40, 170
C. Beasley, 100, 70, 1870, 135, 530
L. Anderson, -, -, -, 50, 350
J. B. Leck, 90, 80, 1700, 50, 360
S. Harris, 150, 100, 2500, 135, 329
Isabel Henry, 100, 200, 3500, 75, 1120
Jane Rodgers, 100, 40, 1400, 110, 240
Ned Stewart, 15, 15, 300, 5, 150
P. Patton, -, -, -, 5, 90
W. H. Henry, 80, 210, 2900, 120, 528
Jas. Hipps, 200, 280, 5000, 200, 378
C. Hipps, 90, 12, 1300, 60, 552
R. Hipps, -, -, -, 10, 292
R. Leck, 40, 110, 825, 75, 305
E. Pitts, 250, 350, 6000, 200, 1870
W. Davall, 60, 39, 800, 50, 550
John Hanna, 30, 60, 1500, 65, 565
Jane Little, 300, 270, 6840, 300, 1940
Lewdy Little, 100, 200, 4500, 30, 700
Jas. Ramage, 100, 40, 2500, 200, 725
M. Smith, 50, 750, 6000, 100, 250
A. R. Stoddard, 90, 90, 2700, 5, 350
W. B. Henderson, 330, 200, 5330, 500, 1597
Silas Dendy, 40, 10, 750, 150, 260
John Woods, 150, 100, 2500, 125, 1200

Lexington District, South Carolina
1860 Agricultural Census

The South Carolina Department of Archive and History has microfilmed its census records. Detailed information on the history of these records as they were created and later turned over to South Carolina by the Department of the Interior's Bureau of the Census is in the Foreword.

Columns 1, 2, 3, 4, 5, and 13 represent the following information on the census:
1. Name of Owner, Agent or Manager of Farm
2. Acres of Improved Land
3. Acres of Unimproved Land
4. Cash Value of the Farm
5. Value of Farming Implements and Machinery
13. Value of Livestock

Pages in this county were filmed out of sequence.

Russel Sturkie, 30, 150, 300, 15, 100
Jno. Williams, 100, 250, 1800, 30, 400
D. A. Hutto, 100, 200, 800, 50, 350
W. H. D. Hutto, 45, 55, 400, 30, 225
W. B. Rish, 50, 200, 1000, 50, 600
Jas. Dunbar, 151, 1500, 4000, 100, 700
Barbary Cooke, 50, 400, 1000, 75, 300
Ivy Cooke, 50, 200, 600, 30, 200
Susanah Hutto, 60, 340, 1000, 30, 300
B. J. Lucas, 75, 300, 1800, 100, 600
S. B. Lucas, 30, 70, 300, 30, 75
J. M. Lucas, 365, 465, 600, 25, 150
M. H. Lucas, 35, 165, 500, 30, 175
J. F. M. Lucas, 18, -, -, 15, 50
John Berry, 35, 115, 1400, 30, 100
Jac. Berry, 50, 280, 900, 50, 700
Adam Taylor, 100, 900, 3000, 75, 750
J. Vryzer, 100, 200, 125, 10, 50
J. Taylor, 50, 700, 2100, 100, 800
Thos. Smith, 35, -, -, 30, 250
A. Taylor, 30, 345, 1000, 30, 250
Jno. Shealy, 100, 1000, 2000, 40, 1200
Henry Miller, 50, 53, 500, 50, 200
J. M. Frey, 40, 50, 400, 50, 175
Amos Taylor, 23, -, -, 5, 50
H. A. DeHart, 30, 200, 1000, 50, 300
Jas. Lybrand, 100, 1300, 3000, 100, 300
Jere. Hooke (Cooke), 100, 310, 1300, 100, 250
Jesse Corley, 15, 25, 250, 30, 200
L. P. C. Taylor, 30, -, -, 15, 200
T. L. Smith, 25, 185, 500, 10, 70
D. P. Schumpert, 35, 100, 500, 30, 200
A. J. Youngient, 40, 260, 1000, 35, 225
Jac. Reeder, 50, 250, 1000, 40, 250
J. A. Miller, 30, 55, 200, 30, 225
Godfrey Gabb, 35, 465, 300, 100, 250
Henry Rowland, 25, 200, 500, 30, 200
Jesse Dooley, 30, 220, 400, 20, 200
Henry Dooley, 40, 225, 800, 100, 375
Godfrey Younginet, 35, 150, 500, 30, 175
J. J. Clark, 100, 1800, 4000, 150, 1000

Miles Buzby, 50, 1200, 2600, 100, 700
Jac. Smith, 30, -, -, 30, 25
Henry Sharp, 30, 200, 500, 31, 200
Jac. Rish, 45, 300, 500, 50, 350
Jas. Busby, 50, 750, 1800, 50, 275
John Buzby, 30, 370, 800, 30, 320
Macon Huckaby, 65, 2700, 4000, 100, 600
Henry Spires, 20, 100, 300, 30, 300
Andrew Spires, 20, 141, 350, 18, 100
Redrich Spires, 20, 121, 200, 18, 100
Michael Spires, 20, 121, 200, 20, 110
Hamilton Spires, 15, -, -, 1 5, 115
Oliver Huckaby, 20, 80, 400, 30, 220
Sampson Williams, 40, 91 400, 30, 250
T. D. Williams, 30, 400, 1200, 31, 225
John Hendrix, 20, 29, 100, 20, 50
Thos. Churehack, 15, 35, 100, 15, 30
Jas. Dooley, 115, 205, 500, 35, 200
Benj. Hutto, 60, 150, 600, 100, 400
Canser Hutto, 50, 350, 800, 100, 400
Michael Wise, 75, 450, 125, 50, 400
Jere. Wise, 30, 200, 400, 40, 200
A. E. Wise, 10, 200, 250, 30, 150
W. C. King, 34, 300, 1000, 35, 350
John A. Roister, 32, 210, 700, 30, 200
Elias Roister, 25, 25, 100, 15, 60
Levi King, 40, 185, 500, 30, 450
Danl. Cooke, 100, 230, 1000, 100, 500
J. O. B. Chaney, 75, 425, 2000, 100, 100
Henry Barr, 35, 30, 1000, 40, 500
Jas. Taylor, 15, 35, 125, 15, 80
Gunrod Sturkie, 30, 20, 150, 5, 65
John Q. Martin, 40, 100, 200, 35, 275
R. Sturkie, 80, 120, 100, 15, 200
Geo. Youts, 30, 43, 150, 20, 200
Wm. Altman, 40, 100, 300, 30, 75
T. Gartman, 40, 260, 700, 150, 250
Esther Craft, 40, 2225, 400, 50, 300
Ervin Medlin, 12, 39, 100, 10, 75
M. Coleman, 75, 125, 300, 30,75
John Craft, 75, 25, 500, 75, 700
Jas. Jefcoat, 40, 260, 100, 40, 250
C. Blackwell, 20, 192, 400, 30, 150
Lewis Barrs, 30, 320, 500, 60, 300
John H. Arthur, 40, 150, 500, 50, 200
J. J. Chaney (Chancy), 75, 575, 1000, 115, 400
Mary An Jefcoat, 50, 500, 2000, 75, 400
B. Sturkie, 15, -, 175, 15, 200
B. Jefcoat, 20, 380, 1500, 30, 400
Danl. Jefcoat, 30, 40, 1500, 35, 350
Elijah Jefcoat, 35, 565, 1900, 50, 325
Uriah Jefcoat, 35, 200, 1000, 30, 400
Thos. Williamson, 35, 215, 600, 35, 300
V. V. R. Jefcoat, 20, -, -, 15, 150
Needham Jefcoat, 35, 135, 1500, 30, 20
B. L. Jefcoat, 30, 370, 1500, 35, 200
H. Tindal, 30, 170, 1000, 30, 300
David Jefcoat, 90, 400, 1000, 100, 375
Wm. Williamson, 25, 175, 200, 35, 150
Lewis Hoover, 30, 250, 1500, 35, 250
Jas. Knally (Knacey), 30, 350, 800, 35, 350
Danl. Jefcoat, 60, 50, 600, 40, 400
Charles Williamson, 50, 500, 900, 100, 300
Jas. Lard, 200, 1200, 8000, 150, 1200
W. J. Jefcoat, 150, 475, 5000, 150, 1000
J. M. Jefcoat, 60, 340, 2000, 100, 350
J. A. Jefcoat, 200, 500, 5000, 200, 1000
Thos. Williamson, 150, 550, 2000, 100, 800

J. T. Williamson, 50, 175, 800, 75, 350
N. Jefcoat, 30, -, -, 15, 50
H. Oliver, 200, 1600, 3500, 125, 1300
Jas. Macke, 25, 25, 100, 15, 100
W. D. Moorrer, 50, 300, 1000, 50, 400
J. A. Jones, 55, 295, 1500, 30, 300
Danl. Jefcoat, 35, 420, 1400, 50, 250
John Hooker, 30, 150, 1000, 50, 400
Melissa Flake, 38, 50, 200, 30, 10
Sampson King, 50, 150, 700, 40, 250
Sarah Strickling, 20, 40, 200, 15, 150
S. J. Kreps, 30, -, -, 15, 120
Jesse Cubsted, 75, 400, 1000, 100, 350
Wm. Knotts, 2600, 25400, 90000, 1000, 7400
D. Fertick, 200, 700, 3000, 150, 800
Wm. Brooker, 300, 4700, 12000, 150, 1100
J. S. Brooker, 20, 260, 1000, 40, 250
J. E. Kneese, 30, -, -, 15, 200
Jesse Kneese, 35, 465, 1500, 35, 250
Martin Martin, 30, 400, 200, 35, 250
Mary Martin, 60, 450, 200, 100, 400
Geo. Dykes, 75, 225, 3000, 100, 700
Kno. Knight, 35, -, -, 15, 400
Allen Kneese, 50, 450, 1500, 40, 550
E. Harsey, 50, 230, 1500, 100, 800
D. Harsey, 18, -, -, 15, 200
D. Lawson, 50, 300, 1200, 30, 300
Wm. Moorer, 40, 200, 500, 40, 350
Jno. Smith, 35, -, -, 35, 300
J. P. Smith, 100, 2700, 5500, 150, 700
L. W. Rast, 115, 1360, 4000, 150, 800
John Lightler (Sightler), 15, 85, 2000, 30, 150
F. Rast, 10, 174, 550, 125, 380
Jno. Gigendaner, 50, 650, 2100, 125, 355
A. Stivender, 200, 200, 3000, 150, 1000
J. Whitaker, 50, 200, 900, 100, 500
Simon Redman, 35, 550, 1000, 100, 400
Jesse Ott, 15, 70, 400, 30, 200
Jno. Kneese, 30, 170, 600, 30, 100
Temp. Crim, 35, 465, 1500, 40, 350
R. Rucker, 30, 500, 1200, 30, 200
Saml. Crim, 60, 140, 1000, 45, 600
J. A. Crim, 90, 220, 1000, 100, 500
H. L. Rucker, 20, 128, 700, 100, 450
Wm. Hay, 15, 115, 325, 70, 250
Henry Fertick, 100, 300, 700, 50, 500
David Wise, 26, 169, 600, 40, 200
David Crim, 30, 300, 900, 35, 400
Mary Fertick, 60, 800, 1200, 100, 600
Jno. Wise, 18, 350, 320, 30, 300
J. T. Culler (Caller), 95, 365, 200, 100, 900
U. Rauch, 175, 354, 5190, 550, 735
Hilliard Seay, 55, 200, 3000, 190, 600
E. R. Kaminer, 35, 23, 1300, 80, 115
A. Roberts, 60, 200, 2300, 100, 780
J. Harman, 100, 90, 2700, 75, 510
Keziah Caughman, 150, 225, 5500, 300, 100
J. H. Wyse, 60, 240, 5000, 200, 860
Sally Unger, 150, 210, 7000, 100, 1416
J. Suggert, 20, 164, 1350, 10, 245
J. M. Bickley, 35, 175, 1300, 10, 475
G. Bone, 20, 32, 1024, 150, 270
David Louman, 45, 105, 2100, 65, 525
C. Bickley, 65, 208, 4500, 40, 500
J. Suggert, 100, 450, 7500, 300, 1300
J. J. Suggert, 40, 50, 1000, 75, 510
M. M. Hogler, 25, 107, 1580, 10, 400
D. W. Hunger, 127, 233, 1440, 200, 775
J. B. Hogler (Hoyler), 70, 270, 5000, 100, 700

Rebecca Dreher, 200, 700, 11000, 200, 1500
J. J. Dreher, 75, 1000, 11500, 250, 1390
O. A. Dreher, 100, 200, 3600, 200, 775
W. S. Eleazer, 69, 132, 4000, 200, 580
Elizabeth Shuler, 300, 1000, 13000, 500, 1650
Stephen Smith, 12, 12, 250, 10, 275
Lewis Riddle, 100, 60, 2300, 150, 366
N. W. Hogler (Hoyler), 30, 60, 1300, 31, 100
Gabriel Hogler, 70, 210, 1210, 100, 300
J. T. Weed, 16, 36, 700, 40, 170
D. Cluger, 20, 10, 1250, 25, 300
J. Bickley, 25, 61, 2300, 20, 395
D. H. Dunson, 35, 189, 2200, 75, 200
D. Nunamaker, 400, 900, 17000, 500, 1300
Drury Nunamaker, 125, 275, 5500, 100, 850
Jno. Louch, 280, 1720, 20500, 300, 1800
Polly Geiger, 50, 250, 3700, 50, 380
Wade Geiger, 50, 250, 4300, 50, 300
G. T. Lorick, 100, 1000, 2400, 150, 700
J. M. Bouknight, 35, 140, 2400, 40, 290
A. Geiger, 8, -, 100, 25, 125
A. J. Stoudemeyer, 18, 80, 2000, 15, 200
David Stoudemeyer, 26, 72, 1600, 75, 400
Elias Stoudemeyer, 35, 43, 1500, 50, 435
T. N. Epting, 40, 42, 775, 80, 225
J. F. Summer, 60, 15, 1000, 75, 475
Adam Stoudemeyer, 100, 600, 10000, 200, 812
Michael Stuck, 30, 230, 5200, 150, 440
John Mager, 125, 275, 5000, 150, 800
A. J. Counts, 45, 55, 1500, 35, 256
U. J. Stuck, 29, 61, 2000, 35, 256
Jacob Minick, 30, 115, 2900, 50, 225
J. A. Bundrick, 50, 53, 2500, 100, 500
E. W. Bundrick, 50, 53, 2500, 20, 400
John Wessinger, 100, 677, 8000, 285, 950
A. G. Dickert, 100, 240, 6000, 300, 1100
L. P. Hobbs, 120, -, -, 75, 1050
Jno. A. Ricard, 35, 115, 2500, 75, 250
David Miller, 350, 682, 12000, 250, 1500
Sarah Epting, 40, 22, 1000, 100, 175
G. A. Eichelberger, 400, 300, 15000, 400, 1500
P. A. Eichelberger, 200, 2000, 10000, 100, 1000
H. J. Epting, 10, 20, 2000, 15, 500
J. L. Bushart, 60, 60, 2500, 80, 380
C. P. Harwood, 150, 175, 5000, 150, 1550
Thos. Hoffman, 25, 22, 800, 5, 275
Jno. Epting, 40, 20, 1200, 150, 600
G. W. Summer, 40, 20, 1200, 50, 340
Geo. Epting, 200, 250, 8000, 300, 1000
Christena Chapman, 30, 85, 1200, 50, 200
L. Chapman, 30, 60, 1000, 50, 135
J. P. Summer, 170, 275, 6000, 300, 1500
Saml. Shealy, 100, 1200, 1200, 150, 800
E. Shealy, 35, 190, 1200, 80, 200
Wm. Montz, 105, 325, 3500, 225, 950

W. F. Houseal, 65, 98, 1700, 150, 575
Peter Suter, 60, 51, 1000, 100, 290
O. P. Fulmer, 61, 62, 1200, 100, 450
J. G. Kesler, 200, 275, 5000, 400, 1050
John Farr, 30, -, -, 15, 100
J. C. Farr, 40, 105, 1000, 100, 480
J. J. Derrick, 100, 280, 3800, 100, 650
D. D. Long, 25, 200, 1500, 50, 425
J. A. Haineter, 50, 300, 2500, 500, 400
S. A. Bower, 15, 85, 700, 50, 230
John Sease (Seax), 100, 400, 4000, 300, 775
A. M. Sease (Seax), 33, -, -, -, 300
J. _. B. Lever, 45, 1000, 600, 150, 1200
Christina Keon (Kean), 65, 145, 1000, 100, 500
Wm. Lindler, 30, 70, 1000, 125, 200
J. J. Eargle, 35, 165, 2000, 150, 350
Anna L. Eargle, 15, 110, 1000, 150, 100
J. A. Hipps, 120, 550, 6000, 110, 650
Henry DeHart, 100, 354, 1900, 115, 725
J. N. Shealy, 30, 70, 1000, 15, 175
Catharine Midler, 70, 247, 2000, 150, 875
Thomas Shealy, 30, 147, 9000, 100, 175
S. J. Frick, 30, 30, 800, 10, 335
Lavinia Boland, 15, 265, 2000, 5, 210
Jacob Frick, 50, 100, 1000, 9, 525
Wm. Frick, 18, -, 100, 15, 250
Thos. Frick, 15, 5, 1000, 20, 250
Adam Frick, 55, 160, 2000, 12, 250
Adam Shealy, 80, 120, 1000, 100, 254
Jacob Mager, 200, 356, 3900, 350, 1310

M. L. Caughman, 100, 350, 3000, 150, 766
J. S. Wheeler, 200, 1500, 10000, 400, 1600
Adam Amick, 40, 30, 700, 25, 230
Solomon Amick, 30, 30, 350, 50, 200
Jesse Amick, 40, 150, 1500, 75, 400
J. H. Amick, 125, 30, 300, 5, 150
Joel Fulmer, 40, 120, 1280, 50, 300
John Fulmer, 70, 363, 3800, 250, 880
A. M. Koon, 25, 27, 400, 5, 70
Nancy Derrick, 80, 90, 1700, 100, 600
G. W. Bower, 100, 500, 4800, 200, 950
Elizabeth Epting, 10, 53, 1200, 2, 200
Wm. Epting, 40, 304, 3000, 100, 458
Levi Amick, 30, 70, 500, 50, 221
Drayton Epting, 20, -, 200, 5, 200
Danl. Shealy Sr., 30, 60, 1000, 75, 475
Michl. Sutton, 100, 900, 10000, 300, 850
Joseph Sutton, 50, 173, 2500, 125, 508
J. W. Amick, 25, 20, 400, 10, 165
J. G. Fulmer, 40, 192, 1650, 100, 398
Marg. A. Fulmer, 30, 100, 800, 65, 257
Joseph Fulmer, 60, 222, 2000, 100, 568
Jno. J. Amick, 40, 50, 1000, 70, 223
Jas. J. Amick, 25, 89, 700, 100, 151
Robt. Moore, 20, 80, 400, 15, 75
J. W. Amick, 75, 35, 800, 200, 400
J. G. Amick, 45, 144, 1500, 100, 380
Elias Koon, 20, 107, 1000, 60, 300
Andrew Rish, 60, 150, 1600, 100, 550
Wm. Rish, 69, 115, 600, 100, 500
David Long, 100, 363, 3000, 300, 700
J. Wiggan, 70, 90, 1000, 150, 550

Joshua Shealy, 40, 168, 1600, 100, 570
Jno. F. Fulmer, 70, 265, 3000, 200, 475
Catharine Fulmer, 40, 60, 600, 25, 150
Luther Amick 50, 40, 700, 100, 350
David Boland, 75, 172, 1200, 150, 405
Danl. Shealy Jr., 60, 76, 2000, 150, 613
Danl. Eferd, 60, 75, 1400, 50, 415
Jno. Lybrand, 150, 262, 5000, 350, 1100
Jacob Koon Jr., 40, 160, 1800, 10, 200
Jacob Koon Sr., 100, 150, 3000, 130, 640
Danl, Koon, 40, 120, 1500, 150, 395
Anna Koon, 50, 300, 3000, 150, 170
Barbara Eargle, 40, 200, 2500, 100, 500
Wm. Lindler, 55, 205, 1400, 50, 165
Geo. Ballentine, 30, 105, 60, 40, 300
David Derrick, 100, 100, 1000, 200, 800
J. A. Derrick, 15, 100, 600, 15, 200
H. D. Derrick, 20, 80, 800, 100, 250
Leah Wessinger, 120, 230, 3500, 40, 30
Jacob Wessinger, 100, 433, 5000, 200, 600
H. M. Wessinger, 100, 231, 3000, 200, 600
Elizabeth Wessinger, 20, -, 250, 25, 185
U. G. Wessinger, 175, 300, 3000, 100, 500
David Wessinger, 35, 65, 1000, 315, 350
J. J. Wessinger, 35, 220, 1500, 100, 200
James Wessinger, 50, 85, 200, 5, 100
Thomas Bickley, 60, 125, 800, 30, 475

F. W. Derrick, 85, 504, 4000, 100, 793
John Frick, 160, 20, 1000, 160, 275
Joseph Frick, 65, -, 500, 10, 250
Thomas Frick, 10, 129, 2000, 150, 288
Robt. Frick, 20, -, 200, 5, 154
Elias Frick, 30, 20, 500, 125, 380
Thos. Long, 70, 85, 2000, 75, 525
Wm. Ballentine Jr., 30, 200, 1850, 160, 636
John Long, 200, 650, 6800, 150, 1084
S. P. Wingard, 60, 70, 500, 10, 510
Wm. Ballentine Sr., 75, 35, 2500, 150, 575
W. T. McFall, 80, 30, 1300, 100, 470
Wesley Long, 30, 120, 1500, 20, 200
M. Coogler, 50, 60, 600, 20, 525
S. A. Hattimonger, 100, 397, 5000, 150, 855
R. Kelly, 30, 1370, 2000, 40, 200
Jacob Wingard, 300, 2200, 25000, 300, 1410
Job. N. Wingard, 40, -, -, 25, 744
B. R. Wyse (Wyx), 130, 270, 5000, 250, 1016
J. H. Counts, 300, 1736, 16500, 500, 2600
W. R. Steele, 35, 253, 600, 15, 20
Joel Keisler Jr., 125, 1205, 4000, 600, 600
Jacob Lomerack, 50, 25, 350, 100, 274
J. W. Crapps, 30,70, 700, 50, 150
J. R. Rivers, 20, -, -, 30, 100
Jno. L. Crapps, 100, 283, 3060, 250, 514
F. E. Leapheart, 30, 80, 600, 70, 250
W. F. Wingard, 33, 80, 700, 10, 150
James Jumper, 175, 475, 3500, 20, 875
J. H. Lewis, 40, 170, 1200, 10, 200
Sarah Price, 35, 25, 3000, 40, 300
G. W. Price, 15, 100, 340, 20, 130

Saml. Lewie (Lewis), 200, 446, 6650, 500, 1525
Jacob Price Jr., 40, 110, 1600, 70, 350
Isaih Vansant, 75, 50, 1000, 150, 450
M. M. Hook, 40, 165, 600, 100, 350
Jacob Keisler Sr., 40, 300, 1300, 150, 455
Jno. Keisler, 40, -, 200, 40, 420
Danl. Meetze, 50, 72, 800, 150, 350
J. M. Roof, 25, 50, 700, 50, 200
J. C. Weed, 50, 50, 1000, 100, 300
S. L. Meetz, 25, 25, 1000, 80, 280
N. Nabers, 35, -, 500, 50, 250
J. E. Mathias, 30, 37, 600, 50, 240
R. Stuck, 19, -, 100, 10, 150
S. J. Meetz, 30, 104, 1200, 100, 185
J. R. Meetze, 23, 50, 900, 45, 100
J. G. Meetze, 30, 227, 1500, 100, 325
Jacob Stuck, 50, 80, 1000, 200, 300
Godfrey Stuck, 20, 50, 500, 50, 200
J. F. Meetze, 25, 219, 1000, 100, 200
R. A. Meetze, 30, 250, 1500, 50, 240
M. Meetze, 25, 172, 2500, 60, 300
D. L. Meetze, 35, 175, 1500, 50, 150
J. Lowman, 100, 157, 200, 200, 750
Jno. Smith, 200, 1000, 6000, 350, 1420
S. L. Smith, 39, -, 390, 10, 312
N. C. Montz, 40, 262, 1500, 50, 408
R. McCartha, 30, 187, 1500, 15, 200
Jesse McCartha, 20, 110, 1000, 100, 175
M. McCartha, 35, 75, 900, 10, 330
Levi Derrick, 60, 106, 2000, 75, 400
Mary A. Derrick, 40, 100, 1500, 50, 225
Henry Bickley, 25, 75, 500, 12, 200
Elias Slick, 30, 408, 5500, 600, 710
Anna E. Derrick, 30, 139, 1000, 5, 200
Jno. S. Derrick, 20, 330, 1600, 75, 300
Cathn. Derrick, 20, 150, 2000, 10, 50
Joseph Derrick, 20, -, 150, 10, 330
E. Derrick, 70, 255, 1600, 180, 600
F. Bickley, 20, 80, 800, 25, 150
J. A. Bickley, 40, 25, 400, 15, 200
Jno. M. Bickley, 30, 80, 500, 15, 200
J. L. Meetze, 40, 490, 2000, 135, 335
Jno. Heller, 400, 1260, 12800, 500, 1850
M. Louman, 80, 620, 7000, 200, 350
Geo. Hiller, 85, 565, 5000, 250, 800
J. A. Hiller, 85, 376, 3700, 250, 500
Saml. Hiller, 55, 113, 1350, 130, 460
J. McCartha, 40, 137, 1500, 40, 330
Jas. Eargle, 40, 123, 1115, 5, 100
J. G. Eargle, 20, -, 115, 5, 100
David Long, 30, 33, 600, 5, 150
J. A. Shealy, 60, 234, 4500, 100, 354
E. Slice, 30, 30, 600, 50, 200
R. Bickley, 45, 180, 1500, 100, 354
Mary A. Slice, 35, 85, 1200, 15, 200
Danl. Amick, 30, 25, 1000, 75, 150
M. Long, 30, 60, 800, 100, 375
D. G. Slice, 15, 26, 400, 15, 150
G. H. Schuartze, 30, 26, 400, 40, 300
Jno. Slice, 40, 100, 700, 150, 400
N. R. Amick, 15, 35, 400, 60, 75
A. Schuartze, 45, 85, 800, 55, 450
M. Slice, 25, 70, 800, 40, 170
B. Lindler, 40, 60, 1000, 75, 200
Jacob Lindler, 30, 44, 700, 20, 200
Jno. Lindler, 20, 34, 500, 95, 115
S. Miller, 30, 250, 2200, 40, 80
Martha Chapon, 50, 50, 1500, 100, 1600
Jas. Shealy, 50, 161, 1900, 50, 250
J. M. Addy, 30, 20, 700, 5, 50
A. Minick, 25, 30, 1200, 10, 175
Nancy Fulmer, 40, 90, 1700, 125, 400
J. A. Fulmer, 70, 200, 4000, -, 525
Geo. Stoudemeyer, 90, 20, 1200, 100, 495
Jno. A. Fulmer, 9, 270, 3000, 125, 700
Jos. Counts, 12, 78, 1000, 50, 10
D. E. Sease, 35, 132, 2500, 57, 300
Jno. Minick, 25, 175, 2000, 150, 500

Geo. F. Elison, 70, 90, 2000, 100, 600
E. Fulmer, 21, 21, 1000, 5, 150
Jacob Setzler, 50, 66, 1000, 73, 500
J. B. Stuck, 30, 50, 1000, 15, 250
David Wilson, 25, -, 700, 25, 100
Michl. Leapheart, 140, 870, 9000, 200, 1000
Levi Metz, 150, 300, 8000, 1000, 850
Jonas Mathias, 40, 142, 3300, 10, 450
James Metz, 80, 320, 3300, 100, 500
J. N. Huffman, 200, 700, 18000, 200, 1799
Eliz. Huffman, 100, 325, 5000, 100, 450
Jos. E. Huffman, 100, 325, 5000, 100, 450
Jac. Nunamaker, 300, 1300, 19800, 200, 176
Eliz. Lorick, 40, 240, 1800, 10, 549
Danl. Notes, 75, -, 1600, 30, 350
Simon Younginer (Younginet), 200, 330, 2000, 125, 1300
C. Mickler, 150, 850, 9000, 300, 1600
T. Tracy, 60, 940, 3430, 20, 150
J. R. Price, 30, 1300, 6500, 150, 750
Jno. _. Suggert, 900, 3526, 43500, 1000, 1300
Oliver Revell, 20, -, 100, 5, 85
W. A. Lorick, 300, 375, 19000, 500, 2625
E. Lorick, 200, 1918, 9000, 230, 1105
G. W. Lorick, 500, 4500, 29000, 210, 2654
J. U. Coogler, 100, 75, 9000, 150, 675
J. B. Hair, 50, 370, 5000, 200, 745
David Bookman, 300, 1400, 18000, 1000, 2600
Wade Williamson, 35, 350, 950, 40, 450

P. Williamson, 70, 170, 6200, 100, 525
J. W. Bouknight, 40, 114, 2000, 75, 274
Reuben Wingard, 40, 29, 825, 70, 400
Irvin H. Nunamaker, 30, -, 750, 20, 40
R. Mansell, 30, 270, 1900, 20, 150
L. P. Jacobs, 18, 82, 1250, 20, 330
R. A. Bouknight, 25, 35, 475, 100, 145
Joseph Coogler, 60, 300, 3000, 150, 675
R. E. Coogler, 32, 30, 500, 50, 140
J. S. Morgan, 39, 70, 4000, 100, 520
J. G. Lindler, 100, 720, 5000, 200, 1249
T. P. Lucas, 40, 20, 500, 10, 215
James Hunt, 18, 48, 1100, 35, 130
Joel Bouknight, 60, 120, 2000, 150, 255
John Coogler, 25, 75, 650, 30, 150
H. W. Eleazer, 115, 240, 3350, 400, 900
Godfrey Derrick, 100, 743, 8644, 200, 1360
Jas. Bouknight, 100, 700, 9000, 200, 1048
Geo. Bouknight, 50, 400, 5500, 75, 550
J. W. Bouknight, 15, -, 350, 15, 190
Jesse Elisor, 20, 20, 350, 23, 150
Priscilla Elisor, 40, 80, 700, 30, 340
E. Daley, 40, 128, 1400, 10, 490
W. J. Bouknight, 60, 190, 2600, 125, 543
Wm. Elisor, 40, 283, 3000, 200, 575
G. R. Eleazer, 70, 80, 2300, 100, 200
G. H. Burkett, 29, 85, 800, 45, 325
M. J. Bouknight, 30, 270, 4500, 500, 360
Jno. Elisor, 25, 112, 1200, 100, 300
Lewis Busbee, 25, 75, 1300, 75, 350
Jesse Derrick, 35, 10, 1300, 50, 280

David Derrick, 45, 123, 1900, 100, 450
A. Amick, 35, 70, 900, 100, 355
J. D. Amick, 40, 30, 750, 50, 475
D. Hattiwanger, 100, 267, 5000, 285, 1185
Jas. L. Seigler, 95, 116, 5477, 200, 555
Jesse Julien, 150, 1254, 1350, 350, 985
Wm. Seigler, 35, 87, 1050, 50, 137
Levi Metz, 30, 1085, 12000, 400, 1600
Jesse Bouknight, 125, 1100, 4000, 100, 1000
Wm. Lever (Lover), 120, 60, 3000, 200, 1541
N. Richardson, 60, 340, 4500, 200, 1100
J. Willingham, 88, 700, 7500, 200, 900
Jno. Whites, 50, 350, 15500, 150, 700
Nancy Eleazer, 150, 200, 9000, 300, 800
Cathn. Whites, 50, 150, 2000, 100, 550
D. W. Busbee, 30, 80, 3510, 150, 450
H. W. Segats, 25, 78, 200, 40, 235
E. Jacobs, 25, 150, 800, 45, 185
S. H. Whites, 20, 60, 1150, 30, 300
E. Whites, 15, 65, 1200, 5, 200
Cathn. Whites, 40, 200, 4500, 165, 275
Rachel Addy, 60, 310, 3700, 50, 600
J. Freshley, 200, 1500, 17000, 1000, 2000
Geo. Freshley, 45, 100, 8500, 165, 400
Geo. Eleazer, 23, -, 400, 20, 285
Henry Metz, 20, 188, 2217, 6, 132
Levi Koon, 30, 30, 1700, 125, 740
Henry Koon, 50, 340, 5000, 250, 662
Wm. Koon, 20, -, 500, 40, 375
James Koon, 30, -, 200, 25, 275

J. P. Freshley, 50, 300, 4500, 250, 700
Jacob Eargle, 120, 545, 10000, 415, 1340
Geo. Amick, 70, 330, 7200, 200, 860
Wm. Amick, 20, -, 400, 15, 65
David Haleman(Hallman), 30, 190, 2500, 25, 350
J. R. Kelly, 12, -, 100, 25, 105
Thomas Boyd, 750, 1010, 24000, 300, 2048
Jacob Lucas, 50, 140, 2500, 100, 750
David Counts, 50, 138 1350, 50, 420
Jacob Suggert, 50, 1080, 8050, 200, 300
Levi Stuck, 50, 420, 7500, 100, 700
Wm. Hattiwanger, 125, 675, 5400, 200, 1025
Jno. Chapman, 60, 170, 2550, 150, 775
J. H. Hattiwanger, 25, -, 600, 35, 175
Mary Wilson, 20, 290, 3500, 25, 475
Wm. Summer, 65, 175, 2600, 325, 850
Jacob Epting Sr., 40, 65, 1500, 50, 250
Jacob Epting Jr., 40, 106, 1575, 115, 400
Wm. Epting, 40, 275, 1700, 75, 320
G. W. Comilander, 40, 130, 2200, 30, 240
Henry Comilander, 40, 60, 850, 60, 280
Geo. Ricard, 35, 65, 1300, 35, 200
A. Irish, 20, 28, 1250, 75, 450
Wm. Martin, 35, 73, 1800, 40, 425
Andre George, 40, 38, 1000, 25, 185
Andre Shealy, 55, 55, 1800, 100, 700
Henry Miller, 3, 79, 1300, 65, 355
D. Keonkle, 40, 55, 975, 80, 320
J. K. Lake, 15, -, 225, 5, 300
G. M. Comilander, 15, 30,800, 50, 235
A. Hattiwanger (Hattimonger) Jr., 40, 60, 800, 25, 300

A. Hattiwanger Sr., 50, 600, 1000, 100, 450
Geo. Comilander, 40, 60, 1100, 75, 300
Cath. Wheeler, 40, 336, 480, 60, 250
J. T. Derrick, 35, 145, 1800, 100, 348
Luke Nichols, 116, 584, 4140, 150, 1597
Lewis Crout, 30, 220, 800, 60, 227
Axey Shealy, 80, 787, 8000, 150, 750
E. Shealy, 60, 16, 1200, 100, 490
Michl. Shealy, 60, 200, 3000, 200, 600
J. H. Eargle, 70, 120, 1000, 200, 475
J. H. Moore, 60, 184, 2000, 125, 400
Allen Griffin, 60, -, -, 10, 200
G. E. Caughman, 65, 135, 2000, 100, 400
Henry Derrick, 60, 140, 1700, 50, 400
E. C. Hallman, 30, 181, 200, 40, 200
Burrell Miles, 10, -, -, -, 150
W. P. Caughman, 50, 165, 1800, 65, 350
E. Shealy, 30, -, -, 15, 200
Henry Shealy, 30, -, -, 15, 50
Eliz. Geiger, 150, 300, 2000, 100, 800
W. B. Taylor, 25, 100, 200, 5, 125
S. W. Crapps, 50, 91, 1000, 150, 422
Henry Crapps, 300, 800, 10000, 350, 1440
Mary Rice, 30, 63, 800, 50, 250
Jasper Sanger (Sawyer), 300, 1100, 1200, 400, 1690
E. M. Lominack, 50, 203, 400, 100, 500
L. Lominack, 25, 45, 145, 2, 150
David Black, 140, 260, 5700, 200, 608
J. R. Black, 20, 100, 850, 15, -
Joel Taylor, 50, 150, 2000, 100, 700
W. T. Derrick, 75, 335, 4000, 150, 600
Cathn. Derrick, 45, -, 300, 75, 456
Wm. L. Addy, 110, 280, 4000, 200, 878
Sam. Black, 60, 300, 3500, 100, 434
H. L. Crout, 50, 190, 2600, 250, 461
E. Z. Sugert, 125, 225, 3000, 200, 990
W. W. Fulmer, 40, 20, 600, 5, 150
Thos. Crout, 60, 55, 650, 5, 280
Mary Goff, 30, 160, 1000, 15, 290
P. M. Derrick, 150, 460, 5000, 225, 910
Jas. A. Long, 60, -, -, 75, 150
D. P. Seay, 30, -, -, 50, 365
Thos. Risinger, 70, 285, 3000, 65, 314
Catharine Risinger, 75, 175, 2500, 150, 400
Adam Risinger, 100, 115, 2000, 200, 525
G. D. Risinger, 10, 90, 300, 5, 288
David Crout, 200, 525, 3000, 50, 678
J. H. Amick, 35, 115, 1500, 20, 200
Solomon Son, 25, 128, 1000, 35, 40
J. D. Son, 30, 88, 800, 100, 80
Danl. Alewine, 30, 70, 500, 15, 270
Isaac Alewine Sr., 35, 131, 1000, 50, 440
Isaac Alewine Jr., 80, 300, 2300, 175, 790
Wm. Hallman, 35, 140, 1000, 75, 350
J. A. Kaminer, 40, 200, 1000, 75, 300
Harman Seay, 55, 149, 2300, 100, 364
Joel Keigle Sr., 75, 365, 1400, 200, 385
F. S. Lewie(Lewis), 75, 200, 3000, 200, 1000
John C. Hope, 250, 1750, 3600, 300, 2000
Robt. Price, 35, 135, 400, 25, 100
Elias Taylor, 60, 440, 1500, 150, 800
Jasper Taylor, 20, 80, 300, 5, 340

Lemuel Alewine, 50, 300, 1700, 150, 800
J. E. Taylor, 20, -, -, 40, 170
W. D. Oswalt, 30, 20, 200, 10, 140
S. F. Bolles, 25, 162, 500, 35, 100
W. A. Long, 25, 55, 200, 5, 275
J. B. Mills, 20, 32, 200, 5, 97
Mark Mills, 45, 95, 300, 5, 146
Ivy Anderson, 50, 190, 500, 20, 390
John Lites, 50, 10, 180, 5, 140
J. T. Caughman, 65, 35, 1500, 25, 360
E. R. Hallman, 20, 55, 350, 15, 175
L. W. Long, 20, 44, 300, 5, 40
Simeon Hallman, 30, 267, 1500, 40, 320
J. J. Shealy, 40, 331, 1152, 50, 350
R. J. Addy, 18, 78, 400, -, 300
Adam Rish, 75, 765, 3000, 50, 300
Lewis Shealy, 30, 80, 800, 50, 300
J. R. Oswalt, 25, 93, 500, 20, 150
A. Hallman, 100, 820, 7000, 100, 700
John Oswalt, 50, 150, 1500, 100, 300
H. R. Oswalt, 23, 37, 350, 5, 150
Charles Warren, 30, 70, 300, 5, 50
Henry Shealy, 25, 38, 222, 4, 200
W. B. Oxner, 40, 63, 600, 30, 150
Wiley Shealy, 35, 65, 500, 50, 135
Henry R. Son, 70, 185, 2000, 50, 105
James Dudley, 100, 168, 2000, 140, 350
Jacob Shealy, 50, 150, 1500, 100, 490
Noah Shealy, 35, 340, 840, 75, 220
J. F. Warren, 75, 73, 1000, 115, 400
Jas. M. Barr, 125, 35, 1200, 125, 1015
Michl. Barr, 200, 300, 4000, 200, 914
Henry P. Barr, 40, -, -, 50, 400
Henry A. Smith, 300, 400, 8000, 225, 1266
Uriah Crout, 500, 2600, 20500, 500, 2180
H. H. Spann, 300, 185, 4000, 250, 1260
D. C. Spann, 50, -, -, 35, 263
Jas. C. Bodie, 600, 870, 12000, 250, 1460
D. D. D. Mitchell, 110, 140, 5000, 150, 450
David C. Shealy, 300, 200, 5000, 250, 900
Irby Shealy, 30, -, -, 15, 250
John W. Lee, 200, 120, 4500, 400, 300
Wm. C. Mitchell, 300, 300, 8000, 300, 1300
Lodwick Hartley, 225, 300, 900, 300, 1110
Joel Ridgell, 280, 1139, 10000, 125, 1424
Cath. Hite, 35, 165, 2000, 25, 100
Wm. Hite, 60, 128, 2000, 10, 280
Jno. Senterfeit, 90, -, -, 75, 175
G. W. Fallon, 28, 78, 1060, 25, 360
R. A. Halston, 135, 281, 4000, 250, 800
P. Williams, 300, 940, 8000, 300, 2140
G. W. Asbell, 120, 350, 4700, 200, 725
B. O. Creed, 16, -, -, -, 250
David Stone, 30, 56, 400, 15, 180
John Stone, 20, 20, 300, 15, 100
Elijah Stone, 30, 10, 300, 15, 150
Lloyd Asbell, 50, 80, 600, 15, 100
Nathan Jones, 80, 250, 1600, 20, 405
John Ruff, 125, 15, 750, 10, 170
D. J. Ruff, 30, 380, 4700, 200, 225
S. M. Ruff, 75, 460, 6000, 300, 250
J. Ruff, 25, 375, 300, 150, 275
E. Rush, 330, 500, 8800, 20, 550
John Wilson, 30, 100, 900, 21, 190
John Lupo, 75, 100, 900, 20, 450
J. M. Carter, 25, 106, 1050, 25, 300
Isaih Roof, 35, 200, 1100, 75, 275
Martin Roof, 25, 281, 1450, 85, 175
R. Tracey, 17, 50, 450, 37, 145
T. L. Kaminer, 45, 220, 1500, 105, 115

G. W. Long, 65, 1735, 5400, 150, 600
John Steel, 30, 39, 300, 5, 65
Caroline Satcher, 35, 165, 1400, 20, 95
Nancy Kelly, 70, 150, 2700, 75, 370
E. Seastrunk, 50, 50, 1500, 75, 210
Jacob Drafts, 75, 275, 3500, 75, 303
M. Drafts, 200, 800, 1750, 750, 1000
W. Corley, 20, 116, 1300, 75, 300
E. Corley, 25, 153, 200, 40, 97
F. Gable, 40, 20, 2600, 50, 350
I. Younginer, 20, 129, 1200, 50, 121
Danl. Kleckly, 55, 130, 2500, 100, 348
J. T. Montz, 22, -, 150, 25, 250
S. Kleckley, 50, 90, 2000, 100, 302
E. Hendrix, 30, 70, 1900, 40, 29
N. Kleckey, 70, 85, 2200, 105, 850
Geo. Montz, 100, 270, 3700, 100, 465
Jno. Montz, 40, 225, 1600, 100, 400
Wm. Hicks, 40, 73, 800, 75, 350
M. Wingard, 55, 63, 807, 25, 165
Elijah Wingard, 15, 23, 600, 1, 95
S. Wingard, 34, 20, 500, 25, 340
Jacob Wingard, 42, 8, 900, 50, 381
Jesse Wingard, 25, 75, 500, 75, 275
Jere Harmon, 100, 71, 1500, 10, 800
Jesse Frey, 50, 75, 1200, 100, 500
Thos. Wingard, 200, 125, 1500, 200, 550
Abbergail Winginard, 50, 139, 1500, 10, 200
Ed. Harman, 50, 70, 1000, 200, 500
Jesse Seay, 40, 36, 800, 50, 250
Nancy Kaminer, 45, 450, 1500, 75, 415
Jno. Snider, 45, 155, 1000, 100, 425
J. E. W. Kaminer, 44, 95, 1500, 100, 200
Joel Corley, 60, 18, 500, 75, 200
Wm. Hendrix, 20, 225, 1800, 25, 165
Sam Wingard, 70, 730, 9000, 95,700
Jno. Gross, 30, 270, 1200, 50, 200
Geo. Roberts, 150, 130, 3000, 200, 845
A. D. Younginer, 10, 50, 1000, 25, 130
Jno. Wyse, 15, 50, 400, 30, 140
S. P. Caughman, 100, 400, 5000, 200, 1200
J. H. Meetze, 100, 100, 2500, 100, 700
Henry Meetze, 250, 300, 6000, 600, 2000
Sally Kaminer, 50, 300, 3000, 150, 700
R. P. Gartman, 30, 15, 650, 60, 316
J. S. Hendrix, 45, 50, 1000, 100, 394
E. Elisor, 70, 400, 2500, 75, 600
H. Harman, 173, 300, 4500, 30, 1111
G. Gartman, 60, -, 500, 85, 700
Jno. Gable, 50, 375, 6000, 100, 400
Mountain Seay, 75, -, 300, 20, 150
Harly Seay, 100, 216, 3700, 100, 700
Henry Seay, 45, 35, 1000, 100, 614
David Harman, 100, 150, 3000, 100, 700
Godfrey Harman, 140, 100, 3000, 300, 1078
W. A. Nunamaker, 80, 330, 4000, 200, 625
Mary A. Calk, 40, 330, 3000, 50, 700
S. C. Harman, 200, 360, 8250, 110, 1100
Michl. Wessinger, 55, 208, 3000, 25, 500
Z. Harman, 50, 125, 1200, 60, 325
J. W. Harman, 25, 90, 1000, 50, 225
M. L. Kyzer, 35, 63, 1200, 50, 148
Walter Kyzer, 20, -, 600, 15, 130
J. B. Kyzer, 50, 58, 1500, 100, 540
Drury Kyzer, 125, 150, 2000, 100, 550
Benj. Rawl, 75, 47, 1000, 125, 235
Wm. Gartman, 60, 60, 1400, 60, 45
H. S. Garman, 20, -, 200, 5, 175
A. H. Fort, 200, 1710, 10000, 125, 1200

H. A. Fort, -, 1458, 3500, -, -
J. E. Leo, -, 660, -, -, 75
W. Fort, -, 133, -, -, -
Henry Hendrix, 200, 1700, 6000, 300, 700
S. L. Hendrix, 30, 200, 1500, 100, 550
H. A. Meetze, 25, 35, 800, 25, 600
S. N. Hendrix, -, -, -, -, 15
A. Hendrix, 6, 60, 500, -, 100
U. Hendrix, 100, 200, 2500, 200, 500
S. Corley, 6, 9, 500, 30, 75
Saml. George, 85, 250, 1400, 500, 650
E. Corley, 75, 100, 2000, 100, 500
T. S. Roberts, 60, 84, 1000, 50, 300
Danl. Corley, 40, 40, 500, 50, 400
Jno. Meetze, 50, 150, 1000, 75, 475
J. Q. Lonn, 70, 900, 4000, 300, 700
J. A. Hendrix, 10, 25, 1000, 20, 450
L. Boozer, 200, 300, 7000, 1000, 1500
W. J. Harth, 100, 2400, 3000, 500, 2000
Jno. A. Gross, 20, 80, 550, 51, 150
R. Leppard, 30, 70, 450, 50, 250
S. P. Drafts, 200, 300, 5000, 100, 600
Cathn. Seay, 20, 470, 5000, 50, 150
Geo. Wingard, 100, 500, 5000, 100, 1400
Jacob Barr, 40, 960, 2000, 25, 150
W. L. Taylor, 175, 1764, 7000, 150, 1475
Thos. Rale, 40, 240, 1200, 25, 250
J. L. Corley, 50, 160, 800, 60, 295
S. W. Boozer, 100, 300, 2000, 100, 450
M. Harman, 50, 250, 1000, 100, 1400
Saml. Corley, 150, 718, 2500, 75, 531
John Fox, 260, 1325, 10000, 300, 2100
Reuben Corley, 50, 280, 800, 100, 250
P. H. Caughman, 50, 425, 3000, 125, 400
A. O. Banks, 50, 300, 5000, 150, 300
W. L. Caughman, 80, 720, 3000, 150, 1600
A. Eferd, 50, 200, 2000, 100, 500
Joel Corley, 120, 880, 3000, 75, 300
M. Matthias, 20, 95, 500, 10, 150
H.R. Fallon, 20, -, -, 10, 100
Willis Burnett, 50, 135, 700, 50, 150
Wm. Boatwright, 135, 205, 2500, 60, 700
Edw. Herron, 200, 495, 3500, 100, 700
E. J. Rankin, 50, 100, 400, 10, 150
J. T. Davis, 25, 54, 450, 10, 150
Danl. Davis, 30, 42, 400, 30, 250
W. Boatwright, 150, 300, 2000, 100, 450
J. H. Merrit, 200, 2000, 8000, 150, 700
H. LeCroy, 45, 335, 1500, 40, 500
Z. Steele, 20, 40, 200, 10, 100
Jno. A. Long, 35, 109, 200, 5, 100
Dan. E. Seay, 30, 55, 300, 30, 150
David Kyzer, 80, 570, 1300, 100, 500
J. Clemms, 30, 370, 800, 65, 250
A. Mims, 30, 1000, 3000, 50, 350
E. Rice, 30, 10, 420, 35, 200
J. Mims, 100, 1000, 2000, 100, 850
B. A. M. Leopheart, 40, 800, 2000, 75, 350
D. Taylor, 60, 270, 600, 100, 400
W. J. Taylor, 30, 170, 400, 25, 250
Sis. W. Taylor, 25, 375, 600, 20, 150
J. L. Addy, 200, 989, 3550, 100, 700
L. H. Caughman, 150, 1650, 7200, 130, 700
S. Senn, 50, 275, 1000, 150, 250
Z. Hallman, 40, 60, 350, 30, 400
E. Hallman, 40, -, -, 15, 100
Noah Risinger, 40, 114, 750, 15, 200
Jno. G. Able, 100, 1300, 6000, 100, 700

W. Quattlebaum, 9, 166, 4000, 200, 1000
W. A. Smith, 65, 37, 500, 75, 450
J. A. Smith, 45, 55, 280, 40, 180
J. W. Smith, 25, 128, 350, 20, 100
Jno. Waters, 50, 200, 600, 20, 300
Ellis Waters, 7, 140, 440, 15, 600
J. W. Culey, 100, 258, 2500, 100, 562
W. W. (Louman)Lowman, 60, 60, 1200, 30, 550
Earle Shealy, 75, 80, 1800, 300, 600
Irby Shealy, 40, 200, 1200, 150, 2500
David Miller, 100, 209, 2400, 125, 300
Levi Hartley, 65, 80, 1000, 100, 300
D. A. Prather, 25, 100, 900, 75, 130
E. Prather, 35, 208, 1000, 100, 250
M. M. Prather, 25, 225, 1200, 100, 150
Uriah Cullins, 35, 220, 1000, 75, 300
A. Shealy, 150, 650, 500, 200, 800
Elis Hartly, 75, 47, 700, 100, 300
Danl. Lowman, 75, 500, 200, 125, 700
John Lowman, 150, 500, 1200, 175, 1000
Wm. Halmon, 150, 769, 500, 130, 500
B. Hartley, 175, 325, 4000, 200, 1000
Thos. Boatwright, 40, 85, 500, 75, 350
John Boatwright, 65, 500, 1000, 100, 500
Thos. Quattlebaum, 300, 365, 3300, 250, 1400
Caleb Watkins, 15, 425, 2000, 100, 350
M. Boatwright, 100, 400, 2000, 150, 700
W. D. Adams, 25, -, -, 25, 170
J. H. Jones, 65, 235, 2000, 25, 350
W. Bernett, 20, 50, 200, 10, 200
N. Jones, 150, 700, 3000, 25, 1200
F. Jones, 30, 200, 500, 15, 80
Geo. Kirkland, 12, -, -, 5, 100
Peter Plunket, 45, 200, 900, 25, 300
W. W. Fox, 50, 226, 1000, 25, 750
David Herron, 25, 27, 100, 5, 150
Abner Herron, 25, 27, 100, 5, 150
Calvin Cox, 20, 80, 300, 15, 70
J. E. Coleman, 250, 2400, 12000, 100, 1300
Jas. Cooke, 150, 475, 200, 150, 400
John Johnson, 25, 200, 8000, 200, 500
T. M. Friday, 100, 1700, 4500, 150, 800
Sol. Cooke, 75, 1425, 5000, 25, 600
L.A. Culler, 150, 750, 3000, 50, 1100
Jno. E. Friday, 150, 550, 4100, 20, 800
Mat. Ready, 100, 1500, 1500, 50, 800
John C. Johnson, 30, 675, 6000, 50, 500
F. Kenedy, 60, 1400, 5000, 35, 500
H. D. Ott, 60, 91, 100, 25, 350
Thos. Keneday, 60, 220, 100, 50, 500
M. Keneday, 50, 540, 2000, 50, 550
C. J. Richardson, 65, 200, 500, 15, 400
J. Howel, 50, 425, 1700, 59, 618
A. Jackson, 15, 60, 200, 10, 150
R. Garvin, 100, 1630, 600, 150, 100
J. M. Cofer, 50, 400, 1500, 75, 600
Wright Janeagan, 50, 800, 600, 75, 200
Has. Huckaby, 60, 200, 1500, 100, 900
E. Pool, 25, -, -, 15, 200
W. Kirkland, 40, 260, 600, 50, 350
S. W. Kirkland, 30, 70, 350, 35, 200
E. Kenedy, 40, 160, 300, 20, 150
Wm. Courtney, 75, 100, 500, 35, 200
E. J. Ready, 40, 160, 500, 40, 300
C. Jackson, 50, 100, 1200, 50, 200
A. Fulmer, 70, 130, 1300, 50, 150

W. W. Fulmer, 18, 100, 300, 30, 130
M. F. Posey, 100, 700, 1400, 100, 900
Jno. Cooke, 75, 175, 700, 100, 1000
Ed. Wimberly, 100, 1600, 7000, 100, 1000
Jno. Johnson, 150, 3800, 8000, 200, 1000
Jas. Johnson, 25, 125, 500, 50, 200
A. Bankman, 40, 360, 800, 100, 400
W. A. Lybrand, 70, 650, 2250, 100, 600
Martha Ready, 75, 300, 1500, 100, 800
E. R. Ready, 70, 100, 1200, 100, 750
N. Nobles, 20, 32, 200, 15, 200
Jas. Grandy, 40, 60, 500, 25, 250
Willis Wells, 20, 80, 500, 15, 150
Cally Wells, 20, 40, 200, 10, 100
Clem Jackson, 80, 700, 200, 40, 600
Elza Jones, 25, -, -, 20, 300
Wm. Williams, 50, 30, 1000, 100, 700
H. Williams, 25, -, -, 50, 300
J. M. Jones, 50, -, -, 75, 350
Martha Cook, 25, -, -, 40, 250
John Baggot, 25, -, -, 30, 100
T. Kirland, 30, 180, 400, 30, 450
Jno. Ott, 100, 636, 3000, 125, 1000
Aaron Ott, 60, 273, 1500, 100, 600
Eliot Gantt, 130, 1870, 10000, 150, 900
John Cook, 130, 260, 3000, 75, 150
F.S. Lowman, 150, 50, 1500, 125, 500
J. R. Kneece, 250, 650, 5000, 200, 1300
M. Gunter, 45, 450, 1500, 45, 300
B. & E. Gunter, 50, 450, 2000, 75, 500
Elbert Gunter, 30, 350, 1000, 35, 150
Elliot Gantt, 35, 265, 1000, 35, 200
Elza Gunter, 30, 150, 1000, 35, 250
H. W. Millhouse, 100, 2200, 600, 125, 1300
W. H. Gunter, 50, 262, 1000, 100, 625
Wilson Gunter, 50, 80, 300, 31, 250
Richard Gunter, 100, 1000, 4000, 100, 800
Wilkin Gunter, 30, 65, 800, 30, 125
J. G. Salley, 200, 1200, 4000, 100, 600
Z. Gantt, 150, 450, 4000, 100, 600
Jas. Gantt, 75, 225, 1000, 50, 250
A. Gantt, 100, 300, 1500, 100, 500
H. H. Salley, 100, 1200, 400, 100, 600
Lem. Gunter, 22, 22, 100, 20, 150
Zinny Gunter, 18, 81, 600, 30, 100
V. Gunter, 15, 35, 200, 15, 30
Lawson Gunter, 30, 100, 300, 30, 501
John Courtney, 20, 100, 400, 30, 400
Jesse Mixon, 20, -, -, 15, 41
Walter Pool, 20, 950, 4000, 100, 1000
David Garvin, 50, -, -, 18, 100
M. V. Hutto, 20, 160, 500, 30, 200
Jas. Cook, 20, 180, 900, 30, 150
Jas. Garvin, 100, 1400, 5000, 200, 1000
Ed. Nobles, 20, 20, 150, 15, 200
Pierson Ables, 40, 10, 2000, 100, 500
Robert Garvin, 25, 5, 300, 75, 300
Larkin Garvin, 20, -, -, 31, 250
H. W. Cooper, 40, 1260, 4000, 50, 400
Elisha Baggot, 100, 1900, 5000, 100, 800
J. J. Howel, 250, 3150, 10000, 150, 1500
W. Scofield, 60, 253, 1200, 30, 300
Jas. Barrs, 40, 220, 70, 25, 200
Sarah Barrs, 25, 600, 1200, 30, 350
Geo. Sawyer, 200, 5200, 12000, 200, 1400
H. L. Price, 18, -, -, 60, 125
Jno. Price, 70, 554, 3000, 250, 950
Jacob Price Sr., 20, -, -, 50, 90

Christian Price, 65, 63, 1500, 175, 250
Wm. Price, 65, 30, 900, 75, 375
E. J. Price, 15, -, -, 15, 125
Daniel Price, 25, -, -, 15, 250
R. H. Leapheart, 25, 30, 550, 10, 62
Isaiah Price, 45, 95, 1300, 20, 365
Nancy Jackson, 10, 30, 400, 15, 50
Patsy Jackson, 20, -, -, 15, 80
E. Oswalt, 50, 71, 800, 200, 200
D. J. Fridell, 40, 194, 1300, 150, 250
Jno. Shumpert, 40, 340, 1500, 150, 400
J. E. Taylor Jr., 35, -, -, 30, 150
David Crapps, 100, 1700, 6000, 250, 760
J. A. Taylor, 130, 100, 2000, 200, 610
E. W. Taylor, 100, 794, 1500, 150, 950
Joseph Price, 30, 50, 1000, 150, 270
George Price, 64, 125, 1000, 200, 400
Geo. Oswalt, 20, 80, 1000, 20, 200
Geo. Hallman, 50, 20, 700, 100, 300
Danl. Oswalt, 35, 35, 1600, 100, 200
Benj. Snelgrove, 20, 22, 800, 10, 40
Jacob Arehart, 50, 72, 1400, 75, 690
David Taylor, 20, -, -, 10, 250
Eliz. Davis, 50, 50, 1000, 150, 400
Johiel Anderson, 75, 65, 1000, 150, 758
Catharine Caughman, 20 187, 2000, 15, 175
Danl. Caughman, 50, 70, 800, 25, 300
Lewis Lybrand, 50, 156, 1500, 150, 333
Christian (Christine) Rawl, 12, 10, 200,15, 18
Polly Arrant, 25, -, 500, 15, 200
E. Alewine, 13, -, 19, 15, 125
David Fikes, 100, 665, 2500, 100, 680
Wilson Hallman, 35, 20, 800, 150, 263
Celia Oxner, 50, 300, 700, 100, 400
Joseph Derrick, 60, 247, 3000, 80, 825
Abram Hite, 30, 45, 500, 75, 165
L. C. Nichols, 35, 65, 700, 20, 200
John Gartman, 80, 500, 4000, 100, 600
Artemissa Wingard, 35, -, 500, 68, 100
Manly Gartman, 40, -, 100, 50, 100
D. T. Barr, 100, 260, 3000, 100, 515
Saml. Rawl, 175, 300, 10000, 500, 1320
G. J. Hook, 150, 311, 3500, 250, 940
Margt. Dreher, 200, 200, 4000, 200, 1400
S. A. Morgan, 110, 260, 1500, 250, 850
Jos. Leapheart, 160, 40, 4000, 175, 1000
Almany Hattiwanger, 75, 200, 2000, 50, 500
Jno. Rawl, 150, 450, 6000, 150, 800
S. R. Harman, 40, 40, 790, 25, 50
J. T. Warner, 45, 66, 1000, 30, 150
W. F. Snelgrove, 100, 75, 2500, 100, 800
W. L. Calk, 20, -, 200, 5, 230
Godfrey Hendrix, 15, -, 150, 10, 175
H. J. Hendrix, 30, 125, 800, 10, 160
A. Hendrix, 75, 350, 2000, 50, 640
Jacob Montz, 40, -, 4000, 10, 175
David Hooleman, 80, 220, 2400, 50, 650
James Langford, 200, 1400, 6200, 400, 750
Wm. Langford, 20, -, 200, -, 360
J. J. Langford, 75, 275, 2500, 100, 590
Peter Shealy, 20, 30, 600, 30, 300
Jesse Hallman, 100, 305, 1500, 100, 460
Wm. Adams, 75, 205, 2100, 30, 600
E. Sease, 100, 300, 3268, 200, 575
J. R. W. Sease, 20, 40, 650, 50, 300

Danl. Drafts, 200, 2000, 11000, 300, 1800
E. S. Sease, 75, 370, 1300, 50, 425
John J. J. Baker, 40, 100, 1000, 50, 450
Saml. Keisler, 40, 365, 1600, 50, 250
Jesse Keisler, 30, 150, 1000, 50, 200
H. I. Drafts, 300, 1100, 10000, 500, 2000
Eliz. Drafts, 75, 125, 2000, 100, 350
Hiram Keisler, 50, 38, 1500, 100, 380
Isaac Vansant, 175, 175, 4100, 180, 500
John Vansant, 30, 85, 900, 40, 250
Saml. D. Rister, 40, 48, 1300, 60, 200
Jno. Rister, 20, 70, 2000, 50, 500
S. L. Rister, 15, 64, 2000, 50, 1000
J. H. Eargle, 100, 175, 2800, 150, 650
Henry Eleazer, 55, 45, 1600, 40, 500
David Shealy, 125, 775, 6400, 200, 1200
Caleb Metz, 45, 100, 2000, 100, 550
J. M. Shealy, 40, 143, 1900, 75, 720
W. P. Ballentine, 25, 125, 1200, 5, 230
J. R. Ballentine, 12, 100, 80, 5, 145
S. J. Bouknight, 50, -, 600, 20, 255
Jno. Ballentine, 40, 270, 1100, 75, 280
Allen Ballentine, 38, 179, 1800, 150, 500
Geo. Caughman, 65, 300, 2800, 200, 550
David Keisler, 35, 372, 1200, 80, 350
J. Miller, 70, 323, 2000, 600, 650
E. Crim, 60, 240, 900 100, 300
Jno. Shull, 75, 475, 3000, 30, 350
A. Anderson, 55, 570, 700, 50, 300
L. Keisler, 40, -, 1500, 50, 200
D. F. Keisler, 30, 125, 2000, 75, 400
Jacob Keisler Jr., 35, 70, 1200, 130, 350
Henry Keisler, 50, 580, 2000, 50, 300
E. S. J. Hayes, 50, 259, 3000, 15, 350
A. D. J. Hayes, 35, 127, 1000, 25, 300
J. E. Leapheart, 25, -, 500, 150, 100
A. G. Hayes, 25, -, 500, 30, 300
Ervin Hayes, 20, 120, 600, 35, 150
B. J. Hayes, 20, 33, 1000, 35, 265
J. J. Seas, 60, 90, 500, 50, 300
B. Long, 30, 170, 500, 40, 125
J. C. Long, 37, 92, 200, 30, 200
Levi Smith, 43, 90, 2800, 100, 280
J. E. Hendrix, 35, 100, 1000, 50, 795
Eli Wessinger, 20, 70, 400, 30, 120
J. S. Wingard, 30, -, 300, 30, 122
Jesse Wessinger, 30, 25, 500, 4, 100
Margt. Wingard, 50, 134, 1000, 75, 190
Geo. Campbell, 50, 116, 500, 75, 265
Adam Shull, 75, 100, 600, 75, 1600
Leah Sox, 50, 50, 300, 100, 100
G. B. Lybrand, 40, 75, 400, 50, 150
S. R. Lybrand, 30, 70, 500, 75, 225
Sam. Sox, 20, 30, 150, 50, 210
David Roof, 50, 150, 410, 50, 400
Danl. Cromer, 24, 125, 300, 50, 118
Hepseboh Hook, 25, 137, 500, 30, 200
Heney (Henry), Shull, 40, 150, 400, 75, 285
Henry Buff, 30, 210, 300, 75, 285
David Shull, 60, 460, 400, 50, 100
Adam Cromer, 40, 460, 400, 50, 100
Jas. E. Drafts, 150, 250, 450, 50, 164
William Gunter Sr., 40, 270, 300, 50, 400
Saml. T. Lorick, 300, 1600, 5000, 150, 500
J. A. Geiger, 14, -, 300, 50, 75
Joseph Airhart, 50, 247, 450, 50, 300
Henry Airhart, 10, -, 111, 10, 150
Danl. Fry, 40, -, 300, 10, 500
Jeff. Leaphart, 80, 350, 500, 75, 412
R. Buff, 45, -, 700, 150, 445

Geo. Buff, 75, 424, 1000, 200, 515
Wm. Shull, 25, 75, 400, 75, 191
M. A. Shull, 100, 291, 1900, 150, 800
Conrad Senn, 50, 75, 800, 100, 500
Mary Carter, 30, 110, 400, 73, 175
David Carter, 15, 400, 200, 45, 125
Jacob Hook, 60, 70, 700, 50, 378
Henry Senn, 50, 65, 800, 100, 475
Jacob Senn, 40, 65, 800, 60, 456
Joseph Hook, 100, 200, 3000, 100, 1200
Wm. Hook 100, 45, 150, 30, 575
Danl. Hook, 30, 50, 1200, 40, 237
Jas. G. Gibbes, 70, 500, 6000, 100, 1500
W. M. Gibbes, 20, -, 5000, 100, 700
Noah Plate (Platt), 20, 75, 1500, 45, 150
M. Sean, 20, 40, 2000, 60, 200
David Wilson, 30, 270, 1650, 45, 175
J. Mathias, 45, 145, 1100, 75, 205
J. Roof, 60, 243, 2600, 275, 225
M. A. Culler, 25, 450, 2000, 100, 600
J. L. Culler, 20, 550, 2000, 50, 650
David Wanamaker, 300, 1000, 6000, 175, 1400
V. V. Saylor, 130, 1400, 4500, 175, 1200
D. B. Wanamaker, 120, 600, 2000, 100, 800
Jas. Crim, 30, 50, 250, 30, 300
D. J. Rucker, 40, 100, 200, 300, 350
A. G. Kneese, 200, 730, 500, 150, 1400
Geo. Rucker, 35, 245, 1000, 30, 300
Vastine Stabler, 35, 115, 750, 35, 200
Jac. Wise, 40, 150, 300, 35, 250
Mary A. Wackter, 30, 80, 200, 30, 150
J. G. Wise, 50, 106, 800, 50, 400
Henry Seibler, 700, 1800, 10000, 700, 2933

M. Slagle, 25, 25, 200, 15, 50
J. F. Wolf, 60, -, -, 50, 550
W. D. Muller, 35, 325, 3500, 100, 1000
H. Fogle, 40, -, -, 50, 550
Harriet Kaigler, 200, 1300, 18000, 200, 1000
Charlotta Hindon, 300, 30, 250, 30, 120
J. D. Knight, 24, -, -, 15, 250
J. H. Threrloits, 400, 8000, 32000, 500, 4000
E. W. Geiger, 200, 12000, 35000, 200, 1200
Jac. Geiger, 250, 2200, 5200, 200, 1000
H. W. Bankman, 20, 80, 200, 30, 200
Reuben Sharp, 70, 490, 1500, 100, 400
Jas. Sharp, 100, 1000, 3400, 50, 350
Wm. Geiger, 150, 637, 9000, 150, 1200
Arthur Reece, 30, -, -, -, 420
A. W. Geiger, 250, 1150, 13000, 30, 25000
Wm. Joiner, 15, 400, 1000, 20, 300
Henry Arthur, 700, 800, 2000, 300, 3000
E. R. Casey, 100, 400, 5000, 100, 800
Henry Jumper, 16, 22, 200, 30, 200
S. W. Hook, 35, 465, 1600, 30, 900
W. A. Hook, 50, 950, 4000, 200, 400
Danl. Roof, 50, 500, 2000, 100, 300
Jas. Shull, 50, 500, 1500, 75, 250
Westly Shull, 50, 400, 1000, 35, 100
Henry Sox, 25, 51, 300, 40, 100
Jefferson Sox, 50, 158, 600, 30, 200
Jesse Sox, 25, 79, 300, 30, 175
Jac. Sox, 20, 105, 500, 30, 100
Levi Gunter, 45, 1400, 4000, 150, 800
Harman Wager (Wages), 30, -, -, 15, 100
J. J. A. Gregory, 20, 110, 1000, 35, 200

F. W. Gregory, 20, 550, 3000, 35, 300
Henry Backman, 25, 100, 200, 30, 175
D. M. Sox, 30, 150, 400, 35, 200
G. H. Hunt, 75, 3425, 4000, 100, 710
E. Sharp, 40, 260, 600, 40, 400
J. D. Sharp, 11, 55, 150, 15, 300
G. Sango, 45, 150, 400, 30, 300
N. Coleman, 59, 200, 500, 35, 250
John Macke, 20, -, -, -, 100
F. Sharp, 50, 300, 800, 40, 500
Franklin Sharp, 20, 67, 200, 30, 300
David Sharp, 25, 178, 500, 25, 300
Elizabeth Ripple, 26, -, -, 15, 150
Elizabeth Smith, 30, 200, 400, 30, 200
N. Brown, 60, 200, 500, 30, 350
A. J. Clarke, 50, 230, 2000, 75, 400
S. Lucas, 30, -, -, 10, 50
E. Popple, 30, -, -, -, 200
R. Franklow, 30, 120, 250, 20, 100
Jno. Gates, 200, 100, 2600, 200, 1500
John C. Geiger, 700, 2477, 33000, 1000, 3000
J. G. Wolf, 100, 412, 5000, 500, 1640
C. A. Wolf, 250, 830, 3100, 300, 2100
G. Muller, 400, 1247, 12000, 500, 3500
A. E. Muller, 100, 6000, 16000, 200, 800
Wm. Assman, 70, 400, 1900, 100, 800
J. W. Geiger, 385, 1033, 11000, 500, 2000
M. B. H. Baker, 200, 1000, 25000, 500, 2000
J. B. Margart, 10, -, -, 15, 200
Geo. Kaigler, 400, 1500, 14000, 50, 3500
J. A. Mitchel, 130, 70, 3500, 150, 900

Wm. Kinsler, 150, 100, 500, 200, 1000
Lewis Mack, 400, 160, 700, 30, 350
John Swygert, 150, 1073, 5150, 500, 800
G. J. Derrick 190, 405, 3600, 150, 750
Samuel Drafts, 100, 250, 6000, 150,700
James Marunt, 100, 200, 2000, 100, 650
Annice King, 68, 413, 900, 50, 400
Jacb Kyzer, 100, 1230, 1300, 100, 1000
G. J. Long, 23, 78, 1000, 30, 2000
Levi Shealy, 50, 300, 3000, 100, 600
J. W. Baughman, 75, 525, 2000, 30, 300
Amos Spires, 15, 85, 250, 20, 200
Celia Wages (Wager), 20, -, -, 15, 200
S. D. Parr, 30, 70, 200, 10, 100
J. B. Taylor, 35, 365, 700, 30, 200
Andrew Rish, 30, 170, 800, 50, 500
Lewis Pou (Pon), 200, 632, 10000, 150, 2500
Lewis Macke, 50, 450, 1000, 50, 350
Elijah Cochrame, 20, -, -, 15, 200
S. M. Sawyer, 30, 40, 400, 30, 200
Jno. Sanguinette, 15, -, -, 5, 35
Elmore Hartley, 25, 80, 500, 15, 150
Geo. Boatwright, 20, 20, 200, 20, 125
W. S. Malpass, 45, 65, 510, 20, 150
J. W. Hartley, 50, 150, 1500, -, 150
Wm. Daniel, 18, -, -, -, 16
Kennerly Kneese, 20, 80, 500, 5, 100
Wm. Kneece, 50, 120, 1000, 100, 300
Margart Hartley, 70, 130, 800, 50, 400
Francis Thrailkill, 30, 170, 800, 50, 300
Jacob Kneece, 25, 175, 1200, 15, 75
Benj. Sumter, 65, 100, 750, 20, 400
H. Jones, 35, 100, 1000, 30, 175

Elizabeth Smith, 25, -, -, 15, 200
P. W. Smith, 40, 110, 1000, 15, 230
Saml. Senn, 35, 400, 2000, 25, 135
Mary Wingard, 50, 135, 1500, 25, 317
Thos. Rawls, 5, 20, 200, 75, 275
Seaborn Jones, 120, 625, 2500, 150, 750
Geo. R. Sawyer, 70, 130, 1700, 50, 300
Wm. Gaston, 30, 170, 700, 25, 250
Jno. V. Sawyer, 80, -, -, 15, 300
L. B. Lott, 50, 450, 2000, 50, 500
Anslem Sawyer, 20, 36, 200, 110, 150
Jno. Quattlebaum, 60, -, -, 15, 450
B. Cullam, 150, 1200, 5000, 200, 1150
J. P. Jones, 27, 50, 40, -, -
W. E. Cullan, 80, 1320, 3000, 100, 781
E. Williams, 24, -, -, 30, 75
Jno. P. Cullom, 300, 6451, 13500, 100, 1450
Jno. W. Baxter, 25, 60, 150, 15, 40
W. B. Jones, 60, -, -, 100, 30
Eliz. Sawyer, 70, 900, 3000, 100, 350
W. S. Sawyer, 40, 250, 1000, 50, 250
Sampson Duffy, 20, 60, 2500, 35, 40
Joseph Duffy, 25, 75, 300, 10, 25
H. B. Fallon, 35, 72, 500, 10, 200
Burrell Altman, 40, 60, 300, 30, 250
J. R. Gantt, 200, 2300, 6000, 150, 1300
Drayton Gantt, 200, 1600, 8000, 150, 800
D. Quattlebaum, 400, 3100, 15000, 200, 2000
T. Gantt, 150, 2350, 3000, 150, 900
A. Steedman, 300, 1700, 15000, 200, 1500
J. M. Steedman, 25, -, -, 20, 400
Jas. Woodward, 35, 85, 600, 15, 250
Wm. Hall, 50, 200, 800, 20, 300
G. Boatwright, 50, 50, 400, 20, 200
Jas. Eagin, 200, 144, 2000, 100, 500
Danl. Eagin, 20, 230, 2000, 15, 200
E. Hall, 100, 128, 600, 100, 600
David Halman, 20, 100, 400, 50, 350
Wm. Howard, 100, 350, 2500, 100, 300
Carsen Able, 50, 450, 1900, 75, 500
E. Quattlebaum, 140, 40, 2000, 50, 1000
J. H. Fox, 25, 275, 600, 30, 200
Jas. Burgess, 60, 300, 3000, 100, 800
J. H. Burgess, 20, 30, 100, 15, 275
P. Q. Quattlebaum, 175, 4783, 20000, 250, 1500
Adam Shealey, 35, 300, 1000, 100, 350
A. Shealey, 20, 210, 500, 50, 320
David McCarthy, 40, 300, 800, 50, 400
J. T. Crout, 20, 300, 200, 30, 200
W. M. Shealey, 75, 625, 2000, 100, 700
Jac. Shealey, 25, 75, 200, 20, 30
J. F. Smith, 20, -, -, 15, 300
Wm. Crout, 50, 350, 1000, 35, 400
Westly Crout, 25, 250, 700, 30, 300
S. A. Shumpert, 150, 176, 700, 15, 350
M. Rish, 30, 75, 750, 75, 150
P. Schumpert, 24, 126, 800, 50, 350
N. Schumpert, 15, -, -, 15, 200
David Halman, 18, 75, 200, 10, 250
Geo. Smith, 130, 458, 3000, 125, 800
Adam Smith, 100, 900, 2000, 125, 600
Jac. Smith, 30, 170, 300, 125, 300
Jos. Schumpert, 40, 500, 1200, 125, 400
Aaron Taylor, 50, 190, 800, 125, 600
Saml. Smith, 60, 320, 1200, 125, 400
Charles Rickard, 50, 276, 1000, 100, 500
J. F. Halmon, 30, 170, 80, 35, 250
D. Holmon, 80, 220, 900, 75, 600
S. Gunter, 35, 55, 300, 30, 250

Nancy Gunter, 40, 10, 250, 35, 200
Saml. Holmon, 140, 400, 2000, 125, 1200
Jac. Holmon, 100, 483, 1500, 100, 600
Peter Rouze, 150, 750, 4000, 150, 1300
A. B. Gunter, 18, 80, 200, 30, 175
Geo. Steedman, 250, 750, 6000, 200, 1200
E. Gunter, 50, 200, 800, 35, 200
R. Steedman, 300, 3700, 12000, 230, 2000
A. Rish, 25, -, -, 15, 100
W. J. Barr, 225, 3000, 20000, 300, 1600
Hillard Taylor, 16, 184, 800, 35, 250
D. Altman, 50, -, -, 30, 100
S. Altman, 100, 2233, 5000, 100, 600
Jas. Day, 40, 180, 240, 50, 200
Levi Gantt, 75, 329, 1200, 100, 500
Jno. Hall, 40, 60, 300, 35, 50
Z. Gantt, 28, 60, 150, 30, 100
Saml. Gantt, 50, 250, 1600, 100, 500
Jno. Lewis, 40, 360, 1000, 100, 200
Russel Gunter, 100, 300, 1000, 125, 800
Martha Rawls, 15, 60, -, 45, 150
Wm. Gunter, 28, 85, 500, 75, 300
W. H. Gunter, 25, -, -, 20, 110
Elza Gunter, 35, 100, 600, 35, 350
Wm. Merritte, 150, 750, 6000, 150, 1000
M. Simons, 75, 225, 600, 100, 450
Jas. I. Able, 100, 400, 2500, 125, 400
Pricila Able, 50, 1050, 4000, 100, 300
W. B. Talan, 25, -, -, -, 35
Levi Rish, 100, 2400, 600, 125, 1000
Barbary Rish, 30, -, -, 15, 400
Eliza Gantt, 100, 1000, 2000, 100, 1000
Caswell Gantt, 40, 623, 1500, 100, 400
W. Gantt, 40, 534, 1000, 100, 500
R. R. Gantt, 40, 310, 1000, 100, 265
Sol. Altman, -, 256, 1000, 75, 350

Marion District, South Carolina
1860 Agricultural Census

The South Carolina Department of Archive and History has microfilmed its census records. Detailed information on the history of these records as they were created and later turned over to South Carolina by the Department of the Interior's Bureau of the Census is in the Foreword.

Columns 1, 2, 3, 4, 5, and 13 represent the following information on the census:
1. Name of Owner, Agent or Manager of Farm
2. Acres of Improved Land
3. Acres of Unimproved Land
4. Cash Value of the Farm
5. Value of Farming Implements and Machinery
13. Value of Livestock

W. H. Crawford, -, -, -, 20, -
B. Dill (agent), 250, 1300, 6000, 250, 1000
E. Adkinson, 20, 110, 600, 75, 250
Susan E. Gause (Ganse), 700, 3100, 30000, 1500, 4000
D. A. Campbell, 140, 2500, 3500, 200, 500
Alex. McWhite, 300, 3300, 30000, 500, 2600
Elizabeth Cannon, 10, 400, 400, 25, 100
Redding Cannon, -, -, -, 50, 240
G. W. Woodbury, 200, 2800, 20000, 200, 1500
Henry Brown, -, -, -, 5, 30
J. E. Cook, 25, 150, 2000, 100, 160
L. D. Avant, -, -, -, 20, 175
Eli Foxworth, 40, 160, 400, 50, 170
Thomas Burrows, 50, 350, 250, 15, 150
Francis Britton, 50, 360, 1000, 100, 350
Robert Parker, 25, 575, 500, 25, 150
Sarah B. Woodbury, 150, 1500, 3000, 100, 550
Evander M. Woodbury, 100, 700, 2100, 80, 400
Wm. K. Marlow, 50, 1450, 2000, 100, 620
Emanuel Tindal, -, -, -, 10, 40
Wm. Woodbury, 75, 1300, 4000, 100, 700
John R. Hucks, -, -, -, 50, 150
Samuel W. Cannon, 5, 295, 150, 400, 100
John Larrimore Sr., -, -, -, 10, 20
Robt. Lourimore, 50, 950, 2000, 50, 260
H. L. Lowrimore, -, -, -, 10, 175
Thomas Tyler, 10, 590, 600, 30, 150
Joey J. Wallace, 15, 85, 100, 10, 170
Mosses Louwrimore, -, -, -, 5, 300
James Russ, 20, 280, 500, 50, 200
Danl. W. Dennis, 10, 400, 500, 50, 100
Solomon Tindal, 40, 660, 1000, 50, 300
Danl. P. Russ, -, -, -, 10, 100
Wm. Carter, 20, 380, 400, 20, 130
Robt. Bone, 20, 150, 250, 30, 200
Mary Bone, -, -, -, 10, 30
M. Mishaw, 10, 150, 500, 5, 25
Thomas Parker, 10, 740, 700, 50, 100
Thomas Sanders, 25, 475, 1200, 10, 30
Jas. W.A. Woodbury, 50, 863, 1800, 50, 400

Ann Williams, 40, 875, 5000, 100, 500
John Rogers, 75, 121, 200, 70, 500
Richard W. Rogers, 30, 1300, 3000, 50, 450
Martha A. Rogers, -, -, -, 10, 170
John Lowrimore, 43, 150, 500, 30, 175
Ann W. Lowrimore, -, -, -, -, 50
Colin W. Lowrimore, -, -, -, 10, 275
Jas S. Rogers, 20, 1160, 5000, 50, 350
Silas Rogers, 100, 4500, 10000, 200, 900
John R. Rogers, -, -, -, -, 300
Lydia Rogers, -, -, -, -, 30
Jas. G. Williams, -, -, -, -, 90
Sol. Richardson, 75, 1200, 5000, 50, 400
J. S. Rogers, 50, 600, 2000, 25, 250
T. J. Dozier, 100, 400, 400, 100, 420
Ann Gasque, 25, 50, 600, 75, 200
Francis J. Johnson, 40, 460, 3000, 50, 200
Benj. H. Richardson, 30, 70, 500, 60, 600
Sarah Tyler, -, -, -, 10, 400
David J. Rowell, 50, 450, 2000, 100, 600
Jas. Gunter, -, -, -, 10, 80
Asa Turbeville, -, -, -, 5, 150
Joseph Brown, 80, 420, 3000, 75, 600
Archibald McLellan, 25, 500, 2000, 10, 60
Benj. Chinners, 30, 112, 1000, 5, 200
Francis Chinners, -, -, -, -, 30
T. Stanly, -, -, -, 30, 150
John M. Richardson, 30, 122, 1000, 30, 350
Duke M. Roberts, 10, 30, 400, 20, 85
Henry Richardson, 10, 40, 300, 10, 250
Jas. Richardson, 20, 20, 300, 100, 150
Ervin Richardson, 30, 112, 600, 50, 300
Wm. Richardson, 20, 44, 500, 15, 600
J. W. Lovel, 8, 98, 300, 5, 40
B. F. Davis, 100, 1100, 5000, 50, 620
John Cribb, 40, 80, 100, 10, 80
J. H. Humant, -, -, -, 20, 120
James Altman, -, -, -, 30, 60
A. Cribb, -, -, -, 20, 120
Thos. Cribb, -, -, -, 40, -
W. M. Whaley, -, -, -, 20, 300
J. E. Watson, 10, 40, 150, 10, 60
B. W. Cook, -, -, -, 15, 170
J. G. Jordan, 30, 470, 3000, 50, 500
Wm. Altman, -, -, -, 20, 100
A. Richardson, 20, 10, 300, 25, 300
A. B. Jordan, 45, 85, 1500, 60, 200
H. Gunter, -, -, -, 10, 10
H. Gasque, 25, 167, 1500, 50, 220
D. Shelly, 50, 170, 2000, 60, 400
Jas. Rowell, -, -, -, 30, 175
Ann Shackelford, 20, 880, 5000, 65, 280
B. F. Leonard, -, -, -, 20, 150
A. J. Richardson, 15, 45, 300, 10, 50
Wm. Turbeville, -, -, -, 40, 200
Ruchad Powel, 25, 25, 200, 10, 180
Wm. Marlowe, -, -, -, 5, 70
E. Herrin, 50, 100, 1000, 40, 170
Silas White, 60, 140, 1000, 40, 160
Jas. Carter, 20, 130, 1000, 30, 300
David Carter, -, -, -, 10, 350
J. C. Brown, -, -, -, 10, 160
W. F. Brown, 15, 55, 200, 10, 140
D. R. G. Brown, 10, 60, 350, 10, 55
Saml. Bryant, -, -, -, 5, 260
Thos. Evans, 210, 1060, 7000, 350, 700
Susan Wiggins, -, -, -, 10, 100
W. B. Smith, 40, 60, 400, 35, 200
Lewis Herrin, 55, 45, 700, 20, 280
G. W. Shackelford, 20, 30, 200, 30, 370

G. S. Jordan, 110, 384, 3000, 100, 1800
Ruth Carter, -, -, -, 10, 200
Benj. Davis, -, -, -, 10, 334
W. W. Wall, 40, 330, 2000, 20, 350
H. G. Wall, 200, 2500, 5000, 200, 900
Francis Wall, 30, 74, 500, 30, 320
John McDaniel, 20, 125, 500, 10, 150
Wilson Nobles, -, -, -, 5, 100
Wiley Cain, -, -, -, 5, 150
Jas. Glisson, -, -, -, 5, 40
J. D. Shaw, 250, 11750, 10000, 50, 1300
Emma Wiggins, 30, 200, 700, 20, 85
James Sutton, -, -, -, 10, 50
Mary Nobles, -, -, -, 5, 200
M. Wiggins, 200, 600, 4000, 60, 900
John Davis, 50, 250, 1000, 70, 300
Jas. Davis, -, -, -, 20, 200
H. G. Davis, 50, 250, 1200, 40, 230
W. M. Davis, 350, 450, 6000, 75, 1000
C. Phillips, 200, 1219, 10000, 50, 800
Celia James, 50, 330, 1500, 20, 200
S. W. White, 40, 255, 1200, 10, 270
Thos. Hewit, -, -, -, 10, 150
T. G. Davis, 250, 950, 10000, 500, 1800
Danl. Dimery, 50, 100, 300, 20, 350
Ann Pace, 50, 300, 500, 25, 150
James Pace, -, -, -, 20, 100
Levi Jones, 40, 60, 1500, 35, 200
W. J. Woodward, 40, 30, 700, 30, 160
W. B. Smith Sr., 80, 110, 600, 50, 300
Jas. Smith, -, -, -, 20, 270
Wm. Smith, -, -, -, 20, 200
M. Woodward, 125, 275, 4000, 50, 450
I. H. Watson, 275, 1825, 25000, 300, 1200
John Rogers, 100, 600, 3500, 40, 700
B. Rogers, 25, 15, 300, 20, 170
W. J. Page, 200, 660, 5000, 200, 1200
W. B. Baker, 200, 2200, 20000, 200, 1500
E. C. Collins, 35, 135, 1500, 13, 200
A. Baker, 380, 2800, 30000, 350, 1520
R. Baker, 300, 1200, 16000, 300, 1200
S. M. Stevenson, 365, 658, 20000, 500, 1600
A. H. Brown, 1600, 7500, 36000, 1000, 4000
J. S. Gibson, 2000, 6000, 80000, 2000, 6000
Thos. Tubeville, 50, 250, 700, 20, 350
Eli McKissick, 350, 300, 4000, 50, 700
Jarnette Moody, 250, 175, 6000, 200, 600
John Wilcox, 45, -, 2000, 20, 300
John H. Hawer, -, -, -, 10, 150
C. B. Brown, 75, 20, 4000, 100, 800
J. W. Singletary, 250, 1150, 12000, 700, 2000
Jane B. Evans, 200, 100, 6000, 1000, 600
N. C. McDuffie, -, -, -, -, 200
G. I. Wayne, 100, 60, 5000, 40, 300
A. Q. McDuffie, 2, 300, -, 35, 300
H. B. Wheeler, 206, 471, 6700, 45, 1000
H. S. B. Williams, -, -, -, 5, 60
John Smith, -, -, -, 175, 300
H. McClenaghan, 1000, 3000, 40000, 500, 3600
N. Phillips, 100, 400, 10000, 300, 700
C. E. Evans, 85, 753, 6800, 150, 500
Q. C. McClenaghan, 65, 126, 3000, 25, 225
C. Graham, -, -, -, 125, 600
T. E. Henry, 15, -, 900, 10, 65

W. C. McMillan, 75, 325, 5000, 150, 400
Q. B. Young, 40, 11, 2500, 50, 500
Ann Godbold, 150, 4000, 17000, 300, 1600
R. F. Graham, 60, 40, 4500, 40, 630
Samuel J. Steel, 50, 400, 800, 50, 475
W. W. Sellers, 400, 1100, 14500, 700, 1400
John B. Platt, 85, 85, 1700, 175, 312
Thos. Shaw Jr., 200, 150, 1750, 50, 1300
Jesse Harrelson, 8, 42, 500, 30, 2530
Patrick Thomas, 30, 520, 1000, 50, 700
Nella Stevens, 20, 14, 250, 25, 80
Martha A. Martin, 130, 173, 3000, 30, 375
Williamson Baxley, 45, 55, 400, 30, 100
Edmund H. Price, 25, 55, 1000, 30, 200
Mitchel R. Powers, -, -, -, -, 200
Gideon Powers, 130, 468, 5000, 75, 250
Desda Montgomery, -, -, -, -, 4
E. A. Coleman, 75, 55, 5000, 50, 370
J. W. Smith, -, -, -, 25, 200
B. L. Fry, -, -, -, 20, 100
J.S. Suggs, -, -, -, 15, 85
Sarah Moody, 150, 200, 3000, 150, 700
C. B. Haselden, 135, 174, 6000, 300, 750
John A. Brown, 190, 435, 10000, 200, 1000
W. S. Wilson, 350, 1350, 10000, 250, 1500
Ann Head, 75, 225, 3000, 25, 300
Jos. E. Webb, -, -, -, 10, 14
Gadi Powers, 90, 710, 2000, 25, 400
Jay Haywood, -, -, -, 15, 40
John Johnson, 30, 30, 200, 15, 250
Wm. Alford, -, -, -, 10, 70
Jas. Worrell, -, -, -, 15, 200

Lawton Bailey, -, -, -, 15, 350
Reuben Jones, 75, 75, 1500, 25, 350
Elizabeth Alford, -, -, -, 10, 180
Evander Stokes, -, -, -, 15, 120
Geo. C. James, 600, 700, 16000, 400, 2000
Robt. Napier, 400, 370, 8500, 250, 1200
Jas. H. Jarrot, 1100, 2900, 40000, 1000, 2120
E. Eli Gregg, 480, 700, 25500, 750, 3230
A. C. Brown, 200, 220, 12000, 200, 1000
E. E. Gregg, 350, 494, 25000, 150, 1500
Jas. Gregg, 350, 494, 25000 150, 1500
W. G. Gregg, 350, 2050, 24000, 250, 1600
W. G. Gregg, 72, 25, 2500, 35, 350
Elizabeth Bigham, 130, 70, 5000, 15, 250
J. N. McCall, 1000, 1000, 30000, 1600, 5000
Isabella McCall, 200, 133, 5000, 150, 740
W. H. McCall, 250, 283, 8000, 40, 710
Elijah Gregg, 200, 650, 8500, 50, 900
R. D. Cooper, 175, 70, 5000, 300, 700
Dr. Reese Gregg, 450, 700, 25000, 380, 3500
Cit. Bailey, 200, 250, 7000, 50, 500
John Taylor, -, -, -, 10, 70
Ervin Bailey, -, -, -, 15, 60
Gadi Bailey, 200, 700, 9000, 200, 600
Jas. J. Taylor, -, -, -, 20, 150
Jonas Bailey, -, -, -, 25, 180
Thos. Melton, -, -, -, 10, 100
John Hutson, -, -, -, 13, 1300
O. C. Hughs, -, -, -, 10, 90
H. Melton, -, -, -, 15, 100

John Denny, -, -, -, 5, 40
Stephen Parker, 120, 213, 3000, 15, 380
Benj. Bailey agt., -, -, -, -, 40
Martin Turner, -, -, -, -, 45
John O. Lane agt., 25, -, -, 25, 130
David Sweat, 60, -, -, 25, 360
George Sweat, 150, 400, 5050, 200, 250
Jas. Godbold, -, -, -, 25, 150
W. M. Brown, 40, 198, 1200, 50, 325
Robt. Bird agt., -, -, -, -, 130
B. W. Jernigan, 70, 121, 3000, 150, 450
T. D. Owens, 175, 155, 4500, 50, 1000
John Blackman agt., 25, 25, 500, 5, 125
Syntha Hussey, 150, 100, 3000, 50, 250
Emily Black, 30, 26, 1120, 25, 50
Isham Watson, 700, 3353, 40530, 300, 1600
J. H. Moody, 275, 275, 10000, 300, 1200
Wilis Finklea, 175, 32, 2000, 30, 575
Hugh Finklea, 75, 90, 200, 60, 350
Thos. Finklea, 35, 30, 1500, 40, 175
J. W. Tart, -, -, -, 25, 200
John M. Bryant, 200, 900, 8800, 275, 675
John C. Campbell, 112, 455, 5000, 30, 200
Wm. Bryant agt., 75, 75, 2500, 30, 94
S. L. Lane, 75, 75, 2500, 5, 325
Jas. W. Lee, -, -, -, 5, 50
Jas. Lane Jr. agt., 85, -, -, 25, 250
Peter McLellan, -, -, -, 10, -
M. W. Turner, 100, 40, 3000, 50, 500
K. Watson agt., -, -, -, 20, 70
J. C. Hays, 800, 1429, 27290, 400, 1500
D. S. Hays, 300, 200, 5000, 250, 100
Robt. Turner agt., 100, -, -, 25, 275
John M. Jackson, 127, 75, 3000, 50, 150
H. H. Porter, 50, 150, 2000, 20, 395
H. G. Bird, 225, 325, 10000, 180, 300
W. N. Alford, -, -, -, 25, 700
Levi Legett Sr., 80, 600, 6000, 300, 120
Levi Legett, -, 410, 2000, 10, 552
Anna Rogers, 20, 270, 2000, 10, 160
Morgan Legett, 50, 165, 2000, 50, 70
Robt. Turner agt., 40, -, -, 30, 250
Jaret Moneyham, 50, 150, 300, 50, 300
Marina Hays, 95, 484, 120, 35, 225
W. G. Whittington, 12, -, 200, 30, 62
Levi Whittington, -, -, 175, 25, 100
Nathaniel Whittington, 250, 650, 1720, 100, 1515
Amy Whittington, -, -, 125, 12, 145
Nancy Hays, -, -, 175, 25, 480
Hamilton Hays, -, -, 250, 32, 168
Austin G. Hays, -, -, 200, 20, 185
Jas. N. Hays agt., 25, -, 300, 15,-
Esther McDole, 40, 47, 870, 30, 155
Dennis Berry, 150, 250, 4000, 255, 100
Dr. R. B. Fladger, 350, 850, 12000, 350, 1940
Miss R. E. Fladger, 80, 70, 2000, 50, 350
Joel Meggs, 25, 25, 500, 25, 150
Thos. Brigman, 100, 400, 5000, 25, 340
William Taylor, 75, 57, 1500, 25, 150
Franklin A. Bery, 40, 110, 1950, -, -
L. G. Hays agt., 45, 55, 600, 30, 250
Robt. Hays, -, -, -, -, 4
Parker Bethea, 200, 800, 10000, 500, 634
J. H. Bethea, 40, -, -, 30, 100
L. L. L. Wood agt., 6, 86, 750, -, -
J. B. McIntyre, 100, 78, 2500, 200, 200

Charity Berry, 60, 315, 3000, 25, 320
Andrew Berry, 80, 520, 4800, 250, 450
N. T. Bery agt., 40, 133, 1000, 30, 170
S. F. Berry, 75, 208, 2100, 30, 400
John Gilbert agt., 90, 310, 3000, -, -
Mrs. M. Finklea, 100, 200, 3000, 40, 350
P. W. Bethea, 200, 400, 6000, 150, 700
R. C. Jackson, -, -, -, 5, 50
Robt. Gilbert, -, -, -, -, 10
H. J. George, 100, 46, 1460, 30, 300
W. J. George, 55, 131, 1860, -, 250
J. J. George, 40, 160, 2000, 200, 250
John C. Bethea, 700, 4300, 37498, 450, 2700
Philp Bethea agt., 150, 1000, 10000, 50, 500
Jesse Perritt, 125, 575, 7000, 80, 400
Chas. Kirby, 35, 45, 800, 20, 100
Jos. D. Bass, 350, 80, 10000, 500, 1500
Abram Dew, 200, 2000, 35000, 150, 1200
J. R. Brigman, 35, 200, 2000, 20, 250
Jno. R.B Bethea, 200, 800, 10000, 500, 700
C. D. Hays, -, -, -, 20, 50
F. G. Wise, 40, 100, 1500, 25, 1600
Riley Love, -, -, -, 15, 25
Mary Jackson, 25, 20, 500, 20, 250
Alva Parker, 75, 25, 2000, 15, 200
Ed Owens, -, -, -, 10, 120
Mosses Whittington, -, -, -, 15, 20
Wm. Finklea, 70, 60, 2500, 40, 380
H. Dew, 100, 269, 4000, 150, 280
Ebin Hays, -, -, -, 15, 80
John McLellan, 25, 55, 800, 25, 180
Jas. R. Bethea, 500, 1380, 20000, 500, 1700
Danl. Sanderson, -, -, -, 20, 140
Jas. Lane, 150, 130, 1280, 20, 280
Mosses Cook, -, -, -, 20, 45
Ann Jackson, 150, 150, 6000, 100, 400
A. W. Jackson, -, -, -, 40, 180
Rederick Graham, 25, 90, 1150, 20, 280
Archd. Greaves, 25, 25, 500, 10, 300
Cade Rogers, 24, 400, 4000, 50, 380
Nelson Barrentine, 50, 30, 900, 30, 160
Jas. Turner, -, -, -, 15, 140
Jas. W. Bass, 450, 1700, 20000, 400, 1500
Hugh Dew, 100, 350, 2000, 50, 480
John A. Dew, 60, 530, 4000, 30, 380
Henry Carter, -, -, -, 50, 260
Jno. G. Kirby, 30, 55, 1600, 40, 380
S. A. Hairgrove, 60, 40, 1500, 50, 240
Jas. F. Easterling, -, -, -, 28, 20
Henry Easterling, 60, 149, 1600, 30, 200
Saml. Hale, 200, 400, 3000, 60, 650
Jno. D. Smith, 100, 200, 3000, 60, 280
N. Horton, -, -, -, 15, 90
Walter Owens, -, -, -, 10, 115
Gewood Berry, 300, 1140, 5000, 50, 1500
Elisha Berry 200, 900, 10000, 600, 700
Robt. H. Reaves, 400, 2900, 25000, 300, 3000
W. F. Richardson, 350, 3500, 40000, 500, 2500
O. P. Wheelen (Wheeler), 300, 650, 7000, 300, 2000
Wesly White, 200, 1000, 12000, 250, 1200
Elly Godbold, 400, 700, 12000, 600, 300
Stephen F. Godbold, -, -, -, 5, 25
Rebecca Alford, -, -, -, 6, 140
John Alford, -, -, -, 4, 50
Elizabeth Turbeville, -, -, -, 6, 400

Huger Godbold, 100, 300, 5000, 200, 800
Thomas Tanner, -, -, -, 25, 110
J. C. Barfield, 25, 100, 1500, 75, 200
George Turbeville, -, -, -, 10, 325
Hugh Haselden, 150, 350, 5000, 50, 650
Eli Phillips, -, -, -, 5, 50
C. J. Herrin, -, -, -, 10, 50
Ervin Godbold, 85, 100, 2500, 50, 950
Eli T. Foxworth, 100, 150, 3000, 50, 800
F. A. Miles, 800, 1200, 20000, 500, 1425
Stephen Foxworth, 100, 200, 3000, 50, 900
Robt. L. Foxworth, 20, 260, 1500, 10, 210
Danl. Townsend, -, -, -, 5, 100
Stephen G. Godbold, 250, 1000, 13000, 300, 1160
Lewis Wiggins, -, -, -, -, 160
Wm. Johnson, -, -, -, -, 50
David Munroe, 300, 20, 8000, 400, 1160
Moley Johnson, -, -, -, 100
Nelson White, -, -, -, 10, 150
James Bird, 25, 75, 1000, 5, 280
Stephen White, 300, 320, 6000, 300, 760
E. Beverly, 8, -, 200, 50, 400
Owen Herrin, 100, 200, 3000, 50, 290
Sarah A. Wiggins, -, -, -, 5, 255
Sarah Cannon, 2, 280, 1500, -, 80
Ann Herrin, 50, 50, 1000, -, 150
Willey Turbeville, -, -, -, -, 200
Robt. Herrin, -, -, -, 25, 490
Patrick Herrin, -, -, -, 5, 300
J. F. Spencer, 300, 700, 12000, 150, 400
Jerry Smith, -, -, -, -, 250
William Evans, 1000, 4524, 100480, 800, 6000
Jos. Holland, 80, 258, 1500, 50, 300

John Bailey, -, -, -, 25, 280
Alex. Colcut, 70, 34, 2000, 25, 280
Wilds Gregg, 200, 80, 3600, 60, 800
T. Reddick, 2, -, 150, 10, 30
J. A. Clarke, -, -, -, 15, -
Calom Moore, 1, 8, 200, 10, 250
Reed Barfield, -, -, -, 15, 150
Jesse Hampton, 300, 200, 5000, 35, 280
Thos. Hampton, -, -, -, 10, 110
F. M. McKorkle, 160, 478, 6000, 150, 900
W. R. Collins, 75, 180, 1500, 35, 300
Chas. Collins, 80, 170, 1500, 30, 350
H. G. Eagerton, 50, 60, 1150, 25, 300
H. J. Kenedy, 8, 22, 300, 15, 120
Clara Cooper, 80, 170, 1200, 19, 250
C. B. Eagerton, 120, 180, 3000, 150, 900
Thos. Hagan, 200, 150, 4000, 45, 900
Jas. R. Grimsly, -, -, -, 15, 250
J. G. Gregg, 200, 400, 9000, 150, 800
A. W. Ross, 440, 760, 14000, 500, 2000
D. E. Freuson, 22, -, 3500, 15, 280
S. Cameron, 250, 250, 10000, 200, 1500
H. Singletary, 200, 250, 6000, -, 1200
Jos. S. Cunningham, 300, 300, 10000, 120, 650
Robt. Hailler, 1100, 1660, 55200, 1200, 4000
A. P. Gregg, 350, 600, 20000, 75, 600
Alex. Gregg, 170, 280, 14000, 150, 1700
Robt. Gregg, 170, 280, 14000, 100, 500
Mc. F. Gregg, 150, 200, 6000, 50, 600

Wm. N. McPherson, 130, 570, 14000, 150, 1000
Robt. McPherson, 190, 551, 15000, 150, 750
A. & C. McPherson, 225, 1400, 16000, 150, 1000
Samuel McPherson, 300, 550, 16000, 350, 1200
C. E. McPherson, 200, 600, 16000, 60, 800
B. Hatchell, 55, 132, 3000, 30, 300
G. Davis, 40, 185, 1000, 20, 180
Sarah Hewit, 100, 260, 1500, 20, 220
John P. Hatchell, 25, 200, 1000, 25, 100
Margaret Hatchell, 30, 245, 1200, 25, 150
Jacob Ferrell, -, -, -, 5, 60
Hugh Turner, 160, 240, 2000, 50, 500
Benj. Turner, 30, 90, 600, 20, 250
Edward Hewit, 12, 90, 500, 10, 180
Morris Hatchell, 100, 300, 2000, 30, 320
Wm. R. Hatchell, 3, 42, 200, 5, 80
Wm. Hatchell, 25, 75, 500, 15, 200
Alex. Munn, 25, 140, 600, 15, 185
Robt. Taylor, 40, 260, 1200, 20, 220
Elijah Hatchell, 25, 225, 700, 15, 175
Calvin Hatchell, 25, 190, 1000, 20, 180
Wm. Hatchell Jr., 20, 100, 550, 6, 150
R. V. Howard, 800, 3200, 4000, 1200, 3000
J. N. Whitner, 600, 1600, 25000, 250, 1500
J. J. Cox, 30, 160, 800, 15, 180
J. N. Timmons, 100, 400, 5000, 50, 500
T. Dickson, 30, -, -, 30, 220
Wm. P. Turner, 50, 145, 1000, 30, 110
Wm. T. McCall, 300, 1500, 10000, 200, 3000
Arthur Hutchison, 80, 320, 2000, 15, 350
R. G. Gregg, 120, 680, 4000, 25, 450
Thos. L. James, 90, 267, 1000, 15, 300
Levi R. Taylor, 40, 100, 600, 15, 280
D. McMillan, 150, 438, 3000, 120, 360
Huldy Hatchell, 60, 240, 1500, 18, 380
James Hatchell, -, -, -, 5, 35
Archy Munn, 60, 80, 600, 15, 300
H. Head, -, -, -, 15, 100
Raynold Hatchell, 50, -, 300, 10, 120
J. E. C. Moore, 30, 170, 1000, 20, 280
James Ferrel, 10, 490, 2500, 20, 180
H. McIlveen, 100, 200, 3000, 20, 300
James McNeil, 100, 300, 3000, 25, 44
Sue Taylor, -, -, -, 15, 70
J. B. Hutchison, 100, 142, 1500, 15, 250
John Woodrow, -, -, -, 10, 180
N. C. Woodrow, 60, 326, 2000, 15, 280
Wm. Taylor, 100, 500, 3600, 12, 300
Gabriel King, 200, 100, 600, 15, 200
Christian McLauren, 60, 340, 2000, 35, 225
Saml. S. Salmons, 50, 118, 2000, 40, 225
John A. Kelly, 100, 263, 1500, 30, 575.
Alexr. McDonald, 30, 724, 2500, 115, 240
Mary McDonaldson, 75, 235, 3000, 50, 500
Abner C. Hamer, 50, 63, 1100, 20, 240
David D. Salmons, 150, 368, 4500, 25, 675
Robt. B. Braddy, 330, 970, 10000, 250, 1300

Duncan E. McCormick, 120, 180, 4000, 100, 600
Asa Hairgrove, 100, 450, 3000, 225, 550
Isaac Hairgrove, 40, 110, 750, 30, 275
Daniel Sinclair, 140, 90, 1000, 200, 600
Margaret Marchison, 40, 87, 1500, 75, 400
Owen Jackson, 47, 116, 1500, 40, 140
Alfred Edens, 60, 290, 4000, 250, 600
Mary Edens, 60, 290, 4000, 3, 200
James C. Wright, 200, 181, 4000, 250, 700
Wm. W. O'Brien, 40, 91, 1200, 30, 350
Jno. R. Sinclair, 60, 290, 3500, 40, 400
John McDonald, 250, 750, 10000, 235, 1000
Thos. J. Wethersby, 70, 280, 3500, 50, 550
John C. McRae, 80, 120, 1600, 20, 300
Sarah McBride, 100, 464, 4000, 35, 400
Alexr. L. McCormack, 200, 450, 6000, 200, 800
James L. Alford, 295, 1262, 12000, 250, 1850
Wm. M. D. Alford, 45, 260, 6000, 75, 625
Mary McLeod, 85, 300, 4000, 100, 800
Peter Morrison, 100, 200, 300, 15, 200
Jas. A. Coursor, 250, 330, 7000, 400, 1300
Bright W. Berry, 40, 260, 2000, 30, 250
Joel C. Allen, 500, 2500, 21000, 300, 13350

James B. Legett, 300, 700, 7000, 200, 1000
Edwd. B. Shrewsbery agt., 15, 104, 1300, 50, 500
Henry Easterling, 50, 166, 2100, 150, 550
Sarah Crawford, 100, 900, 9000, 250, 650
Danl. Slatt, 150, 170, 4000, 200, 650
Charles Miles, -, -, -, 150, 550
Celia Dew, 25, 150, 1000, 1, 200
Edwd. Garner, 80, 20, 1000, 75, 250
Wm. Manning, 150, 200, 5000, 150, 500
Wm. Garner, 30, 30, 600, 30, 450
Jesse Bethea, 100, 50, 2000, 40, 500
Margt. Bethune, 50, 250, 4000, 10, 200
Warren L. Alford, 80, 120, 1500, 175, 600
Neill Alford, 335, 2265, 30000, 1000, 2100
Alexr. McPhaub, 250, 576, 8000, 200, 850
John P. McCall, 70, 157, 2300, 50, 250
Neal Curry, 16, 34, 500, 45, 275
Catherine McRae, 125, 375, 6000, 250, 750
Peter McGill, 40, 60, 1000, 10, 250
Jas. G. Wright, 80, 50, 1800, 100, 4000
Jacob R. Townsend, 250, 513, 8000, 350, 1250
Andrew Collingham, 70, 230, 3000, 250, 600
Martin C. Stackhouse, 200, 262, 4500, 250, 500
Sarah Bethea, 100, 300, 4000, 500, 325
Jno. W. Bethea, 100, 200, 4000, 150, 400
Jno. R. Carmichael, 50, 97, 2000, 25, 425
Thos. J. Manning, 300, 900, 1500, 250, 850

Eli Manning, 130, 400, 6000, 400, 550
David W. Bethea, 216, 784, 12000, 500, 1400
Richard Sherod, 100, 200, 3000, 60, 400
Duncan C. McRae, 75, 75, 1500, 40, 400
Tristram B. Walter, -, -, -, 500, 1000
Wesly Stackhouse, 200, 300, 5000, 200, 800
Ivy B. Braddy, 300, 374, 7000, 350, 1380
Enoch J. Meckens, 40, 10, 2000, 140, 200
Robt. C. Hamer, 1000, 4180, 55000, 600, 2200
Wm. C. Bethea, 3, 2, 1000, 300, 600
J. J. Bethea, 325, 625, 1200, 300, 850
John H. Hamer, -, -, -, 200, 1150
Aaron Proctor, 175, 386, 10000, 200, 700
Phillip Rogers, 80, 396, 5000, 100, 400
D. A. W. Bethea, 275, 575, 8500, 590, 1984
Hannah Bethea, 300, 1100, 14000, 600, 2000
Wm. Rogers, 225, 675, 1800, 500, 1350
David Ellerd, 175, 765, 8000, 200, 600
Wm.W. Jackson, 75, 300, 2500, 40, 400
Jas. R. McKenzie, 12, 76, 500, 20, 25
Saml. J. Bethea, 250, 480, 6000, 300, 1750
Mary Bethea, 225, 775, 22000, -, 1500
Daniel Moody, 20, 280, 900, 16, 140
Archibald Carmichael, 20, 1580, 5000, 60, 375
John Carmichaael, 200, 1400, 5000, 30, 400
Archibald Murphy, 75, 991, 4000, 35, 600
Mary Dove, 25, 191, 850, 25, 225
Archibald McDavis, 50, 250, 1000, 25, 80
Daniel McDuffie, 60, 690, 2250, 125, 500
Neal McDuffie, 70, 130, 1300, 25, 250
Alex. Campbell Jr., 100, 200, 1500, 30, 300
Neal C. Carmichael, 300, 1300, 8000, 300, 1200
Enos Edwards, 25, 275, 1000, 5, 75
James A. McDaniel, 50, 350, 1500, 30, 250
John Murphy, 60, 100, 800, 30, 250
Edmund Miller, 45, 55, 400, 25, 175
Wm. H. Miller, 37, 100, 500, 15, 75
Nancy Miller, 100, 300, 1600, 3, 56
Daniel McIntyre, 100, 1075, 10000, 2, 200
D. W. McIntyre, 50, 125, 250, 30, 150
Dongold McIntyre, 100, 300, 3000, 50, 2000
Isham Phillips, 75, 284, 1500, 30, 300
Wm. C. Miller, 100, 400, 1200, 30, 600
Flora Carmichael, 120, 418, 3500, 75, 400
William Dillon, 20, 205, 1450, 40, 40
Wesly Wiggins, 30, 70, 600, 40, 225
Wiley S. Butler, 15, 35, 500, 20, 250
Ducan McLellan, 100, 267, 1000, 30, 1000
Daniel McLellan, 80, 375, 2250, 40, 500
Neal McKinlay, 70, 338, 2000, 30, 300
Solomon Butler, 40, 245, 1000, 25, 300
John J. McCall, 50, 150, 500, 50, 250

Wrial Willoughby, 60, 250, 1200, 150, 400
Amos McDaniel, 35, 142, 600, 75, 300
John T. Jackson, 50, 145, 1950, 35, 350
Mary McDaniel, 60, 200, 1000, 100, 250
Wm. Alford, 25, 79, 500, 5, 75
Daniel McEachin, 90, 472, 2500, 35, 225
Mary McEachin, 90, 100, 500, 30, 100
Arc. Bowie (Bouie), 60, 340, 2000, 50, 375
Neal B. McQueen, 140, 300, 1200, 40, 300
Daniel Campbell, 200, 197, 6000, 400, 1000
Daniel McKinley, 90, 170, 1250, 50, 730
Joham Butler, 40, 160, 1000, 30, 200
Gilbert Butler, 40, 210, 1000, 30, 200
Stephen Butler, 175, 375, 3000, 60, 600
Ann Hailler, 400, 1400, 9000, 50, 725
Nessey McKellar, 90, 900, 4000, 20, 425
Margaret McKellar, -, -, -, 10, 30
Chas. Stubbs, 30, 70, 700, 50, 150
Ann McKellar, 30, 230, 1500, 40, 225
Sarah Stafford, 100, 400, 3000, 25, 1125
Jennet McArthur, 60, 435, 5000, 50, 250
Catherine McCormick, 60, 435, 4000, 125, 500
Martha A. Blue, 50, 350, 300, 40, 200
Malcom McCormick, 75, 175, 2500, 50, 300
Neal Baker, 150, 650, 5000, 125, 500
Alex McPriest, 60, 340, 2500, 75, 450
Wm. Blue, 50, 150, 1000, 40, 200
Alex. Blue, 200, 130, 7500, 200, 200
Stewart Cottingham, 40, 64, 600, 60, 250
Robt. P. Hanah, -, -, -, 100, 1000
Mary A. Bethea, 225, 175, 6000, 500, 600
Benj. L. Alford, 140, 544, 7000, 500, 600
Cade Bethea, 300, 700, 8000, 450, 550
Danl. J. McKay, 150, 550, 5000, 700, 650
Hector T. McKay, 200, 800, 5000, 500, 1200
Jno. M. Smith, 100, 300, 3500, 50, 500
Peter Smith, 50, 160, 1200, 25, 350
James McRae, 140, 892, 6000, 400, 950
Paisley Alford, 800, 1300, 8000, 100, 600
Jno. R. McKrimmon, 140, 360, 5000, 100, 400
Duncan McInnis, 150, 185, 5000, 250, 700
Sallie McInnis, 80, 320, 4000, 50, 300
Murdock McInnis, 80, 230, 2500, 40, 325
Jno. T. McCall, 150, 267, 2000, 150, 500
Jno. McCall, 60, 40, 500, 100, 325
Jno. G. Graham, 60, 90, 1300, 40, 250
Janey M. Stubbs, -, -, -, 25, 200
Daniel McLauren, 50, 145, 1000, 35, 350
Christian McInnis, 100, 304, 3000, 20, 400
Michael Carmichael, 225, 1600, 6000, 500, 700
Jas. B. Carmichael, 200, 1400, 8000, 50, 1000

Daniel Ray, 100, 500, 3000, 100, 1000
Daniel Carmichael, 100, 150, 2000, 100, 600
Anguish McLellan, -, -, -, 6, 130
Reece Hays, 75, 65, 4000, 25, 328
Henry Hays, 75, 229, 3000, 40, 375
Saml. Campbell, 60, 700, 2000, 15, 300
Wm. B. Hays, 20, 380, 1200, 10, 270
Levi H. Hays, 139, 139, 2000, 100, 500
David P. Hays, 100, 200, 200, -, 250
Owen Watts, -, -, -, 5, 25
Jesse Hays, 75, 625, 4000, 50, 400
Carry Hays, -, -, -, 10, 35
Wm. H. Hays, 200, 416, 2000, 700, 393
Allen T. Hays, -, -, -, -, 145
Wm. D. Hays, -, -, -, -, 130
Geo. W. Mares, 100, 300, 1500, 30, 300
Alfred Elvington, 15, 127, 500, -, 112
J. T. Hays, 8, 92, 500, 25, 100
Wm. Barber, -, -, -, 1, 250
Laydock Elvington, 100, 550, 2000, 25, 350
Wm. Elvington, 100, 215, 3000, 25, 336
Owen Elvington, 80, 583, 4000, 25, 500
Lewis W. Hays, 100, 286, 1500, 40, 375
Geo. E. Shooter (Shoater), 150, 347, 2000, 10, 375
Wm. Ford, 40, 80, 500, 100, 500
Jno. Ford, 20, 80, 500, 15, 40
Jas. Scott, 100, 76, 300, 50, 458
Wilson Ford, 80, 200, 1000, 100, 700
Wm. Goodyear Sr., 100, 50, 600, 50, 300
Mary Herrin, 150, 250, 1000, -, 45
Jno. Goodyear, 280, 220, 1000, 25, 600
Jno. C. Huggins, 55, 89, 2000, 25, 470
Jas. Jones, 77, 900, 500, 20, 500
J. Thomas Jones, 125, 1075, 8000, 100, 800
Jno. Price, 40, 160, 700, 10, 200
Love Goodyear, 100, 1200, 4000, 25, 300
Wm. Goodyear, 30, 470, 1500, 20, 200
Jno. Hutchison, -, -, -, -, 50
Elias Goodyear, -, -, -, -, 100
H. Floyd, 250, 545, 4000, 100, 682
C. P. Floyd, 100, 100, 1250, 100, 860
J. T. Harrington, 1, -, 300, -, 20
Everett Nichols, 300, 2700, 15000, 300, 1305
Thomas C. Floyd, 80, 210, 1000, 20, 300
Sarah A. Floyd, 80, 320, 2000, 25, 320
Jane Cribbs, 30, 1070, 1000, 12, 50
Allen Griffin, 75, 225, 3000, 50, 685
James Griffin, 50, 250, 3000, 25, 525
Jno. Cribbs, -, -, -, -, 500
H. B. Cook, 75, 239, 1500, 100, 590
Wm. Huggins, -, -, -, 10, 270
Rev. Wm. Ayers, 40, 540, 2500, 5, 185
Enoch Ayers, 100, 480, 2500, 40, 400
Thos. Ayers, 75, 415, 3000, 30, 300
Sallie Watson, 100, 600, 7000, 35, 400
Allice Page, 135, 635, 4000, 50, 400
Sarah Granger, 100, 436, 6000, 25, 200
Mary Page, 50, 176, 1000, 20, 220
Jas. R. Page, 100, 536, 25000, 25, 300
Elias B. Ford, 300, 965, 6000, 230, 1500
Alex Page, 100, 250, 1200, 150, 550
Celia Ford, 200, 600, 500, 25, 200
Jesse Ford Jr., -, -, -, 1, 50

Jno. D. Bass, -, -, -, 5, 20
Gily Elvington, 75, 185, 1200, 100, 500
Dennis Elvington, 5, 165, 1000, 8, 150
Jesse Rogers, -, -, -, 5, 100
Jesse Baker, 40, 240, 1200, 25, 200
Isaac Spivey, 100, 340, 2200, 100, 475
Allen Johnson, 200, 250, 200, 25, 250
Elisabeth Page, 75, 35, 400, 25, 300
David Page, 50, 270, 1000, 20, 200
Jas. Page, 140, 160, 4500, 55, 600
Levi S. Sparkman, 25, 25, 250, 20, 130
Asa L. Brewer, 20, 40, 150, 8, 113
Jno. W. Brewer, 58, 170, 400, 6, 100
Asa Brewer, 25, 25, 200, 8, 200
James Church, 20, 30, 200, 2, 36
Mary Sellers, 30, 160, 400, 25, 125
Anna Jane Gransby, 40, 148, 550, 17, 130
Solomon Miller, 50, 300, 1000, 25, 500
Ebenezer Cook, -, -, -, 8, 55
Jos. Baker, 50, 130, 700, 15, 300
Capt. Henry Rogers, 100, 200, 700, 8, 200
Pinkney Sparkman, 2, 12, 100, 6, 50
Laney D. Rogers, 150, 150, 1200, 100, 600
Eliyat Horn, 65, 170, 1000, 25, 300
Wm. P. Horn, 30, 70, 200, 8, 150
Neal Bullock, 30, 270, 1500, 75, 350
Bigham Rogers, 60, 224, 1200, 8, 200
Barfield Rogers, 30, 254, 1200, 25, 150
Neal Horn, 40, 260, 1000, 100, 450
Daniel Horn, 40, 360, 1200, 10, 225
Hardy Horn, 30, 70, 300, 4, 40
Neal McLean, -, -, -, 4, 150
Alex. Arnett, 60, 260, 1000, 25, 250
Sallie Arnett, 75, 255, 1500, 25, 350
Henry Rogers, 200, 1100, 4000, 50, 300
Alex. Loope (Loose), 200, 200, 1200, 50, 250
Arch. M. Carmichael, 100, 300, 3000, 50, 330
Desda Loope, -, -, -, 6, 230
Saml. T. Gaddy, 75, 175, 2500, 20, 200
Jas. D. Crawford, 150, 437, 3180, 65, 1175
Dr. Jas. Culbreath, 50, 300, 300, 25, 150
Cade Arnett, 60, 217, 1800, 30, 50
Hesekiah R. Miller, 15, 115, 600, 25, 125
Nancy McCall, 20, 106, 600, 5, 20
Geo. Miller, -, -, -, 10, 50
Wm. K. Wiggins, -, -, -, 28, 175
Thos. Pitman, 175, 250, 1500, 12, 100
Chas. G. Gaddy, 75, 200, 300, 75, 425
Elias Grantham, 50, 200, 500, 12, 250
Hardy Gaddy, 400, 1050, 14500, 275, 1200
Jno. Wiggins, -, -, -, 10, -
Ervin Scott, 125, 400, 1500, 70, 250
David Sanders, -, -, -, 25, 250
Mary Rogers, 150, 850, 4500, 100, 700
Jesse Scott, 60, 340, 1600, 25, 300
Ebenezer L. Rogers, 50, 468, 2000, 25, 150
Wm. Scott, 50, 129, 700, 20, 350
Redden Owens, 50, 225, 1000, 75, 125
Hinat Rogers, 50, 350, 1000, 5, 185
Wm. Anderson, 30, 70, 5000, 20, 40
Jesse Elvington, -, -, -, 8, 175
Chesly Moody, 100, 327, 15000, 30, 95
Frederick Robbins, 40, 60, 400, 50, 200

Jno. Elvington, 100, 377, 2300, 40, 110
Hugh Elvington, 50, 120, 830, 20, 125
Carry Elvington, 30, 140, 900, 5, 130
Jno. Rogers, 50, 275, 100, 25, 250
Chas. Ford, 50, 150, 1000, 85, 550
Jno. D. Harrelson, 50, 120, 500, 50, 170
Jas. Price, 25, 89, 400, 25, 50
Talley Barfield, -, -, -, 25, 30
Danl. S. Hays, 50, 164, 725, 30, 325
Jas. B. Hays, 125, 275, 4000, 30, 300
Jas. H. Hays, 60, 90, 600, 15, 400
Enos W. Hays, 50, 100, 800, 35, 380
Atman Hays, 60, 80, 900, 45, 400
Wm. Hays, 70, 35, 500, 55, 300
Wm. Stevens, 50, 100, 550, 15, 300
Allen Stevens, 25, 143, 580, 30, 200
Willis P. Norman, 30, 120, 750, 30, 156
Taply H. Moody, 50, 150, 100, 25, 200
Stephen H. Moody, 60, 264, 1300, 30, 365
Jno. C. Miller, 20, 76, 325, 2, 125
Jno. Campbell, 50, 150, 1000, 50, 275
Jno. A. Campbell, 40, 35, 500, 28, 150
Jesse Miller, 40, 160, 1500, 35, 400
Neal M. Carmichael, 150, 2350, 5000, 200, 700
Jno. C. McIntyre, 50, 850, 2700, 40, 275
Timmothy Harrelson, 75, 200, 1200, 30, 300
Thos. Harrelson, 20, 33, 200, 20, 100
Jas. Butler, 20, 30, 200, 20, 45
Jno. J. Campbell, 60, 300, 1000, 20, 200
David McKenzie, 80, 220, 1200, 28, 150
Alfred Frow, 330, 720, 4000, 40, 300
Samuel Poston, 100, 610, 3500, 10, 265
James Poston, 60, 240, 1500, 40, 490
James T. Bostick, 225, 1575, 9000, 500, 1125
Thomas J. Bostick, 30, 320, 3500, 20, 500
Thomas Bradgen, 150, 350, 2500, 100, 920
A. J. Bostick, 100, 117, 2200, 100, 650
John Belflowers, 60, 148, 1500, 30, 300
Needham Evans, 20, 40, 700, 10, 170
Wm. Ard Sr., 50, 150, 1000, 15, 150
James Daniels, 60, 100,700, 10, 200
David Smith, 20, 59, 400, 5, 80
Margaret Daniels, 70, 630, 3500, 10, 350
Josiah Carter, -, -, -, 5, 100
Job Prosser, 35, 44, 790, 20, 250
James R. Lewis, 20, 80, 7990, 5, 550
David Poston, 20, 80, 790, 5, 250
Washington Colman, 30, 70, 800, 5,100
Job K. Turner, 30, 70, 800, 10, 250
Eliz. O. Keeff, -, -, -, -, 100
Robt. Hales, 50, 150, 1000, 5, 180
Humphrey Powell, 50, 150, 800, 10, 160
J. M. C. K. Poston, 50, 550, 3000, 10, 200
Saml. C. Powell, -, -, -, 5, 70
Benj. W. Turner, 100, 137, 3370, 100, 750
Job S. Coleman, 100, 345, 2500, 50, 850
Elijah Cain, -, -, -, 5, 75
Wm. Finklea, -, -, -, 10, 230
B. Cain, 200, 600, 4000, 175, 800
J. L. Hyman, 45, 385, 2500, 70, 460
Martha Hyman, 30, 44, 370, 5, 150
J. W. Finklea, 50, 800, 4500, 50, 580
Larry Cain, 200, 800, 5000, 250, 700
R. D. Hunter, -, -, -, 10, 250
Wm. Kenedy, -, -, -, 5, 200
John B. Smith, -, -, -, 10, 375

G. M. Myers, 100, 361, 4600, 200, 700
Abner Broach, 40, 160, 1600, 50, 160
John E. Broach, -, -, -, 10, 40
E. M. A. Backus, 20, 40, 600, 5, 200
David Curry Sr., 25, 60, 100, 10, 70
Francis M. Gibbs, 300, 800, 6000, 150, 420
Welthy Hewit, 1605, 250, 9000, 20, 420
G. T. Gibbs, -, -, -, 150, 350
T. R. Bass, 200, 2100, 18500, 300, 1600
Reuben Turner, -, -, -, 5, 150
Newton Hays, 20, 160, 840, 10, 200
Thirsey T. Gaskins, -, -, -, -, 300
George Cox, -, -, -, 10, 440
Sophia Weston, 50, 150, 1000, 5, 300
Jefferson Hanner, -, -, -, 5, 70
John S. Creal, 30, 82, 560, 40, 560
James Powell, 40, 460, 2500, 40, 420
Ezra Eaddy, 350, 1650, 15000, 500, 1700
Thomas Eaddy, 160, 3718, 20000, 250, 1860
James D. Turner, 50, 450, 5000, 50, 550
Wm. Bartell, 170, 1130, 6500, 50, 760
Wm. S. Hanner, 100, 341, 2200, 50, 360
Hugh Poston, 30, 120, 750, 5, 100
Benj. Poston, 30, 120, 750, 5, 200
D. W. Poston, -, -, -, -, 100
Saml. Stone, 30, 78, 1080, 50, 415
Phillip Stone, 40, 60, 1000, 10, 150
Dotson Stone, 20, 88, 1080, 10, 120
Edward Ard, 30, 18, 480, 10, 220
Wm. Ard, -, -, -, 5, 100
Joseph Prosser, -, -, -, 10, 80
Elizabeth Eady, 150, 100, 1200, 10, 110
Elijah Powell, 50, 350, 2000, 10, 600
Wilson Powell, 20, 880, 4000, 15, 200
Jesse T. Powell, 100, 270, 3700, 20, 160
James Prosser, 14, 45, 1000, 10, 60
Nathan Prosser, 14, 45, 1000, 10, 70
Wm. Prosser, 15, 46, 600, 5, 400
Benj. Barnes, 14, 45, 600, 5, 160
J. R. Poston, 40, 290, 3320, 10, 170
Susanah Singletary, 30, 82, 500, 5, 80
Ford Gaston, -, -, -, 5, 50
Francis Poston, 80, 320, 2000, 50, 317
George W. Poston, 20, 180, 1000, 40, 60
James H. Poston, 20, 180, 100, 5, 180
S. T. Huggins, -, -, -, 5, 200
Cary Rogers, -, -, -, 5, 125
B. A. Shooter, 125, 125, 1700, 75, 225
Henry Higgins, 80, 224, 1400, 50, 200
J. T. Harrelson, 40, 200, 1500, 35, 250
Heldrew Harrelson, 22, 100, 1150, 25, 150
Enos Harrelson, 22, 125, 1100, 5, 250
Stephen Harrelson, 15, 100, 600, 3, 75
Christopher Huggins, 20, 400, 1500, 50, 7
Wesly Huggins, 30, 10, 1300, 25, 175
T. W. Cribbs, 40, 100, 1600, 40, 600
James Carmichael, 150, 480, 11000, 50, 700
Daniel Carmichael, 100, 1000, 1500, 38, 300
Alexr. Carmichael, 130, 170, 1550, 40, 450
Hannah Harrelson, 75, 5, 400, 10, 50
Gadie Campbell, 100, 75, 1425, 35, 350

David Bowlen, -, -, -, 25, 100
Simon Campbell, 25, 9, 200, 6, 150
Anthony Cribbs, 50, 150, 1300, 35, 150
Alexd. Martin, -, -, -, 4, 75
Demsy Cribbs, 40, 160, 1200, 5, 100
David Edwards, 200, 300, 300, 50, 335
Robt. Edwards, -, -, -, 6, 140
Richard Edwards, -, -, -, 17, 80
Owen Rogers, 60, 40, 500, 28, 125
Richard Edwards, 200, 800, 2000, 70, 500
Alexd. Lewis, 100, 200, 1500, 40, 400
Saml. Smith, 400, 1230, 2660, 320, 1260
Bennet Perrit, 50, 300, 1250, 35, 375
Jesse H. Hays, 50, 100, 1300, 60, 250
Mary Campbell, 25, 75, 1120, 20, 100
Ebenezer Campbell, 20, 80, 850, 20, 100
Johnson Rogers, 30, 62, 875, 25, 300
Nathan Rogers, 45, 100, 1000, 25, 275
Robt. Rogers, 40, 100, 1350, 25, 150
Edward Price, 20, 60, 1100, 5, 140
Jesse Perritt, 45, 45, 500, 5, 125
Stephen Bryant, 40, 41, 1000, 20, 275
David Perritt, 60, 181, 1250, 20, 500
Alsey Nichols, -, -, -, -, 10
Elisabeth Jones, 175, 346, 14000, 400, 1330
James D. Tart, 300, 347, 10352, 275, 790
Wm. S. Campbell, 220, 480, 800, 170, 1030
David Bailey, -, -, -, 30, 100
Wm. Dyer, 100, 430, 5000, 150, 500
W. T. Atkison, -, -, -, 25, 225
Willis Turner, -, -, -, 25, 45
J. T. Thompson, 20, 20, 200, 10, 120
F. G. Rogers, 35, 200, 1500, 25, 300

S. B. Martin, 35, 50, 700, 25, 150
Aaron Martin, 300, 900, 2200, 300, 1000
Susanah Martin, -, -, -, 25, 500
Crawford Lane, 50, 30, 1300, 20, 300
Emanuel Martin, 50, 475, 1300, 30, 350
Edward Martin, 25, -, 700, 5, 800
D. W. Edwards, 50, 94, 1300, 35, 250
D. B. Perritt, 75, 325, 1200, 30, 225
William Perritt, 33, 227, 1300, 30, 200
George Smith, 25, 75, 1200, 25, 150
Henry Norton, 50, 125, 1360, 60, 360
William Norton, 24, 100, 775, 15, 250
W. W. Braddy, 500, 3000, 3500, 1000, 600
T. J. Harrelson, 45, 350, 1300, 30, 200
Asa Perritt, 40, 250, 760, 10, 175
Ebenezer Smith, 9, 91, 1200, 25, 200
R. B. Gause, -, -, -, 6, 200
Ebenezer Rogers, 200, 300, 2700, 75, 350
Edward Rogers, 17, 33, 855, 15, 110
Sarah Harrelson, 13, 30, 275, 18, 200
John Harrelson, 20, 49, 200, -, 50
Daniel Smith, -, -, -, 5, 50
Solomon Huggins, 75, 275, 1325, 35, 400
Mathews H. Martin 250, 300, 2300, 140, 775
H. Lee, 18, 46, 1200, 300, 290
Morunig (Mourning) Grice, 35, 65, 875, 20, 200
W. S. Lewis, 125, 500, 1800, 55, 500
John W. Rogers, 25, 270, 1350, 25, 175
John Martin, 300, 458, 2000, 200, 550
Cade Rogers, -, -, -, 10, 125
Joseph Taylor, -, -, -, 10, 135

Samuel Johnson, 100, 100, 600, 75, 350
Ashly Johnson, -, -, -, 15, 160
Richd. Turbeville, 40, 60, 200, 25, 1150
Barbabys Watson, 8, 58, 160, 10, 125
Meredith Watson, 60, 30, 600, 30, 225
Stephen Lane, 50, 212, 675, 40, 300
Mark Watson, 60, 370, 650, 30, 240
S. S. Moody, 100, 200, 1000, 60, 450
Stephen Finklea, 70, 70, 350, 40, 125
Beckbecken McLeon, 130, 370, 1600, 200, 750
J. C. Bass, 250, 850, 2500, 350, 600
Thomas Lee, 30, 25, 300, 30, 250
Elizabeth McDaniel, 75, 125, 750, 40, 550
Wm. McDaniel, -, -, -, 15, 100
Henry Bryant, 25, 25, 80, 3, 50
Calvin Norton, -, -, -, 3, 25
James McCormick, -, -, -, 5, 25
James Lee, 50, 50, 100, 15, 50
John Lee, -, -, -, 2, 35
Reddin Robberts, 200, 530, 2000, 100, 1000
S. T. Page, 140, 435, 1700, 300, 980
Pinkney C. Page, 200, 700, 6000, 75, 400
Warren Horn, 35, 90, 250, 35, 225
Bethel Rogers, 75, 125, 1000, 35, 380
James Dudney, 75, 125, 600, 35, 200
Peter Rogers, 25, 115, 400, 8, 170
Richard Moody, 100, 100, 1100, 40, 625
R. Q. Roberts, 250, 450, 1800, 250, 1100
W. A. Smith, 500, 1200, 3000, 200, 1300
Hugh Moody, 350, 650, 3000, 2140, 360
W. D. Roberts, 150, 600, 1200, 75, 650
John Roberts, 300, 1600, 4000, 280, 1250
A. G. Hays, -, -, -, 175, 300
Jeremiah Campbell, 45, 40, 200 25, 150
Needham Perritt, 60, 80, 400, 40, 350
Mathew Martin, 40, 110, 700, 25, 100
Jesse Bryant, -, -, -, 29, 250
Andrew Edwards, -, -, -, 4, 60
W. S. Ellerbee, 300, 1500, 20000, 300, 1250
E. B. Ellerbee, 350, 3950, 20000, 100, 600
John Mace, 1250, 1750, 30000, 400, 1875
Jas. O. Haselden, 690, 3510, 34000, 9100, 2400
Charles Haselden, 100, 325, 2400, 500, 880
B. Lane, 175, 879, 10500, 200, 935
Rachael Greenwood, 13, -, 50, 5, 50
Jas. Brussel, -, -, -, 5, 10
Saml. Bery, 23, 85, 1604, 21, 246
B. F. Hays, 24, 86, 100, 25, 5
Eben Hays, 100, 344, 4500, 50, 600
Wilson Hays, -, -, -, 10, 400
Eben Hays, -, -, -, 10, 100
Jesse H. Hays, 2, -, 20, 10, 175
V. R. Johnson, 400, 1225, 8000, 200, 718
Susan Moody, 50, 125, 500, 25, 325
Nathan Myers, 80, 55, 200, 15, 100
Jesse Moody, -, -, -, 5, 25
Jency Ellis, 300, 100, 2000, 150, 400
Evan Lewis, 75, -, 1000, 100, 900
Evan Lewis, 100, 550, 2000, 10, 200
Demsy Cribb, 120, 400, 1200, 120, 800
D. D. McDuffie, 40, 110, 600, 30, 300
Mary McDuffie, 100, 360, 800, 50, 500
Alfred Owens, 150, 300, 5000, 75, 450

Lot Owens, 40, 160, 600, 8, 100
Wm. Owens, -, -, -, 5, 50
Wm. Brown, -, -, -, 10, 100
Saml. Edwards, 100, 470, 800, 75, 700
S. M. Edwards, 40, 110, 500, 30, 200
D. M. Carmichael, 100, 350, 500 50, 300
J. L. Smith, 400, 500, 11100, 1500, 1600
J. S. Page, 75, 250, 600, 50, 390
Elijah Rogers, -, -, -, 5, 50
Hugh Smith, -, -, -, 35, 200
Hugh G. Smith, 40, 62, 200, 25, 125
Pinckney Bryant, -, -, -, 10, 175
Charles Taylor, 125, 275, 600, 30, 300
N.A. Taylor, -, -, -, 10, 125
E. C. Bethea, 1400, 1000, 35000, 500, 2466
Wm. McDole, 25, 25, 500, 190, 148
S. Fore, 225, 459, 9408, 175, 875
Henry Berry, 300, 400, 7000, 100, 1700
John M. Mace, 125, 300, 3500, 50, 560
John M. Godbold, 25, 165, 1500, 50, 1020
Jas. DuPree, 90, 440, 5000, 1670, 600
Jas. Bery, 400, 1357, 11570, 150, 720
Dr. W. Fore, 125, 470, 9000, 125, 980
Jordan Bird, -, -, -, 10, 50
M. A. Henegan, -, -, -, 100, 750
Cynthia Edge, 25, 100, 1000, 20, 135
Charles Hodge, 15, 1200, 3000, 20, 50
C. T. Dent, 40, 133, 1500, 25, 75
L. J. Cox, -, -, -, -, 7
Polly Clark, 6, -, 30, 20, 100
Joel Alford, 25, 75, 600, 25, 140
Nancy A. Alford, -, -, -, -, -
David Jones, 20, 235, 750, 20, 35
John L. Jones, 10, 75, 250, 10, 75
Alex. Thomas, 40, 460, 2500, 40, 225
George Alford, 9, 91, 1000, 15,150
John Wood, -, -, -, -, 20
Job Lee, -, -, -, -, 40
W. W. Johnson, 20, -, 200, 30, -
Robt. Freeman, 25, -, 100, -, 150
Polly Demps, 15, -, 50, 10, 200
J. C. Wise, -, -, -, -, -
S. D. Lane, 50, 83, 1000, 40, 400
Isaac Wiggans, -, -, -, 30, 100
S. B. Weatherford, 25, 20, 500, 25, 100
F. C. Dew, 200, 500, 6000, 300, 900
Clinton Berry, 18, -, 50, 5, 40
F. Greenwood, 60, 90, 1500, 50, 400
S. W. Dew, 12, 104, 1160, 30, 220
Gadi Tart, 20, 45, 800, 50, 250
Fanny Tart, -, -, -, 10, 100
Wilson Herrin, 45, 98, 200, 30, 40
Mary Finklea, 125, 125, 5000, 250, 500
James Finklea, -, -, -, 15, 180
J. W. Allen, 125, 625, 8000, 200, 465
J. G. Lane, 16, 34, 500, 50, 2501
N. Christmas, 15, -, 150, 15, 100
D. _. Bass, -, -, -, 10, 140
Henry Johnson, -, -, -, 10, 75
Alex. Norton, -, -, -, 20, 75
Martha A. Edwards, -, -, -, 15, 150
Jas. A. Jones, 70, 90, 1300, 50, 350
Miles Herrin, -, -, -, 15, 125
Saml. Rogers, 25, 15, 400, 10, 150
Wm. Hill, 50, 200, 25000, 25, 250
Owen Rogers, 45, 58, 1000, 30, 300
Jane Rogers, 28, -, 280, 40, 125
Rose. A. Collins, -, -, -, 10, 110
Saml. Collins, 10, -, 100, -, 200
John R. Rogers, 50, 200, 2500, 15, 100
Jesse Fowler, 60, 130, 1500, 50, 500
G. W. Reaves, 200, 1300, 15000, 60, 1000
Charles Reaves, 400, 2000, 25000, 300, 2600

E. B. Owens, 100, 400, 2500, 75, 500
Wm. L. Lewis, 100, 600, 2500, 60, 505
Henry Price, 30, 66, 2200, 40, 150
Phillip Lupe, 29, -, 200, 15, 250
Daniel Gilchrsit, 250, 2050, 32000, 3500, 1500
Joel Lewis, 75, 250, 2800, 40, 250
Rebecca Hodge, 120, 1500, 7500, 100, 800
John Smith, 15, 60, 600, 20, 35
John Brown, 100, 75, 1000, 25, 100
William Rogers, 28, 72, 800, 15, 150
Robt. Rogers, 30, 15, 200, 5, 15
James D. Smith, 100, 130, 1200, 30, 150
David Brown, 15, 21, 600, 30, 160
Thos. Brown, 100, 100, 1000, 35, 350
Jesse Brown, 100, 100, 1200, 50, 400
Wm. A. Brown, 20, 20, 400, 20, 160
Randal McDaniel, 40, 100, 750, 15, 150
John McDaniel, 20, -, 200, 5, 35
H. W. Gibson, 60, 850, 7600, 50, 350
Malcom McMillan, 40, 15, 1800, 30, 150
Sarah McMillan, 10, 50, 600, 10, 100
Levi Cooper, 60, 240, 1800, 50, 320
John H. Gay, -, -, -, 25, 75
Jas. W. Hofman, 40, 165, 1500, 80, 370
Wm. Carter, 30, 175, 1000, 100, 280
Thos. Jones, 25, 175, 1000, 15, 300
James Jones, 27, -, 125, 5, 75
Henry Fountain, -, -, -, 15, 300
Silvester White, 22, 9, 310, 5, 200
John Hutchison, 30, 170, 1000, 5, 45
Wm. L. Hyman, -, -, -, 5, 75
Benj. Hyman, 20, 280, 1500, 6, 160
Jeremiah Brown, 40, 10, 2000, 50, 200
Sarah Haselden, 50, -, 500, 5, 300
Henry DeBerry, 300, 894, 14000, 350, 1480
Edward Myers, 80, 130, 2000, 20, 560
Danl. Hutchison, 25, 115, 900, 5, 25
Wm. T. Gregg, 130, 215, 4000, 50, 650
Saml. J. Myers, 100, 200, 3600, 20, 850
J. C. Timmons, 240, 280, 5200, 50, 930
Luther R. Timmons, 150, 80, 2300, 30, 370
Allen Hunter, 120, 215, 3300, 100, 510
Wm. E. Cain, 200, 604, 200, 350, 750
Joseph L. Gibbs, 100, 580, 5500, 100, 720
James Hutchison, 50, 150, 500, 15, 200
James Elmore, 40, 160, 500, 10, 275
Thomas G. Avant, -, -, -, 25, 80
E. S. Hyman, 20, 20, 200, 5, 120
R. M. Cain, 50, 150, 1600, 50, 200
J. W. Hyman, 100, 150, 2100, 50, 455
Camey Hyman, 100, 900, 5000, 75, 348
E. S. Jones, -, -, -, 5, 800
J. R. Timmons, 100, 315, 3000, 200, 1000
Elizabeth Timmons, 100, 350, 3500, 30, 340
R. R. Brooks, 400, 3600, 24000, 200, 750
W. D. McGee, 150, 550, 7000, 100, 890
David B. Gregg, 150, 150, 3000, 150, 720
Henry H. Wise, 20, 449, 1000, 50, 75
Jas. R. Poston, 25, 75, 500, 20, 160
R. M. Timmons, 200, 275, 12000, 400, 750

Jonas Mathews, 40, 90, 500, 15, 188
John Ray, 100, 600, 200, 10, 160
Neil Ray, 75, 200, 1500, 15, 140
Absalom Head, -, -, -, 10, 250
Isham Turner, -, -, -, 5, 100
E. T. Hudson, 40, 260, 700, 15, 180
Ann Davis, -, -, -, 10, 60
E. H. Keeffe, -, -, -, 15, 150
Wm. Askins, -, -, -, 5, 190
Jas. L. Davis, 70, 130, 600, 40, 500
Jas. E. McNight, 250, 1000, 10000, 300, 1600
Richd. Ferrell, 75, 130, 3000, 200, 450
Saml. Broach, 75, 141, 1500, 70, 950
Peter Dewet, 50, 250, 1500, 25, 260
J. M. Timmons, 125, 325, 4500, 300, 850
Stephen Wright, 25, 75, 2000, 15, 330
Francis Wright, 35, 500, 5350, 15, 340
John Rogers, 125, 275, 3100, 50, 1100
James Rogers, -, -, -, 4, 40
Joseph Rogers, -, -, -, 5, 100
Robt. Rogers, -, -, -, 5, 220
C. Rogers, -, -, -, 15, 156
Wesly Bullard, -, -, -, 5, 125
Elias Wiggins, 150, 538, 4000, 75, 900
Patrick Herrin, -, -, -, 5, 370
David N. Cox, 60, 140, 2000, 15, 125
Rhody Thomas, -, -, -, 5, 250
James Thomas, -, -, -, 10, 160
Alfred B. Thomas, -, -, -, 5, 100
Jane Powell, -, -, -, 5, 150
Baker Wiggins, 200, 780, 7000, 50, 1525
Orberry Jordan, -, -, -, -, 38
David Jones, 20, 80, 300, 10, 60
Lewis Tanner, 20, 80, 300, 5, 50
A. E. Grice, 300, 1300, 37200, 250, 1800
Robinson Tanner, 20, 84, 300, 5, 325
Wm. D. Johnson, -, -, -, 26, 380
D. R. Davis, 130, 286, 4000, 60, 1000
Asa Godbold, 300, 700, 30000, 800, 300
Joseph Williams, -, -, -, -, 126
Eli T. Stackhouse, 250, 650, 12000, 500, 1100
Wm. R. Stackhouse, 90, 110, 2500, 75, 500
Lysias Stackhouse, 125, 80, 2500, 50, 350
Nancy Stackhouse, 100, 400, 2500, 50, 375
Mary Roper, 150, 210, 3600, 50, 475
Tristram C. Gaddy, 60, 40, 1000, 50, 450
Tristram F. Stackhouse, 150, 305, 4000, 150, 500
Whittington Hamilton, 200, 600, 6000, 100, 100
Elisha McKenzie, 60, 280, 2500, 55, 425
Samuel Proctor, 60, 70, 1000, 40, 250
Robt. McKenzie, 40, 148, 1500, 50, 460
Allen Jones, 40, 60, 500, 40, 400
Hansel Coward, 75, 275, 1500, 20, 225
Penelope Coward, 60, 540, 300, 25, 350
Wm. Hamilton, 43, 200, 1000, 25, 425
Wm. C. Sutton, -, -, -, 75, 225
Kenneth Clark, 75, 454, 3174, 80, 360
Jane Stafford, 200, 800, 6000, 200, 1425
Malcolm Clark, 100, 800, 7000, 200, 1000
Wilson Gasque, 40, 210, 2000, 40, 200

Arthur Hamilton, 30, 85, 800, 50, 600
Samuel Lane, 38, 142, 1000, 20, 38
Archd. Surls, 25, 75, 600, 25, 150
Daniel M. Herrin, 110, 75, 80, 30, 225
Ervin M. Jackson, 30, 56, 700, 100, 250
Hiram H. Jackson, 40, 360, 2000, 100, 250
Wm. Hyatt, 200, 300, 4000, 40, 500
James Hyatt, 30, 20, 300, 10, 100
Chas. Hyatt, 60, 154, 1000, 20, 400
Hugh Price, 93, 150, 1200, 35, 250
John Price, 70, 230, 1500, 40, 156
Edward Surls, 150, 250, 2500, 30, 250
Lacy Rowell, 40, 10, 400, 20, 200
David Rowell, 80, 120, 1000, 25, 300
Duncan C. Campbell, 20, 80, 800, 15, 45
John A. Breeden, 80, 492, 3000, 20, 130
Peter Campbell, 70, 490, 3000, 75, 400
Mary A. Bethea, 175, 665, 7000, 150, 800
Am__ McCormick, 30, 40, 800, 20, 200
Rebeca Bethea, -, -, -, -, 1000
George J. Bethea, 100, 250, 2500, 150, 450
Alfred B. Gerdon, 200, 600, 6500, 420, 1000
Rebecca Cain, 10, 500, 3000, 75, 150
Elizabeth Keeffe, 25, 125, 900, 15, 160
Danl. Munn, 50, 250, 1500, 100, 150
Leonard S. Bigham, 400, 1100, 8000, 250, 900
Alex. D. Hunter, -, -, -, 25, 300
Robt.B. Exum, 150, 170, 3000, 50, 500
Mary Culpepper, 20, 5, 250, 10, 150
Elijah Hicks, 200, 537, 5000, 250, 1100
J. H. Haselden, 400, 2200, 20800, 250, 1700
B. B. McWhite, 10, 347, 4100, 75, 650
Geo. H. McWhite, 175, 425, 5000, 300, 950
J. F. Belin, 400, 1400, 16000, 300, 1800
J. H. Belin, 100, 300, 3000, 30, 450
Cleland Belin, 100, 100, 1600, 30, 425
Henry Davis, 450, 1300, 15000, 300, 2000
John J. Stubbs, 250, 2050, 25000, 200, 650
James H. Allison, 200, 1400, 20000, 250, 1400
Rachel Allison, 40, 460, 2500, 50, 400
James C. Gasque, 17, 680, 300, 100, 775
Sumter S. Gasque, 150, 1950 10000, 150, 1100
Samuel Gasque, -, -, -, 75, 1000
Wm. J. Johnson, 180, 1320, 7000, 40, 1000
Arch. Cox, 20, 630, 1000, 25, 100
John Prosser, 40, 90, 600, 10, 50
Eliza Basin, 80, 70, 750, 15, 200
Reddick Poston, 40, 60, 500, 25, 400
Andrew Poston, 30, 270, 1500, 25, 250
Sylvster Bartell, 50, 300, 1750, 50, 300
Daniel S. Powell, 25, 47, 360, 20, 300
Joseph Bartell, 40, 260, 1500, 15, 500
Cura Bartell, 15, 285, 1500, 25, 300
Wm. H. Stone, 100, 500, 6000, 40, 200
Abel Foxworth, 40, 160, 1000, 50, 300
Dot. Altman, 30, 120, 1500, 10, 100

John Parker, 200, 1800, 1000, 100, 550
Jane Bostick, 200, 300, 2500, 100, 700
Hector McMill, 100, 150, 2500, 30, 300
Benj. Poston, 30, 120, 800, 10, 150
S. A. Campbell, 400, 900, 26000, 300, 1500
Elly Gasque, 60, 244, 5000, 100, 1000
Amelia Gasque, 120, 1050, 9000, 50, 350
Drury Thomas, 80, 420, 5000, 200, 400
Henry Gasque, 50, 263, 200, 100, 350
Chas. S. Moody, 125, 145, 5400, 50, 350
John E. Perritt, 40, 216, 2000, 25, 325
Wm. Lane, 50, 133, 1800, 25, 350
Wm. Martin, 30, 20, 500, 15, 250
Job Stevens, 30, 70, 1000, 30, 375
Sampson J. Coleman, 50, 39, 451, 20, 25
W. P. Clark, 20, -, 200, 30, 100
Moses Wise, 150, 250, 4000, 50, 600
R. W. Smith, 350, 650, 10000, 300, 1000
E. J. N. Amyst, 40, 135, 1400, 10, 100
John B. Williamson, -, -, -, 30, 300
Richard Brown, 200, 450, 4000, 100, 900
Asa Brown, 30, 34, 500, 25, 500
Thomas Collins, -, -, -, 10, 150
Levi Gerrald, 150, 475, 3100, 75, 1000
Henry Waller, 50, 183, 1300, 30, 200
T. F. Brown, 400, 1600, 20000, 300, 1400
John Woodbury, 500, 1700, 17000, 500, 3000
A. Gasque, 60, 2440, 800, 50, 800
W. H. Moody, 225, 300, 10000, 1200, 1200
Asa Godbold Jr., -, -, -, 250, 600
E. M. Davis, 400, 470, 20000, 500, 4000
D. McIntyre, 270, 230, 7000, 300, 1300
Wesley Foxworth, 135, 45, 1800, 50, 400
W. Snipes, 200, 373, 3000, 200, 900
Thos. Snipes, 150, 250, 2000, 100, 800
Jos. Stevens, 6, 40, 300, 5, -
Robt. Z. Harllee (Haillee), -, -, -, 20, 300
James Dozier, 120, 30, 500, 25, 200
John F. Dozier, -, -, -, -, 150
James F. Dozier, 120, 10, 500, 25, 200
Wm. Brown, 75, 45, 1000, 30, 300
Robt. H. Owens, 25, 55, 500, 10, 100
Zenith Dozier, 8, 32, 300, 15, 20
Thos. Avant, 30, 70, 500, 15, 125
James Fore, -, -, -, 15, 120
J. H. Evans, 120, 290, 4000, 50, 600
Avant (Arant) Owens, 50, 60, 800, 30, 300
Silas Ammons, 30, 100, 50, 25, 100
David Register, 100, 400, 2000, 125, 350
Thos. Shaw Sr., 50, 680, 1000, 60, 600
Christopher Williams, 16, 334, 400, 30, 200
Thomas Drew, 50, 450, 1000, 20, 200
Ervin Ammons, 100, 480, 1500, 100, 400
Moses Snipes, -, -, -, -, 20
Henry D. Squires, 12, 110, 200, 20, 40
David R. Williamson, -, -, -, 5, 20
Samuel B. Thomas, 20, 20, 100, 5, 50
Harrison H. Lambert, 50, 157, 1000, 50, 175

James Jackson, 25, 75, 500, 25, 100
Abraham Avant, 50, 150, 3000, 20, 400
Samuel Watson, 200, 250, 9000, 300, 650
Thomas Fore, 90, 260, 6000, 100, 500
Francis Williamson, 150, 600, 3750, 20, 50
Sol. M. Williamson, 20, 75, 1300, 20, 250
William Jones, 40, 80, 500, 15, 200
William Watson, 50, 70, 1500, 40, 500
John H. Smith, -, -, -, 10, 100
James Pace, 1, -, 10, 10, 175
Nancy H. Pace, 100, 256, 3560, 30, 200
David Johnson, 75, 325, 4000, 50, 300
H. R. Ammons, 20, 100, 200, 25, 150
L. M. Edwards, 200, 300, 2500, 100, 1000
John Turbeville, 400, 550, 10000, 150, 1000
Jesse H. Thompson, -, -, -, 20, 150
C. J. Foxworth, -, -, -, 75, 300
Jos. Lewis, 30, 120, 500, 25, 50
Daniel Fore, 45, 317, 8000, 50, 400
Matthew Watson, 300, 500, 10000, 100, 1000
Stephen Altman, 30, 160, 1000, 30, 200
James Watson, 140, 1100, 1237, 100, 1000
James J. Harllee (Haillee), 550, 600, 20000, 200, 1500
John Blackman Jr., 100, 175, 1200, 50, 200
Miles McInnis, 30, 200, 2000, 30, 500
John M. Miles, 40, 460, 2000, 25, 400
J. M. Colman, -, -, -, 15, 200
John D. Colman, 100, 102, 2000, 25, 400
G. B. Colman, 30, 33, 300, 20, 250
Nathan Flowers, 25, 22, 200, 10, 100
Jas. Colman, 27, 28, 500, 15, 180
David Colman, 21, 23, 250, -, 100
Pugh Floyd, 40, 60, 1000, 10, 80
Elizabeth McWhite, 75, 125, 2600, 50, 600
Jos. Cook, 50, 80, 1500, 25, 250
Job Foxworth, 250, 950, 12000, 300, 1200
W. C. Foxworth, -, -, -, 15, 300
Danl. Shaw, 15, 85, 300, 15, 100
W. D. Lamb, 160, 340, 8000, 100, 300
Mary A. Lamb, 36, 65, 2000, 200, 280
D. J. McDonald, 60, 190, 3000, 50, 1000
E. J. Moody, 400, 630, 20000, 200, 1500
W. B. Gasque, 60, 390, 2000, 50, 400
G. W. Smithey, 200, 1150, 3000, 50, 400
W. S. White, 75, 65, 1000, 30, 300
H. M. Richardson, 50, 238, 2000, 25, 200
Rhoda Godbold, 80, 20, 1000, 50, 500
Geo. J. Culpepper, -, -, -, 25, 200
W. J. Adkinson, 50, 50, 500, 35, 250
W. Maree, -, -, -, 10, 180
Wm. Phillips, -, -, -, 10, 175
Val Rowell, 100, 253, 1000, 25, 300
H. Giles, 120, 800, 10000, 150, 800
J. C. Porter, 60, 133, 3000, 50 , 190
H. Kirton, -, -, -, 35, 350
D. Gibson, 250, 1250, 7500, 200, 1500
N. Evans, 600, 1400, 50000, 100, 300
W. Manning, 400, 5600, 6000, 700, 1000
Levi Gaddy, 75, 300, 3000, 200, 300

A. W. Cusack, 400, 300, 7000, 150, 90
W. S. Mullins, 475, 4925, 42000, 412, 2240
W. R. Johnson, 900, 1950, 40000, 500, 3000
W. W. Harllee (Haillee), 250, 500, 20000, 500, 2000
F. A. Wayne, 230, 274, 10000, 150, 760
J. R. Hinds Est., 800, 5200, 30000, 700, 3000
Wm. Hyman, 13, 123, 600, 10, 150
Jas. Collins, 50, 100, 500, 25, 300
Jesse Godbold, 25, 25, 400, 10, 200
Stephen Turner, 25, 75, 300, 5, 200
Moses Martin, 20, 180, 2000, 20, 300
H. H. Harrelson, 20, 900, 9000, 60, 1000
J. E. Harrelson, 100, 169, 3000, 300, 400
John D. Jordan, 50, 80, 500, 15, 200
H. G. Harrelson, 50, 100, 800, 50, 300
John J. Jordan, 50, 150, 3000, 50, 350
John G. Smith, 100, 500, 4000, 35, 500
Willis Shelly, 50, 200, 300, 15, 180
Hugh H. Smith, 60, 1400, 4000, 20, 200
James Snipes, 50, 100, 500, 15, 200
S. T. Collins, -, -, -, -, 500
Edwd. Smith, 75, 500, 4000, 50, 300
Wm. Williamson, 300, 800, 4000, 150, 400
Jos. Owens, 300, 700, 3200, 100, 500
Thos. Smith, -, -, -, 10, 200
J. J. Collins, 300, 800, 6000, 200, 2000
D. F. Collins, -, -, -, 25, 300
Thos. M. Munnerlyn, 250, 1250, 15000, 300, 750
John E. Collins, -, -, -, 10, 300
Wm. Collins, 100, 100, 2000, 50, 400
Thos. Collins, 15, 35, 300, 15, 180
Julia F. Davis, 200, 400, 5000, 150, 500
A. C. White, 50, 100, 1500, 50, 300
M. B. Stanley, 200, 800, 5000, 50, 700
James Jenkins, 130, 1230, 5000, 250, 800
S. R. Avant, -, -, -, 20, 180
Eli Avant, -, -, -, 10, 100
John H. Whaley, -, -, -, 25, 180
Jas. Caps (Cass), -, -, -, 5, 100
Wm. Shelly, -, -, -, 5, 180
Thos. T. Wall, 100, 150, 1200, 50, 100
John D. White, 50, 51, 500, 20, 180
Marion Gasque, -, -, -, 15, 280
John D. Gasque, -, -, -, 20, 200
Jas. Gibson, -, -, -, 15, 220
Saml. F. Avant, 60, 130, 1000, 20, 300
John Loyd, -, -, -, 15, 300
George J. Myers, 1500, 8500, 100000, 1000, 5660
Larry Hyman, 100, 475, 57500, 75, 730
Wm. Hays, 90, 95, 1000, 40, 390
A. G. Davis, 350, 75, 10000, 350, 1500
W. B. Powell (Rowell), 300, 1800, 12000, 400, 1200
C. J. Fladger, 250, 125, 6000, 200, 900
H. J. Bethea, 200, 216, 6000, 200, 700
Wm. Bethea, 175, 2000, 12000, 350, 850
S. Bethea, 230, 1000, 10000, 300, 1200
W. W. Durant, 400, 400, 20000, 700, 2800
W. G. Adkinson, 600, 2100, 20000, 200, 3200

S. E. McIntyre, 1000, 3000, 40000, 600, 5000
E. A. Gregg, 350, 300, 15000, 200, 1450
Levi Harrell, 120, 90, 600, 50, 350
O. S. Gregg, 795, 515, 17000, 350, 1200
Malcolm Munn, 30, 20, 250, 10, 150
Elisha Fryer, 400, 800, 13000, 150, 2100
S. A. Hinds, 250, 350, 4000, 25, 500
J. S. Harrell, 100, -, 300, 25, 150
H. P. Kirton, 80, 1000, 150000, 75, 600
A. S. Leggett, 200, 800, 10000, 250, 1000
D. Leggett, 200, 3000, 40000, 280, 1200
E. Townsend, 175, 225, 5000, 150, 400
James Holder, 50, 50, 200, 5, 200
P. J. James, -, -, -, 15, 50
Nathan Flowers, -, -, -, 10, 100
W. L. Rowell, 160, 300, 2000, 20, 400
H. L. James, -, 60, 200, 15, 200
C. Betts, 240, 400, 6000, 170, 500
Henry James, 60, 90, 1500, 50, 350
Henry Flowers, -, -, -, 15, 200
Geo. Waller, -, -, -, 20, 100
Wm. Snipes, -, -, -, 15, 100
Thos. J. Collins, 40, 110, 1000, 15, 300
Edwin Martin, -, -, -, 15, 80
Nelly Stevens, -, -, -, 15, 120
Hugh Adkinson, 35, 100, 1000, 20, 200
Love Flowers, -, -, -, 15, 100
Lewis Harrelson, -, -, -, 15, 200
Geo. Harrelson, -, -, -, 10, 120
Edwin Harrelson, 106, 100, 300, 15, 100
J. A. Dozier, 60, 40, -, 15, 200
H. F. Dozier, -, -, -, 20, 200
James Adkinson, -, -, -, 15, 150
Jesse Adkinson, 70, 300, 3000, 25, 350
E. J. Richardson, 50, 125, 1000, 15, 170
E. S. Woodward, -, -, -, 10, 30
Jonah Collins, 50, 45, 1000, 20, 200
Nelson Owens, -, -, -, 5, 50
John H. Smith, -, -, -, 15, 100
Thos. W. Boatwright, 200, 30, 5000, 25, 260
Thos. R. Collins, 7, 18, 2000, 25, 300
Joseph Collins, 50, 150, 20, 20, 180
Stephen Collins, 30, 470, 1500, 25, 50
Sarah Collins, 60, 240, 700, 10, 120
Louis Brown Sr., -, -, -, 5, 35
Wm. Brown, -, 200, 200, 20, 120
Louis Brown Jr., 50, 90, 700, 15, 210
Eli Godbold, -, 20, 150, 15, 180
Vincent Godbold, 50, 20, 1000, 75, 250
W. J. Davis, 350, 250, 10000, 150, 1000
C. D. Rowell, 100, 720, 8000, 100, 700
W. E. Hewit, 60, 240, 3000, 50, 500
Abijah Boatwright, 30, 70, 500, 35, 380
John B. Davis, -, -, -, 15, 300
Julia Davis, 100, 200, 2000, 20, 385
Julia Phillips, 100, 230, 2000, 25, 400
Stephen Wiggins, 200, 400, 3000, 50, 600
Isaiah Wall, 200, 750, 9000, 50, 200
Jas. M. Godbold, -, -, -, 600, 1500
W. D. Williamson, 200, 500, 4000, 75, 800
Est. D. J. Owens, 250, 450, 4000, 50, 750
Jos. Williamson, 100, 300, 3000, 200, 700
J. B. Shackelford, 400, 200, 12500, 300, 1000

W. J. Avant, 400, 600, 10000, 100, 600
James Graham, 800, 1000, 18000, 300, 1500

Marlboro District, South Carolina
1860 Agricultural Census

The South Carolina Department of Archive and History has microfilmed its census records. Detailed information on the history of these records as they were created and later turned over to South Carolina by the Department of the Interior's Bureau of the Census is in the Foreword.

Columns 1, 2, 3, 4, 5, and 13 represent the following information on the census:
1. Name of Owner, Agent or Manager of Farm
2. Acres of Improved Land
3. Acres of Unimproved Land
4. Cash Value of the Farm
5. Value of Farming Implements and Machinery
13. Value of Livestock

R. W. Little, 24, -, 1000, 200, -
A. N. Bristow, 3, 1, 800, 500, 50
B. F. McGilvray, 125, 75, 200, 300, 100
W. J. Davis, 12, 5, 2500, 100, 60
Wm. Bristow, 10, 4, 300, 175, 75
M. E. Cave (Coxe), 20, 20, 800, 10, 75
Jobe Weatherly, 60, 40, 1200, 100, 250
Jon Watson, 130, 320, 5600, 200, 600
Jas. Hinson, 25, -, 500, 5, 180
W. D. Cook, 40, 483, 12200, 415, 1100
Richd. Tatom, 80, 320, 6000, 40, 840
P. M. Hamer, 250, 350, 9000, 250, 1600
J. C. Hamer, 150, 100, 1925, 50, 575
John McCollum, 500, 200, 16500, 500, 2720
W. A. Crosland, -, -, -, 200, 500
S. K. Crosland, -, -, -, 50, 500
W. Murchison, -, -, -, -, 150
N. P. Peabody, 120, 229, 5000, -, -
Sallie Bass, 15, 31, 500, 25, 25
A. H. Douglas, -, -, -, 150, 400
J. B. Jennings TL, 9, -, 3000, 50, 460
J. T. Jennings, -, -, -, -, 425

Phillips Miller, 8, -, 500, 25, 156
Charles Frasier, 25, 20, 450, 15, 75
J. H. Parhand, 30, 1256, 2740, 40, 150
A. Barrow, 130, 210, 4250, 10, 215
Levi Ivy, 210, 187, 5955, 400, 1135
John Wise agt., 400, 300, 10500, 225, 1662
Mrs. Ann McDaniel, 40, 40, 1200, 30, 219
John Dimery, 70, -, 100, 2, 60
Thos. Rae, 800, 2200, 60000, 500, 4800
Mrs. Julia Green, 150, 40, 5000, 50, 715
Wm. _. Conner, 62, 118, 2700, 60, 400
Geo. W. Easterling, 40, 70, 1200, 25, 222
Wm. Hamer Eqs., 100, 100, 3000, 75, 450
George Dudley, 135, 248, 7660, 225, 990
W. A. McCall, 8, -, 1000, 10, 45
M. Henegan, 16, 9, 3000, 150, 555
Jas. Carlile, 40, 15, 1500, 30, 126
T. C. Weatherly, 1200, 1300, 40000, 800, 7750

Dorcas Odom, 1100, 30,1950, 38, 343
Welcom David, 110, 60, 3400, 19, 415
Josiah Gay, 110, 100, 2000, 75, 415
Jeptha Hay, 26, 184, 2100, 20, 191
A. G. Johnson, 370, 430, 16000, 400, 2780
J. W. Wallace, 100, 116, 6000, 125, 410
Mrs. N. A. Bishop, 45, 60, 1575, 20, -
Thos. Cook, 300, 100, 8000, 475, 1300
Thos. Caulk, 100, 99, 2985, 30, 505
Lucretia McDaniel, 35, 10, 450, 40, 148
Tristram Covington, 170, 542, 9680, 220, 780
Erasmus Weatherly, 80, 120, 3000, 10, 417
L. B. McCall, 50, 180, 2300, 50, 264
Harriet Spears, 50, 70, 2550, 30, 177
Mrs. Pancy Spears, 45, 45, 1350, 60, 237
Ira Conner, 75, 95, 3500, 75, 510
D. L. McLeod, 60, 90, 3000, 50, 155
Lewis Spears, 130, 78, 4620, 280,762
B. C. Hinson, 16, 40, 3060, 100, 651
D. S. Easterling, 90, 125, 4125, 130, 518
E. P. Ervin, 400, 336, 14720, 345, 1706
Wm. J. Cook, 100, 300, 12000, 300, 518
Capt. Jos. David, 200, 277, 9540, 150, 1305
Mrs. M. A. Easterling, 265, 347, 10240, 329, 1407
Capt. John Terrell, 825, 1675, 50000, 338, 3091
W. Q. Beattie, 350, 175, 13125, 290, 153
Philip E. Crosland, 200, 75, 2715, 200, 1273

H. N. McIntosh, 80, 20, 1500, 40, 402
W. J. Daniels, 100, 33, 2384, 75, 537
J. A. Spears, 50, 18, 1600, 25, 287
Wm. H. Webster, 70, 20, 2700, 10, 130
Jesse David, 200, 150, 7000, 350, 1061
W. H. Pearce, 150, 191, 545, 200, 356
Jos. Heustis, 75, 75, 1050, -, -
Evander McDaniel, 60, 240, 3000, 15, 160
Mrs. M. A. Long, 100, 120, 4400, 125, 475
J. A. Peterkin, 250, 1200, 12950, 600, 1947
Stephen Wallace, 400, 300, 14000, 433, 1300
S. R. Thomas, 25, 83, 2160, 200, 348
E. D. Bristow, 25, 17, 780, 20, 83
Crawford Easterling, 138, 72, 2200, 60, 235
T. A. Thomas, 90, 72, 2500, 50, 590
Ira McDaniel, 50, 45, 1140, 30, 227
John B. Stubbs, 50, 20, 1050, 30, 280
Susan McDaniel, 15, 5, 400, 20, 275
Jas. Woodley, 160, 453, 9195, 151, 475
G. W. Moody, 50, 45, 1500, 45, 88
John C. McColl(McCall), 50, 100, 1800, 60, 113
John A. McColl, 100, 200, 4500, 140, 464
Mrs. Charlotte Quick, 50, 69, 1785, 25, 248
Philip Quick, 35, 73, 1770, 28, 145
S. W. Evans, 1300, 1450, 40000, 2000, 7000
John Witherspoon, 1800, 1500, 49500, 960, 7000
G. F. Williams, 450, 160, 8000, 600, 2000
John R. McIver, 1000, 3000, 40000, 800, 4830

Miss L. E. McIver, 200, 500, 4900, 200, 1165
Col. J. D. Wilson, 2100, 1600, 55500, 1800, 8100
T. B. Lide, 850, 1140, 31000, 1000, 4400
W. P. Emanuel, 210, 100, 6200, 200, 1148
Y. H. Huckabee, 150, 194, 6880, 250, 700
A. J. Breeden, 150, 133, 5660, 323, 538
Mrs. Alice Breeden, 40, 75, 2300, 15, 223
Travis Manship, 95, 305, 000, 205, 371
Henry Edens, 90, 64, 2310, 190, 850
S. J. Townsend, 4, -, -, -, 250
Simon Jacobs, 75, 30, 2100, 76, 638
J. R. Moore, 75, 100, 2187, 50, 359
Elizabeth Odom, 100, 52, 2500, 171, 503
Jesse Reese, 110, 109, 4220, 300, 1010
Asa Edens, 130, 135, 5300, 500, 486
Henry Townsend, 55, 145, 1000, 40, 410
Thos. Q. Odom, 150, 200, 5250, 50, 410
Thos. C. Hamer, 40, 95, 2025, 35, 290
Jas. R. Hamer, 50, 90, 2025, 35, 229
Thos. S. Covington, 80, 56, 2040, 50, 405
Col. Jno. Covington, 100, 75, 5250, 775, 986
Philip S. Thomas, 150, 160, 200, 1000, 590
Jesse H. David, 70, 60, 3900, 50, 350
Joel Covington, 40, 40, 2000, 30, 105
Lewis Fraser, 130, 190, 4920, 308, 711
Henry Woodle, 28, 47, 975, 20, -
Asenath Lister, 150, 224, 5610, 70, 720
Joseph L. Breeden, 130, 137, 5500, 150, 1105
Willis Pate, 50, 65, 2300, 60, 306
R. E. Townsend, 170, 180, 5600, 150, 472
Sarah Adams, 150, 150, 4500, 150, 5600
Julia Adams, 75, 135, 3150, 35, 380
Memucum Usher, -, -, -, 50, 150
Jams Usher, -, -, -, 50, 150
Noah Usher, 70, 57, 1405, 75, 520
John Usher, 200, 314, 5140, 100, 370
J.C. Usher, -, -, -, 20, 230
Giles Newton, 175, 225, 6000, 500, 700
W. L. Easterling, 50, 50, 1500, 20, 90
Thos. A. Stubbs, 60, 19, 1185, 50, 360
Margaret Bennett, 45, -, 500, 40, 245
A. C. McInis, 35, 40, 600, 50, 125
Lucy Bennett, 150, 490, 4600, 75, 405
Daniel Skipper, 25, 75, 500, 5, 25
J. W. Odom, 65, 45, 1650, 50, 430
Wm. Pearson, 180, 120, 6000, 650, 850
J. D. Pearson, 38, 50, 1500, 50, 190
Rachel Townsend, 90, 200, 3500, 50, 280
F. Townsend, -, -, -, 30, 95
W. K. Breeden, 152, 280, 8000, 700, 800
J. C. Lewis, 35, 95, 1430, 45, 169
John Webster, 125, 37, 2000, 85, 429
John Pearson, 500, 450, 15250, 700, 1210
Jas. C. Thomas, 200, 165, 7300, 250, 1100
Wm. Bennett, 65, -, -, 50, 265
Evander Odom, 40, -, 4000, 25, 290
M. A. Emanuel, 415, 1585, 30000, 250, 1067
Jas. M. Gibson, 200, 500, 12000, 600, 1105

Harriet Weatherly, 100, 350, 6750, 100, 895
Malcom McColl, 100, 160, 2600, 75, 900
Isaac Weatherly, 50, 51, 1210, 100, 296
J. T. John, 60, 140, 2000, 56, 440
Morgan Breeden, 150, 98, 2480, 75, 780
Peter John, 100, 150, 2500, 50, 232
A. J. Stanton, 80, 50, 2500, 75, 643
Thos. A. Evans, 75, 110, 2775, 53, 481
Wm. Freeman, 15, 25, 1000, 20, 190
Meredith Freeman, -, -, -, 5, 150
Moses E. Coxe, 370, 730, 16500, 720, 1315
James E. Coxe, 170, 230, 6000, 300, 1000
Thos. A Viening, 150, 265, 10320, 50, 529
John W. McLeod, 210, 250, 7000, 700, 1161
D. MeLeod, -, -, -, 15, 150
Jas. Mumford Sr., 10, 297, 3000, 50, 430
Jas. Mumford Jr., -, -, -, 25, 40
Wm. B. Smith, 35, 75, 800, 50, 205
Wm. Davis, 200, 830, 6000, 80, 555
Andrew Walters, 50, 55, 300, 20, 120
James M. Davis, 150, 250, 3000, 225, 1150
Joel Hall, 75, 75, 1000, 15, 480
Tristram Quick, 125, 720, 8450, 50, 860
Stephen Quick, 25, 75, 800, 30, 242
James Cooper, -, -, -, 5, 35
Nathan Walters, 35, 70, 350, -, 100
Travis Quick, 175, 125, 1500, 55, 422
C. S. Newton, 450, 700, 12650, 500, 1200
Eliab Chavos, -, -, -, 50, 315
Barnabus Grant, 30, 470, 2000, 275, 605
Wm. Steen, 150, 58, 1300, 35, 425
Edward Feagan, 45, -, -, 25, 200
Charles Irby, 1000, 3612, 79780, 6000, 5936
Daniel A. Odom, 30, -, -, 15, 55
Columbus Davis, 25, -, -, 25, 200
Henry Easterling, 1000, 916, 28740, 1000, 3955
Ann E. & L. D. Prince, 2500, 5500, 84000, 2180, 10175
Mary Smith, 140, 200, 1000, 20, 235
Peter T. Smith, -, -, -, 50, 600
W. R. Graham, 34, 50, 800, 50, 158
Daniel John, 180, 334, 7710, 360, 960
A. D. Sparks, 430, 400, 12450, 558, 1476
R. H. Campbell, 200, 500, 10500, 240, 1390
Dr. J. H. Lane, 120, 210, 5000, 240, 1390
A. B. Henegan, 250, 950, 18000, 500, 1130
Z. A. Drake, 1000, 3200, 40000, 1500, 6065
Benj. N. Rogers, 800, 3200, 40000, 1460, 4461
W. C. Easterling, 100, 189, 7225, 595, 500
Rebecca Barenton, 75, 42, 2413, 50, 640
Philip Barington, 60, 57, 1755, 15, 300
Thos. E. Stubbs, 300, 700, 20000, 720, 1275
John Bristow, 14, -, -, -, 50
J. N. Townsend, 400, 176, 8640, 1200, 1945
Wesley Quick, 1850, 50, 2300, 75, 496
Silas Turner, 50, 2, 500, 10, 92
Aron Quick, 95, 268, 2178, 80, 473
Jeremiah Grant, 75, 950, 3000, 150, 600
Jont Medlin, 18, 32, 750, 10, 100

Donald Matheson, 50, 41, 1500, 10, 382
Alexr. McGee, 40, 510, 6000, 40, 314
R. R. Peguese (Pegnese), 325, 1250, 8000, 350, 3395
Jane Peguese, 460, 1800, 12000, 800, -
Philip Odom, 80, 48, 2000, 50, 364
P. W. Pledger, 750, 1076, 54000, 1500, 3700
Martin Stubbs, 400, 329, 14580, 310, 1365
Anderson Haywood, -, -, -, 15, 104
B. K. Bristow, 52, 6, 1000, 50, 300
S. J. Sanders, 40, -, -, 35, 130
G.W. Bristow, -, -, -, 30, 321
Erasmus Weatherly, 200, 400, 7200, 25, 445
W. H. Parham, 50, 41, 3000, 400, 280
Wesley Parham, 40, -, -, 40, 240
J. C. Woodley, 108, 81, 3000, 600, 454
Preston Covington, 90, 443, 8225, 40, 624
W. W. Covington, 90, 110, 2000, 75, 655
Jas. Galloway, 240, 325, 6000, 500, 1017
J. B. Breeden, 480, 504, 29820, 1755, 2043
J. E. David, 300, 200, 20000, 1500, 2020
B. D. Townsend, 20, 100, 5000, 500, 1254
John T. Murdock, 300, 200, 10000, 150, 710
Robert Covington, 100, 250, 7000, 50, 528
Eml. Jackson, 200, 200, 7000, 150, 1015
John J. Jones, 45, -, 800, 40, 224
T. L. Crosland, 100, -, -, 300, 670
Wm. Wise, 45, 71, 1764, 50, 236
S. J. Strickland, -, -, -, 75, 937

Mrs. Eliza Smith, 90, 133, 4460, 700, 685
Belinda Webster, 60, -, -, 50, 211
Leuezer Mason, 100, 100, 3000, 30, 205
Benj. Covington, 650, 1025, 41875, 845, 3530
Mrs. Eliza Dixon, -, -, -, 10, 200
Mary E. Lewis, 300, 900, 12000, 1000, 1585
Margaret Donaldson, 125, 8, 4280, 300, 680
Jno. A. Inglis, 500, 940, 21600, 643, 1710
Elvin Coxe, -, -, -, 10, 175
Silas Coxe, 20, 5, 400, 10, 15
Thompson Gray, 40, 320, 2880, 30, 390
Calvin Gray, 30, -, -, 20, 115
Mealy Manning, 800, 2750, 35500, 1100, 5455
John Bundy, -, -, -, -, 60
Alexr. McRae, 40, 223, 1315, 15, 372
Jenett Meekins, 50, 150, 3000, 36, 332
Samuel S. McColl, 190, 424, 9210, 187, 1207
John L. McLucas, 35, 225, 3900, 20, 350
Allen Edens, 75, 232, 3600, 75, 575
Daniel Dunbar, 30, 20, 1000, 25, 262
Thos. Haskins (Haskew), 309, 403, 10530, 585, 1930
Alexr. Calhoun, 200, 225, 6375, 500, 660
Wm. R. Medlin, 125, 200, 6500, 200, 1010
Gilbert Calder, 23, 12, 1400, 10, 163
Jennett Sinclair, 15, 165, 3600, 27, 921
Elizabeth McRae, 100, 900, 9000, 360, 800
Malcom McRae, 45, 300, 3000, 125, 500
Philip Parker, 70, 130, 5000, 50, 475

Jas. Chavos, 70, 117, 3740, 48, 320
R. H. Hamer, 40, 40, 1200, -, 250
Jno. A. Peterkin, 250, 200, 5400, 300, 1270
James S. Liles, -, -, -, 125, 345
Gilbert McAlister, -, -, -, 30, 122
James Quick, -, -, -, 35, 56
Saml. Sparks, 1500, 1955, 62300, 2625, 8410
Silas Norton, 125, 182, 4605, 144, 467
Richard Smith, 100, 100, 3000, 125, 552
Peter Seals, -, -, -, 10, -
Wm. L. Adams, 40, 222, 4770, 35, 180
Jas. C. Dunbar, 160, 192, 5280, 175, 872
Thos. Stanton, 100, 100, 3000, 610, 910
Joseph A. Bruice, 250, 250, 10000, 690, 1480
Thos. J. J. Dupree, 70, 50, 1975, 50, 392
Simon Emanuel, 50, -, 2000, 10, 4
N. S. Rogers, 515, 1685, 33000, 460, 2850
P. H. Rogers, 500, 1500, 30000, 1125, 3419
Robt. . Windham, 140, 260, 4000, 106, 590
Geo. H. Ware, 200, 1800, 20000, 494, 692
James D. Hinds, 40, 140, 280, 80, 494
Telatha Driggers, 20, -, 250, 10, 271
Jno. A. Hodges, 280, 1970, 33750, 706, 2120
Elias Oakley, 40, -, -, 40, 871
John Dunford, 28, -, -, 40, 440
Evan Bryant, 28, -, -, 15, 90
Robt. G. W. Hodges, 300, 1000, 12000, 5, 850
Mgt. R. Gibson, 100, 83, 2745, 109, 495

Henry J. Rogers, 310, 1290, 32000, 780, 2925
Stephen Grice Jr., 20, -, -, 10, 165
Stephen Grice Sr., 25, 75, 1000, 10, 60
Thos. S. Grice, 35, 115, 2500, 35, 140
William Meggs, 60, 27, 1305, 35, 396
Erastus E. W. Hays, 70, -, -, 8, 200
Ann Driggers, 25, -, -, 30, 118
Malachi E. Brigman, 100, 250, 3500, 64, 505
Lewis Taylor, 45, 133, 1780, 29, 320
Daniel R. McColl, 25, 60, 900, 20, 220
James McColl, 150, 815, 6765, 100, 595
Robt. Gray, 30, -, -, 20, 104
Charles Coxe, 30, -, -, 30, 55
Martha Clarke, 20, 86, 1060, -, 190
Eliza Rogers, 760, 2240, 45000, 1300, 3041
Jas. E. Thomas, 24, -, -, 39, 420
John Taylor, 20, 2, 330, 46, 400
J. J. Atkinson, 25, -, -, -, 39
J. Hartwell Hart, 500, 2500, 30000, 965, 3640
J. L. Hart, 350, 1140, 14700, 809, 2012
Hon. J. McQueen, 1000, 1160, 50220, 1055, 5651
Sarius (Sarins) F. McQueen, 400, 600, 20000, 550, 2700
Dr. E. H. Kirkwood, 150, 100, 7000, 50, 250
J. A. W. Thomas, 25, 75, 2500, 50, 500
James Webster, -, -, -, 10, 180
Hugh G. Pearson, 127, 70, 1425, 35, 177
Moses Pearson, 40, 50, 1350, 25, 300
Murdock Quick, 60, -, -, 10, 92
Jehu Parker, 40, 109, 596, 50, 152
R. H. McKenzie, 70, 81, 950, 20, 226

Perry W. Gay, -, -, -, -, 21
Evander Stanton, 25, 6, 620, 15, 119
John Purnell, 140, 207, 4164, 114, 656
Chas. T. McRae, 110, 346, 4650, 665, 905
Daniel Chisholm, 200, 60, 2600, 85, 430
J. C. McGill, 250, 250, 6250, 610, 1038
Luke Turnage, 75, 105, 2060, 94, 275
Jesse Bethea, 350, 900, 15000, 350, 2175
Jas. Adams, 75, 120, 2940, 45, 184
Wm. S. Moore, 200, 200, 10000, 360, 140
Jno. Fletcher, 70, 63, 3000, 50, 417
Tristram Bethea, 100, 149, 4980, 75, 12
Lewis Parker, 120, 206, 6520, 635, 623
Saml. Easterling, 70, 40, 2200, 35, 435
Jno. S. Fletcher, 200, 150, 7000, 100, 632
Isaac Sanders, 35, -, -, 3, 21
N. S. Fletcher, 100, 150, 5000, 125, 615
Saml. Norton, 44, 81, 1875, 35, 209
Wm. Norton, 100, 120, 4400, 125, 482
Jesse Alsbrooks, 130, 140, 3700, 35, 433
John A. Easterling, 40, 105, 2175, 45, 322
John J. Herndon, 10, 13, 920, 50, 450
Jos. English, -, -, -, 15, 57
Jno. A. McRae, 375, 565, 11755, 825, 925
Wm. D. Johnson, 700, 4100, 3500, 600, 3120
O. B. Bristow, 30, 22, 780, 30, 175
H. S. Crabb, 60, 110, 2125, 50, 257
Norman Quick, 90, 32, 1220, 40, 547
James Quick, 40, 68, 2160, 30, 261
Giles Quick, 100, 308, 6120, 130, 575
Malachi Driggers, 30, 136, 2490, 20, 78
John Calhoun, 20, 76, 1440, 10, 305
Dr. Jas. Alford, 200, 359, 8385, 669, 955
John L. McColl, 56, 190, 3808, 56, 440
D. M. D. McLeod, 300, 250, 11000, 660, 1140
Light. Townsend, 1260, 1582, 70850, 2250, 7730
Pherobe Kinny, 80, 120, 500, 606, 620
Nancy McCollum, 40, -, -, 10, 140
Catharine McRae, 90, 128, 2180, 116, 596
Neill N. McDaniel, 50, 150, 2000, 50, 378
Philip McRae, 100, 155, 3060, 100, 780
John T. Thomas, 80, 120, 2500, 84, 12
Wm. B. Alford, 200, 600, 10000, 150, 800
C. L. Treawick, 60, 40, 1250, 50, 255
Daniel Parham, 120, 300, 6300, 670, 796
Alfred Parrish, 14, 54, 1500, 25, 175
Ruth Turner, 12, 38, 350, 10, 150
Moses Quick, 50, -, 350, 50, 325
Joseph Perkins, 50, -, 350, 10, 80
D. H. Hamer, 110, 100, 5100, 660, 553
James Spears, 400, 1700, 25200, 796, 1800
Wm. B. Lee, 280, 223, 7545, 755, 1227
Mary Clark, 20, 15, 420, 25, 210
Geo. Jackson, -, -, -, 42, 213
Charles Proctor, 55, 68, 1720, 20, 89
Jno. W. Henegan, 140, 199, 4237, 355, 1325

R. C. Emanuel, 300, 500, 12000, 814, 1555
George Hood, 35, 65, 1500, 46, 306
William Hood, 60, 30, 1450, 28, 325
Philip Thomas, 30, 50, 1200, 37, 163
John Coxe, 75, 75, 3000, 46, 250
T. W. Allen, 300, 553, 8530, 580, 95
G. W. Miles, 48, -, 250, 10, 190
Jesse Proctor, 40, -, -, 35, 248
Eli Coxe, 135, 196, 2648, 37, 523
Peter Johnson, 600, 750, 20250, 400, 1812
Dougold McCole (McColl), 50, 159, 1672, 50, 590
Wm. W. Cale (Cole), 16, -, -, 5, 100
Selia Brigman, 200, 300, 6000, 629, 320
William Paul, 20, -, -, 5, 75
C. D. Brigmon, 150, 216, 2928, 80, 541
Allen Moore, 200, 457, 10000, 300, 1500
J. Hamilton Henegan, 400, 750, 30000, 850, 1200
Neill C. McLaurin, 50, 157, 2484, 56, 354
John McCole (McColl), 50, 139, 2265, 50, 370
Wm. M. Jackson, 20, -, -, 10, 121
Nathan Graham, 50, 33, 1245, 40, 300
Mary McIntyre, 35, 285, 3840, 30, 120
Charity Ivy, 65, 230, 2065, 30, 255
John J. McLaurin, 130, 280, 4120, 176, 518
Milba Willis, 105, 130, 3525, 110, 975
Philip B. McLaurin, 150, 350, 7000, 150, 945
Tristram McLaurin, -, 322, 3220, -, -
Jno. B. McLaurin, 100, 760, 5000, 40, 1328
Mrs. Eliza McLaurin, 90, 550, 6400, -, -

Hugh G. McColl, 80, 124, 3060, 25, 102
Roderick Kelly, 35, 50, 1275, 15, 243
Andrew K. Jackson, 35, 165, 2000, 25, 342
Christian McLaurin, 30, 75, 1200, 36, 91
Robt. Stanton, 45, -, -, -, 125
D. D. McLaurin, 75, 281, 4272, 50, 625
Mrs. Mary McLaurin, 75, 225, 3960, 35, 326
James S. Quick, 50, 150, 2400, 40, 255
James Driggers, 40, 95, 2025, 30, 468
Wm. D. Bridges, 300, 50, 5250, 605, 1600
Dr. Alex. McLeod, 1500, 1550, 75250, 4620, 8825
Madison L. Irby, 150, 850, 20000, 5, 255
Isham W. Hamer, 65, 305, 6770, 55, 461
Mrs. Martha Hamer, 150, 85, 5170, 455, 659
Robt. Breeden agt., 415, 985, 21000, 1050, 3249
Archd. McIntyre, 275, 925, 18000, 750, 1590
Andrew J. Leggett, 200, 560, 8400, 655, 1939
C. W. Dudley, 200, 300, 12500, 1000, 1236
Geo. Bristow, -, -, -, 100, 294
Wiley M. Jones, -, -, -, 100, 295
Simon Jacobs, 40, 12, 1000, 100, 432
John Odom, 633, 1217, 18500, 1010, 2768
Tristram Odom, 50, 90, 1120, 20, 188
Franklin Hamer, 52, -, -, 10, 447
Wm. S. Newton, 35, 167, 2020, 32, 236

Jas. C. Covington, -, -, -, 6, 8
A. B. Covington, 45, 52, 1500, 15, 155
Anderson Newton, 110, 140, 5000, 80, 715
Wm. Hinson, 10, -, -, -, 36
John H. Stanton, 60, 71, 3500, 85, 300
A. L. McRae, 25, 5, 1700, 88, 380
D. McPherson, 45, 15, 525, 40, 300
Richard Welch, 100, 205, 6100, 160, 415
Jonathan Meekins, 100, 380, 4800, 1600, 865
Joseph Medlin, 90, 225, 4000, 400, 832
Charles T. McRae, 25, 43, 534, 425, 97
David Polson, 150, 165, 3150, 145, 675
Angus McRae, 150, 360, 5000, 50, 360
R. A. McRae, 100, 500, 6000, 75, 709
Atla_ Quick, 75, 75, 1350, 30, 324
James Quick, 15, 25, 500, 25, 190
Peter Calder, 25, -, -, 5, 85
Wm. Barfield, 30, 230, 2600, 35, 147
Sallie McArn, 50, 143, 1930, 30, 267
James B. Willis, 200, 410, 6100, 735, 1176
Dougold Calhoun, 150, 213, 4230, 125, 695
Drusilla Stubbs, 35, 28, 630, 15, 100
Geo. Lockelar, 5, -, -, -, 22
Samuel Driggers, 70, 155, 2250, 25, 32
John B. McColl, 200, 258, 4580, 140, 1110
D. McEachern, 100, 270, 2700, 50, 310
Daniel Graham, 300, 500, 8000, 411, 1562
Jas. Ivy, 35, 65, 1200, 40, 220
Caswell Roper, 85, 190, 2750, 31, 467

James S. Leggett, 100, 146, 2500, 325, 556
Lauchlin McLaurin, 110, 274, 4608, 500, 668
Peter S. Hubbard, 225, 200, 5312, 615, 1343
L. A. McLaurin, 70, 205, 4115, 120, 800
Jas. W. McCole (McColl), 85, 198, 3800, 125, 100
Jno. R. McDaniel, 115, 66, 2000, 111, 511
Alexr. T. Stanton, 115, 82, 3940, 200, 868
Harris Stanton, 40, 40, 1200, 50, 210
John Parrish, 25, 26, 700, -, -
Godfrey Stanton, 35, -, -, 8, 211
A. C. McLaurin, 45, 319, 4000, 25, 190
Geo. R. Hearsey, 300, 200, 8000, 531, 2710
Norman McLeod, 70, 100, 2000, 75, 500
Duncan Douglas, 300, 2200, 17500, 560, 1915
Jonathan Scott, 130, 73, 2537, 370, 590
Aron Manship, 120, 245, 5475, 120, 201
Mrs. Nancy Manship, 35, 245, 5475, 150, 333
Elijah Sanders, -, -, -, 15, 81
Harris Easterling, 85, 130, 3225, 50, 352
Jackson Easterling, 50, 76, 1890, 15, 156
Nelson Easterling, 110, 240, 5250, 295, 437
James A. Coxe, 280, 360, 7680, 580, 1102
Thos. B. Moore, 120, 100, 4000, 140, 1075
Joel L. Easterling, 100, 440, 6750, 128, 617
Est. A. Graham, 200, 170, 7400, 125, -

Dr. Wm. Crosland, 1792, 1948, 90000, 1280, 717
T. S. Wallace, -, -, -, 60, 843
Dr. W. D. Wallace, 10, -, 3500, 15, - Gadi Ivy, 220, 739, 9590, 480, 1480
Wilson C. Cottingham, 55, 26, 1296, 45, 405
Charles Cottingham, 200, 400, 9000, 640, 915
Jont Cottingham, -, -, -, 10, 75
James Roscoe, 30, 45, 750, 55, 152
Purenton Roscoe, 100, 240, 3400, 85, 680
Joseph Thomas, -, -, -, 15, 125
Peter Odom, 450, 1350, 2250, 955, 2000
Freeman Peel, -, -, -, 10, 171
Robt. Odom, 150, 240, 4680, 30, 465
Jas. E. Odom, 65, 110, 2275, 90, 721
Leggett Quick, 70, -, -, 15, 245
Benjamin Moore, 300, 250, 7150, 530, 1300
Jno. W. Odom, 85, 50, 1380, 30, 193
L. L. McLaurin, 250, 706, 12428, 800, 1635
H. B. Covington, 180, 1076, 20032, 610, 1040
Jno. W. Powers, 90, 14, 1040, 53, 396
Col. T. N. Edens, 100, 180, 5040, 225, 634
Wm. W. Irby, 100, 100, 3000, 530, 365
Jno. B. Irby, 200, 1100, 12000, 1140, 1245
Jno. G. Grant, 560, 1040, 35200, 1494, 3285
H. W. Harrington, 105, 1845, 11700, 495, 2072
O. H. Kollock, 700, 1160, 25000, 935, 3081
Jno. W. Harrington, 400, 500, 10000, 695, 1458
Mrs. H. P. Gillespie, 1200, 1900, 50000, 1500, 4632
Mrs. Ann Edens, 400, 829, 6145, 500, 1620
Elizabeth English, 40, -, -, 25, 232
William English, 40, -, -, 4, 187
John Butler, 50, -, -, 10, 113
Mrs. Ann Wallace, 55, 105, 2400 15, 205
Barnabas Wallace, 250, 100, 5250, 695, 1068
Thomas Quick, 500, 787, 2000, 830, 1895
Mrs. Mary Newton, 50, 77, 2000, 30, 225
Pleasant Newton, 100, 233, 5000, 150, 620
C. D. Newton, 63, 35, 2000, 65, 800
Wm. W. Newton, 70, 37, 2500, 150, 1580
Rev. C. Newton, 150, 263, 6600, 560, 310
Joseph Newton, 50, -, -, 30, 425
Jno. W. Newton, 60, 53, 1200, 25, 130
Peter Barentine, 30, 70, 1250, 40, 350
Mary Gibson, 60, -, -, 50, 660
Andrew Adams, 100, 318, 6270, 150, 930
Robeson Adams, 150, 75, 4500, 37, 290
William Peel, 75, 20, 1000, 35, 350
Catharine Peel, 70, 13, 1000, 30, 1100
Jeptha Adams, 140, 260, 8000, 300, 700
Elijah Covington, 170, 110, 4200, 615, 375
Samuel E. Odom, 50, 46, 2000, 60, 275
Alexr. Brigmon, 75, 25, 1500, 60, 200
Elizabeth Odom, 75, 55, 200, 250, 200
Thos. Wright, 100, 146, 3800, 25, 200

Raiford Fletcher, 300, 500, 15000, 725, 1970
Philip Toler, -, -, -, 10, 75
Alexander Stubbs, 30, -, -, 10, 870
Elizabeth Liles, 250, 750, 15000, 500, 630
Jno. W. Stubbs, 250, 200, 9000, 200, 665
Robeson Hubbard, 100, 260, 5400, 50, 865
Wm. E. Hubbard, 200, 278, 5560, 200, 1450
D. W. Mooer, 300, 200, 9000, 600, 1450
Lewis Brigmon, 40, -, -, 5, 500
Kitty Hubbard, 100, 140, 3600, 75, 600
Honor Hubbard, 100, 75, 5000, 75, 525
Jas. W. McRae, 60, 590, 7000, 100, 450
Wright Wilson, 115, 240, 2550, 385, 280
Abner Driggers, 50, 130, 1800, 25, 110
Jeremiah Polson, 30, 10, 400, 25, 630
Thos. C. Bundy, 75, 128, 3000, 250, 600
Araph Bundy, 40, 86, 2600, 50, 170
Martin Covington, 55, 45, 1200, 50,300
H. C. Leggett, 50, 150, 2500, 40, 380
J. McEachern, 100, 400, 5000, 60, 320
Elisha Pipkin, 150, 250, 6000, 500, 775
W. L. Leggett, 300, 566, 17320, 600, 1665
Issac Pipkin, 200, 240, 8000, 450, 900
Nelson, Gibson, 200, 500, 12600, 600, 1000
Daniel Parker, 45, 81, 1900, 30, 220
Jas. Butler, 6, -, 75, 25, 185

A. Z. Moore, 130, 120, 3750, 100, 1250
A. Q. Adams, 55, 58, 1000, 30, 140
Alfred Covington, 50, 140, 2850, 40, 455
Lewis Leviner, -, -, -, -, 85
Eliza Whicker, 75, 75, 2250, 60, 10
Martin Seals, -, -, -, 10, 50
Herbert Smith, 400, 1100, 10000, 600, 1450
D. J. Odom, 100, 50, 2000, 75, 250
Jno. W. Odom, 75, 75, 2000, 40, 225
A. H. Odom, 75, -, 1000, 50, 425
H. K. Odom, 125, -, 1500, 40, 300
Thos. Brigmon, 200, 200, 6000, 400, 700
Thos. H. Huckabee, 60, 80, 2800, 60, 300
Robt. Johnson, 100, 316, 8000, 200, 960
Peter Parker, 60,70, 650, 35, 150
Younger Newton, 60, 240, 6000, 60, 400
Thos. Fletcher, 100, 360, 5520, 300, 600
Philip E. Odom, 50, 95, 2200, 40, 200
Chas. Stanton, 60, 350, 1800, 60, 175
John Parham, 77, 70, 2500, 100, 520
Jackson Stubbs, 200, 275, 6000, 650, 1100
Henry Reese, 25, -, 100, 10, 150
E. W. Goodwin, 500, 1300, 20000, 1200, 2600
Jackson Adams, 200, 350, 8820, 700, 900
Alexr. Beverly, 100, 145, 3675, 75, 500
Andrew Scott, -, -, -, -, 100
D. McPherson, 100, 400, 2500, 100, 500
Thos. Seals, -, -, -, 25, 150
John W. Powell, 40, 80, 800, 75, 400
Peter Grant, 20, 30, 300, 25, 140
Sarah Mudd, 60, 120, 1400, 10, 120

Malachi Quick, 300, 600, 3000, 115, 837
Wyatt Quick, 100, 600, 1750, 25, 255
Eli Steen, 75, 300, 1025, 15, 202
Benjamin Quick, 500, 263, 2290, 760, 1700
Martin Quick, 100, 230, 990, 655, 1060
Wm. Anderson, 80, 80, 840, 70, 3334
Theophilus Field, 40, 6, 500, 35, 290
Thos. Q. Breeden, 100, 203, 6060, 128, 370
Barney Quick, -, -, -, 25, 402
John P. Herndon, -, -, -, 48, 214
John Brigmon, -, -, -, 5, 35
Handa Stander, 200, 266, 6990, 695, 1430
Dougold McColl, 60, 40, 1000, 50, 355
J. M. Carmichael, 50, 440, 3120, 140, 236
D. R. McColl, 140, 370, 3000, 170, 923
John O. David, 65, 129, 2900, 40, 425
Wm. J. Loftin -, -, 3, 30, 415
Anderson Quick, 40, 84, 1884, 20, 139
Saml. Goodwin, 70, -, -, -, -
John Jones, 200, 373, 9168, 350, 732
Est. Bishop, 45, 60, 4000, 25, 250
Thos. _. Dupree, 100, 357, 4700, 25, 690
Miss Bettie Irby, 350, 550, 13000, 1500, 1660
Murdock Quick, 40, 60, 500, 10, 165
Jas. A. Bolton, 50, 55, 2000, 50, 400
B. F. Pegues, 700, 2000, 22000, 600, 5575
Edmund Burgess, 50, 150, 2050, 60, 270
Est. Watson, 200, 200, 3000, 150, 360
Mrs. M. Jackson, 70, 120, 3000, 50, 155
W. A. Pegues, 1165, 4050, 40000, 800, 4920
Jas. Gillespie, 609, 4431, 20000, 800, 3340
Saml. Coward, -, -, -, 15, 220
Calvin Smith, 48, -, -, 20, 225
Michael Coward, 30, -, -, 5, 200
Abner Smith, 35, 15, 250, 50, 380
Peter Grant, 20, 30, 75, 35, 122
George Smith, 50, 250, 200, 75, 175
Thomas Smith, -, -, -, 10, 425
Simon P. Rainwaters, 174, 57, 10000, 40, 202
Philip Smith, -, -, -, 15, 175
Jackson Grant, -, -, -, 25, 156
Evander Quick, -, -, -, 8, 50
Matthew Driggers, 60, 140, 1000, 50, 362
John Stancel, 80, -, 500, 42, 363
Thos. Welch, 29, -, -, 25, 200
Winny Odom, 500, 40, 5400, 660, 920
Abel Quick, 75, 75, 1500, 558, 350
John Welch, 220, 1230, 7250, 810, 1157
Elizabeth Smith, 25, 475, 2000, 70, 370
Anderson Williams, 30, 100, 390, 50, 250
Jas. H. Peavey, 20, 158, 400, 35, 70
Solomon Quick, 150, 1550, 5700, 320, 1341
John A. Sweat, -, -, -, 50, 75
Stephen Jones, 25, 245, 600, 15, 127
Wm. K. Sweat, 150, 1050, 8000, 500, 1927
Jas. S. Smith, 50, 20, 500, 20, 190
Lewis J. Coward, 50, 150, 1000, 35, 125
Ezekiel Peavy, -, -, -, 25, 180
Zach. P. Skipper, 120, 590, 4970, 120, 760
J. H. Bethea, -, -, -, 25, -
Daniel Skipper, 40, 60, 500, 15, 250

Geo. Hinson, -, -, -, 60, 295
Edmond Hinson, -, -, -, 5, 25
Ephraim Jacobs, 10, -, -, 25, 80
Williamson Jacobs, 40, 85, 800, 40, 260

Wm. Pearce, 60, 119, 2390, -, 100
Margt. Adams, 100, 100, 4000, 25, 315

Index

Aaron, 65
Abercrombie, 79-80
Able, 106, 113-114
Ables, 108
Abrahams, 79, 86, 88
Acker, 26-27
Adair, 21, 85, 89, 91
Adams, 31, 33, 58, 61, 67-68, 70, 73, 81, 85, 87-88, 107, 109, 143, 147-147, 150-151, 153
Addy, 100, 102-104, 106
Adison, 63
Adkins, 63, 85, 91
Adkinson, 51, 115, 137-139
Adress, 19
Ailseywine, 13
Airhart, 110
Airs, 5
Akin, 20
Akins, 17
Albut, 54
Aldradge, 64
Aldrich, 50
Alen, 44
Alewine, 103-104
Alexander, 20-21, 63
Alford, 5, 40, 42-43, 45, 47, 118-120, 13, 125, 132, 147
Alison, 82
Allace, 4
Allen, 26, 33, 36, 42-43, 45, 48, 57, 123, 132, 148
Allender, 17
Allewine, 109
Allison, 28, 135
Allston, 6
Alsbrooks, 147
Alston, 5-7
Altman, 4, 95, 113-114, 135, 137
Altum, 35
Alverson, 22, 26
Alvin, 89
Amfield, 65

Amick, 98-99, 102-103
Ammons, 136-137
Amyst, 136
Ancrum, 54
Anders, 17, 29-30, 33
Anderson, 1, 4, 21, 27, 37, 41, 44, 46-48, 66, 70-71, 75-78, 89, 91, 93, 104, 109-110, 127, 152
Andrea, 13
Andreas, 2
Andrews, 70
Ansley, 86
Arant, 4
Ard, 128-129, 132
Arehart, 109
Armstrong, 21, 79, 81
Arnett, 127
Arnold, 24, 36, 71, 80
Arrant, 67, 109
Arrants, 54, 56
Arthur, 32, 54, 57, 95, 11
Asbell, 104
Ashmore, 20-21, 23, 35
Ashworth, 29
Askins, 134
Asley, 60
Assman, 112
Aster, 19
Atkinson, 2, 51, 54, 146
Atkison, 130
Atwood, 80, 84
Austin, 22, 28, 33, 35, 72-74, 80
Autry, 23, 27
Avalines, 61
Avant, 4, 115, 133, 136-138, 140
Avery, 78, 80
Ayers, 30, 126
B_zing, 67
Babb, 9, 11, 21, 35, 78-81, 83
Backman, 68, 112
Backsley, 42
Backus, 129
Badget, 90

Baggot, 108
Bagwell, 36-37, 77
Baile, 55
Bailey, 5, 9, 12-13, 28, 56, 62-63, 70, 72, 82, 85-87, 118-119, 121, 130
Baily, 61-62
Baker, 21, 29, 43-44, 62, 65-67, 110, 112, 117, 125, 127
Balantine, 76
Baldwin, 22, 35, 77, 79
Bales, 61
Balew, 9-10
Ball, 84
Ballantine, 72
Ballard, 22, 24, 63, 69
Ballentine, 99, 110
Ballinger, 13, 30
Balls, 74
Balwin, 21
Bane, 19
Banireau, 5
Bankman, 108, 111
Banks, 106
Barbara, 13, 15
Barber, 126
Barden, 85
Bardges, 21
Barefield, 50
Barenting, 150
Barenton, 144
Barett, 9
Barfield, 3, 121, 128, 149
Barington, 144
Barker, 12
Barksdale, 81-84, 87, 92
Barnes, 51, 54, 70, 129
Barnett, 10, 16, 23, 26-27, 29
Barnhill, 40, 43-45
Barnwell, 6
Barr, 95, 104, 106, 109, 114
Barrentine, 120
Barrow, 141
Barrs, 95, 108
Barry, 33
Bartell, 129, 135
Bartley, 40

Barton, 8-10, 12, 14, 16, 19, 27, 30-31, 35, 61
Bas, 120
Basin, 135
Basking, 68
Baskins, 52, 55
Bass, 55, 120, 127, 129, 131-132, 141
Baswell, 36
Bate, 27
Bates, 3, 8, 14, 18-19, 27, 32
Bath, 6
Batson, 15, 19, 24, 30-31
Baughman, 112
Baum, 48
Baxley, 118
Baxter, 3, 74, 113
Bayne, 33
Beach, 2
Beacham, 32
Beadle, 84
Beam, 26
Beasley, 93
Beasly, 87
Beattie, 31, 142
Beaty, 1, 41-42, 46, 48
Becke, 76
Beckham, 62, 69
Becks, 78
Bedingfield, 12
Belflowers, 128
Belin, 6, 135
Belk, 58-61, 63-67, 69
Bell, 6, 29, 44, 48, 62-63, 86, 88, 92
Bellame, 38
Bellamy, 38
Bellemy, 42, 46
Bellew, 61
Belm, 6
Benjamin, 85, 87, 89, 93
Bennet, 67, 70
Bennett, 35, 62-63, 143
Benson, 15, 25, 32, 34, 45, 63
Benton, 38, 41, 56
Bernett, 107

Berry, 12, 23, 51, 94, 119-120, 123, 132
Bery, 119-120, 131-132
Bessent, 38-39
Best, 44
Bethea, 119-120, 123-125, 132, 135, 138, 147, 152
Bethune, 123
Betts, 6, 139
Beverley, 42
Beverly, 121, 151
Bickley, 96-97, 99-100
Biel, 15
Biggard, 49
Biggart, 69
Bigham, 118, 35
Bird, 52, 66, 119, 121, 132
Bishop, 6, 13, 18, 20, 24-26, 29-31, 142, 152
Black, 20, 22, 63, 103, 119
Blackburn, 43-44,
Blackman, 64-65, 67-69, 119, 137
Blackwell, 10, 52, 66, 80, 95
Blair, 54
Blake, 28
Blakely, 13, 35, 85-86, 90, 92-93
Blakerby, 85
Blanton, 46
Blithe, 20
Bludworth, 1
Blue, 125
Blythe, 29
Boatwright, 106-107, 112-113, 139
Bodie, 104
Boer, 98
Bohler, 74
Bohling, 78
Boland, 98-99
Bolew, 16-18
Bolin, 36
Boling, 36-37
Bolles, 104
Bollinger, 8-10
Bolt, 77-78, 80-83
Bolton, 152
Boman, 9, 12

Bomer, 9
Bond, 3, 82
Bonds, 61, 87
Bone, 5-6, 96, 115
Bonhen, 79
Bons, 88
Bonum, 16
Bony, 23
Bookman, 101
Booser, 72
Booth, 44, 47
Boozer, 106
Boron, 42
Borrum, 17
Borum, 5
Boseman, 73
Bosman, 73
Bostick, 2, 128, 136
Boston, 14
Boud, 43
Bouie, 125
Bouknight, 97, 101-102, 110
Bounnan, 51
Bowden, 10
Bowen, 55-56, 89
Bowens, 81
Bower, 25, 98
Bowers, 8-9, 17, 52, 67-68, 70
Bowie, 125
Bowlen, 130
Bowling, 32
Bowman, 25, 75
Box, 82
Boyce, 23, 31, 37, 91
Boyd, 30, 41, 43, 73, 78-83, 85-86, 102
Boykin, 55-57
Boyson, 22
Bozeman, 34
Braddock, 89
Braddy, 122, 124, 130
Bradford, 89
Bradgen, 128
Bradley, 37, 55, 68
Bradly, 15, 19, 22, 54
Brady, 17

Bramblet, 87
Bramlet, 83-84
Bramlett, 20, 23, 29, 35
Branham, 53, 55-56
Brannon, 33, 51
Branton, 39, 41
Brasher, 35
Braswell, 2
Braszel, 69
Bratcher, 47
Bray, 20-21
Brazington, 66
Brazwell, 2
Breden, 144
Breeden, 135, 143, 145, 148, 152
Brewer, 127
Brewster, 83
Briant, 8, 12
Briddle, 15
Bridge, 21
Bridges, 18, 21, 23, 27, 34, 36, 48, 70, 148
Bridgewell, 37
Bridgsun, 16
Bridwell, 26, 31
Brigg, 27
Bright, 13, 17
Brigman, 119-120, 146, 148
Brigmon, 148, 150-152
Brissey, 22
Bristow, 141-142, 144-145, 147-148
Britt, 2
Britton, 115
Broach, 129, 134
Bromlett, 9
Bronn, 14
Brook, 26
Brooker, 96
Brooks, 11, 32, 73, 79, 81, 86, 133
Brookser, 17
Brooksher, 17, 20
Brookshine, 12
Brookshire, 30
Broom, 66
Brown, 2, 9-10, 12, 14-15, 17, 22, 26, 29-31, 33, 39-44, 49-50, 54-57, 69, 72, 76, 78, 82, 86, 89-90, 112, 115-119, 132-133, 136, 139
Browning, 23, 36, 77
Brownlee, 81, 84
Bruce, 9-12, 16-17, 19, 34, 53, 56, 62
Bruice, 146
Brunton, 4
Brussel, 131
Bryant, 21, 42, 47, 116, 119, 130-132, 146
Bryson, 35, 72, 85-86, 90-91
Buck, 41, 48
Bucks, 39
Buff, 110-111
Buffkin, 46-47
Bull, 14
Bullard, 134
Bullock, 46-47, 57, 72, 127
Bundrick, 97
Bundy, 145, 151
Burdett, 81, 90
Burgess, 5, 36, 40, 113, 152
Burkett, 101
Burley, 88
Burnes, 18
Burnett, 16, 106
Burns, 11, 18, 27, 31, 33, 36, 51, 82, 84
Burnside, 73-74, 83
Burrell, 11-12, 16-17
Burroughs, 48
Burrows, 115
Burry, 19
Burton, 25, 79-80, 82
Burts, 75
Burzac, 16
Busbee, 101-102
Busby, 95
Bush, 1
Bushart, 97
Butler, 32, 35, 46, 124-125, 128, 150-151
Butts, 5, 31
Buxley, 6
Buxter, 3

Buzby, 95
Bynum, 26
Byrd, 90-91
Cade, 43
Cafee, 28
Cain, 1, 117, 128, 133, 135
Calahan, 12
Calder, 145, 149
Caldwell, 75, 79
Cale, 148
Calhoun, 145, 1147, 149
Calk, 105, 109
Caller, 96
Calloway, 27, 30
Calton, 37
Cambell, 11
Cameron, 55, 121
Camp, 12
Campbell, 2, 10-11, 18, 22-24, 26, 29, 31, 37, 47, 50-51, 54, 59, 72, 81, 91-92, 110, 115, 119, 123-126, 128-131, 135-136, 144
Canada, 15
Cane, 12
Cannon, 8, 12, 15, 41, 45, 121
Cantey, 54
Cantrell, 12, 19
Capewell, 28
Capps, 26, 36
Caps, 138
Cargil, 86
Cargill, 23
Carity, 56
Carleton, 13
Carlile, 141
Carlisle, 62
Carlton, 22
Carmichael, 123-129, 132, 152
Carmon, 21
Carnes, 64-65, 67
Carous, 60
Carpenter, 33
Carr, 1-2, 18, 21, 28
Carraway, 3
Carrel, 47
Carrol, 44

Carson, 20
Carsus, 60
Carter, 3, 36, 40-41, 43, 48, 63, 69-70, 72, 74, 77, 104, 111, 115-117, 120, 128, 133
Cartrett, 44, 47-48
Cartwright, 5
Caskey, 59, 61-63, 69
Cass, 18, 20-21, 138
Cassell, 36
Casswell, 28
Caston, 66, 68, 70
Cato, 52
Catoe, 66, 68
Cauble, 15
Caudle, 31
Caughman, 96, 98, 103-106, 109-110
Caulk, 142
Caursart, 61
Causey, 40-42
Cauthen, 50, 53, 62-63, 69-70
Cave, 141
Cely, 21, 25
Center, 10, 17
Cerney, 4
Chancy, 95
Chandler, 13, 23-24, 28, 34, 85
Chaney, 95
Chapman, 23-24, 26, 97, 102
Chapon, 100
Chappell, 74, 82
Charles, 25-26, 33
Chase, 68
Chastain, 8, 34
Chavos, 144, 1146
Cheak, 91-92
Cheek, 80-81, 85
Cheeks, 77
Chesnut, 45-47, 53-54
Childers, 21, 28, 79-80
Chiles, 24, 27, 29
Chinners, 116
Chisholm, 147
Chow, 31
Christie, 2
Christmas, 132

Christofer, 18
Church, 127
Churehack, 95
Churgue, 20
Churtic, 2
Cinnaman, 25
Clanton, 63
Clardy, 38, 40, 76, 78
Clarek, 146
Clark, 5, 29, 31, 33, 36, 53, 56, 62-63, 85, 87, 90-91, 94, '21, 134, 136, 147
Clarke, 24, 35, 112, 121
Clayton, 31
Cleaveland, 19, 31
Clemms, 106
Cleveland, 92
Clinton, 62, 70
Cluger, 97
Cluris, 48
Clybourn, 68
Clybourne, 66
Clyburn, 49, 51-52
Coachman, 2
Coal, 63, 68
Coan, 67
Coates, 80
Coatney, 64
Coats, 50, 56
Cobbs, 21
Cochram, 15
Cochrame, 112
Cochran, 53
Cockram, 28
Cockrill, 9
Cofer, 107
Coffee, 59-60
Coger, 90
Cogins, 10
Cogner, 90
Coker, 24, 28, 35-36, 84, 89
Colcut, 121
Cole, 82, 148
Coleman, 20, 24, 28-29, 31-33, 36, 72, 74-75, 80, 85, 91, 95, '07, 112, 118, 128, 136

Coley, 79
Coliman, 80
Collects, 33
Collingham, 123
Collins, 4, 6, 13, 32, 40, 50, 117, 121, 130, 132, 136, 138-139
Colman, 128, 137
Colton, 37
Columbus, 5
Colwell, 59
Comilander, 102-103
Compton, 8, 18-19, 87, 90-91
Cone, 64
Cones, 65
Connel, 67, 69-70
Connell, 11
Conner, 141-142
Connors, 68
Conolly, 48
Coogler, 99, 101
Cook, 7, 16, 34, 42, 50-51, 53, 56, 58, 62, 65, 67, 72, 108, 115, 120, 127, 137, 141-142
Cooke, 94-95, 107-108
Cooksey, 17
Cooley, 24, 27
Cooper, 4, 19, 25, 28, 31, 42, 44, 48, 78-79, 89, 108, 118, 121, 133, 144
Copeland, 50-51, 65, 84, 87-91
Corley, 18, 27, 94, 105-106
Corman, 12
Cosban, 20
Cosse, 47
Cossee, 39
Cothran, 24
Cothrun, 24
Cottingham, 125, 150
Couch, 8, 28, 26
Counts, 97, 99-100, 102
Coursant, 61
Coursart, 61
Coursor, 123
Courtney, 107-108
Coval, 8
Covington, 142-143, 145, 149-151
Coward, 134, 152

Cowley, 26
Cox, 4, 12-13, 18, 20-22, 26, 29-30, 32-36, 38-40, 43, 47, 75, 87, 90, 107, 122, 129, 132, 134-135
Coxe, 141, 144-146, 148-149
Crabb, 147
Craddock, 92
Craft, 95
Craig, 58-59, 78, 90-91
Crain, 29
Cramer, 23
Crane, 10, 12, 14
Crapps, 3, 5, 99, 103, 109
Crawford, 27, 44, 48, 69, 86, 115, 123, 127
Craxton, 69
Crayton, 50
Creamer, 37
Creat, 129
Creed, 104
Crenshaw, 61-63
Cribb, 3, 116, 131
Cribbs, 126, 129-130
Crim, 96, 110-111
Criminger, 68
Crisp, 73, 82, 84
Crittenden, 30, 32
Crockett, 61, 70
Croft, 1, 30
Cromer, 110
Crook, 32
Crosland, 141-142, 145, 150
Crotwell, 13
Crout, 103-104, 113
Crowder, 14-15
Croxton, 70
Crum, 21
Cubsted, 96
Cuckin, 39
Culberson, 80-81
Culbertson, 78-79, 81
Culbreath, 127
Culey, 107
Cullam, 113
Cullan, 113
Culler, 96, 107, 111

Cullom, 113
Culp, 60
Culpepper, 135, 137
Cumbee, 46
Cumbie, 2, 4
Cuningham, 13, 27, 61, 3
Cunningham, 12-13, 50, 74, 82, 92-93
Cureton, 20, 23, 50, 59-61
Currey, 79
Curry, 9, 21, 81-84, 123, 129
Cusack, 138
Cybourn, 65
Dabein, 4
Dabney, 53, 55
Dacus, 23
Dadkins, 9
Daffin, 59
Dagnell, 78
Daley, 101
Dalrymple, 86
Dalton, 18, 25-26
Dandy, 73
Daniel, 3, 76, 112
Daniels, 46, 128
Dansey, 2
Darby, 13-14, 26, 28, 48
Darnell, 29
Davall, 93
Davenport, 75
David, 33, 142-143, 145, 152
Davidson, 4, 18, 33
Davis, 2, 8-10, 13, 22, 25, 27, 30, 33, 37, 51, 55, 57, 72, 78, 86, 106, 109, 116-117, 122, 134-136, 138-139, 141, 144
Davus, 35
Dawkins, 54
Dawsey, 45
Dawson, 22
Day, 34, 85, 114
Deal, 1
Dean, 23, 34, 87-88
Dearman, 31
Deas, 5
Deavenport, 24, 27-28, 35, 37

DeBerry, 133
Dees, 69
Deese, 54, 66
DeHart, 94, 98
Dein, 67
Delany, 60
Delettre, 40
Demarcus, 36
Demary, 44
Demps, 132
Dendy, 74, 83, 87, 93
Dennis, 115
Denny, 119
Dent, 132
Denten, 62
Denton, 69-70
Derric, 99
Derrick, 98-103, 109, 112
Desaussure, 56
Detysins, 1
Devane, 1
Devenport, 19, 36
DeVine, 54
Devore, 20
Devose, 88
Devox, 88
Dew, 120, 123, 132
Dewett, 134
Dewitt, 40
DeYount, 13
Dial, 71, 79, 81-82, 84
Dickert, 97
Dickey, 8-9, 12, 30
Dickman, 1
Dicks, 42
Dickson, 12, 122
Dill, 8-10, 12-13, 17-18, 30, 32-33, 37, 115
Dillard, 16, 89-90
Dillon, 124
Dimery, 117, 141
Dixon, 55, 145
Dobbins, 16
Dobeiri, 4
Dobins, 16
Doby, 54

Dolton, 17
Donald, 76, 82
Donaldson, 28, 145
Donohoo, 9
Dooley, 94-95
Dorman, 43, 47-48
Dorrah, 77
Dorroh, 80-81, 92
Dorrow, 92
Douglas, 63, 141, 149
Douglass, 83
Dove, 124
Dowell, 6
Downie, 79, 81
Dozier, 1, 116, 136, 139
Drafts, 105-106, 110, 112
Drake, 144
Drakeford, 50, 55
Dreher, 97, 109
Drew, 136
Driggers, 146-149, 151-152
Dubois, 38
Duckett, 91
Dudley, 104, 141, 148
Dudney, 131
Duffy, 113
Dunbar, 35, 94, 145-146
Duncan, 14, 25, 31, 49, 62, 69-70, 88-89
Dunerly, 76
Dunford, 146
Dunkin, 5-6
Dunlap, 9, 56, 59, 61, 69, 92
Dunn, 19, 39-40, 66
Dunson, 97
DuPree, 132, 146, 152
Duran, 62
Durant, 1, 48, 138
Duren, 50, 62
Dusenbery, 41
Dushom, 20
Duval, 81
Duvall, 93
Dye, 50
Dyer, 130
Dykes, 96

Eaddy, 129
Eades, 3
Eady, 2-3, 129
Eagerton, 121
Eagin, 113
Eargle, 98-100, 102-103, 110
Earle, 17, 21, 31
Easley, 32
East, 85-86
Easterling, 1-2, 120, 123, 141-144, 147, 149
Easters, 28, 38
Eastes, 28
Eastridge, 52, 65, 67
Eastus, 28
Edens, 123, 143, 145, 150
Edge, 39, 43, 132
Edwards, 13-15, 30, 32, 86-87, 89, 124, 130-132, 137
Eferd, 99, 106
Eichelberger, 84, 97
Eldridge, 31, 39, 78
Eleazer, 97, 101-102, 110
Eledge, 36
Elerson, 82
Elford, 31
Elison, 101
Elisor, 101, 105
Elkins, 54
Elks, 39
Ellebe, 56
Elledge, 79
Ellerbee, 131
Ellerd, 124
Ellerson, 77
Elliott, 4, 45-46, 56
Ellis, 1, 42, 51, 68, 131
Elmore, 51, 54, 75, 133
Elrod, 22
Elvington, 126-128
Elvis, 44
Emanuel, 143, 146, 148
Emmons, 37, 69
Emory, 16
English, 54-55, 147, 150
Enlow, 13

Entrican, 86
Enzor, 46-47
Eppes, 76
Epting, 97-98, 102
Epton, 91
Ervin, 142
Eskew, 24-26, 34
Etheridge, 4
Evans, 11, 20, 34, 51, 54, 80, 116-117, 121, 128, 136-137, 142, 144
Exum, 2, 135
Fairborn, 80
Faircloth, 41, 48
Fale, 65-66
Fallon, 104, 106, 113
Fanon, 2
Fant, 88
Farmer, 10-12, 16, 18, 23, 31, 33, 35, 66-67
Farr, 25, 98
Farron, 2
Farrow, 71, 80, 87, 90
Faulk, 42
Faulkenbery, 50, 53
Faulkenburg, 67-68
Faulkner, 59
Feagan, 144
Fergason, 66
Fergerson, 34, 91, 93
Ferguson, 88, 90, 92
Ferrel, 122
Ferrell, 122, 134
Fertick, 96
Few, 9, 12, 17
Field, 152
Fielden, 91
Fikes, 109
Finder, 60
Fineler, 60
Finklea, 119-120, 128, 131-132
Finlay, 74
Finley, 71-72, 75, 77
Fisher, 10, 18, 27
Fitzsimons, 3
Fladger, 119, 138
Flagg, 6

Flake, 96
Fleming, 13, 61, 79, 83, 90, 92
Flemming, 71
Flenn, 73
Fletcher, 49-50, 147, 151
Flowers, 5-6, 137, 139
Floyd, 44-47, 72, 126, 137
Flynn, 31, 58-59
Fogle, 111
Folsome, 51
Forbes, 3
Ford, 2-3, 5, 29, 50, 126, 128
Fore, 132, 136-137
Forest, 32
Forester, 21
Forgey, 75
Forster, 1, 21
Fort, 105-106
Foster, 10-11, 17-20, 25, 59, 90
Fountain, 133
Fowler, 9, 13, 21-22, 24-25, 29, 31, 33, 35, 43, 46-47, 75, 82-85, 132
Fox, 106-107, 113
Foxworth, 115, 121, 135-137
Frank, 92
Franklow, 112
Franks, 83-84, 89, 91
Fraser, 1, 70, 143
Frasier, 141
Freeman, 3, 31, 48, 52, 132, 144
French, 34, 37, 90
Freshley, 102
Freuson, 121
Frey, 94, 105
Frick, 98-99
Friday, 23, 107
Fridell, 109
Frow, 128
Fry, 110, 118
Fryer, 139
Fuer, 9
Fulkes, 8
Fuller, 8, 72, 74-75, 79, 92
Fullwood, 38-39
Fulmer, 98-101, 103, 107-108
Funderburk, 64-65, 67-68

Furmon, 30
Futch, 38
Gabb, 94
Gable, 105
Gaddy, 127, 134, 137
Gaillard, 2
Gains, 36-37, 76
Galaway, 47
Galeglary, 86
Galloway, 145
Gamble, 61
Gambolt, 70
Gambril, 77
Gambrill, 37
Ganse, 38, 41, 43, 115
Gantt, 22, 25, 108, 113-114
Gany, 33
Garcy, 88
Gardner, 50-52, 55, 66-68
Garett, 22
Garey, 82, 88-89
Garlington, 71, 84, 92
Garner, 33, 35, 83, 123
Garrett, 21-23, 34, 83-84, 87, 89-90, 92
Garrison, 23, 25-26, 33
Gartman, 95, 105, 109
Garvin, 107-108
Garvis, 67, 69
Gary, 33
Gaskins, 49, 53, 129
Gasque, 5, 116, 134-138
Gaston, 113, 129
Gates, 112
Gauch, 61
Gause, 41, 43, 115
Gay, 69, 133, 142, 147
Gaylor, 87
Geiger, 97, 103, 110-112
Gentry, 28, 86
Gentz, 12
George, 49, 102, 106, 120
Gerald, 43, 45, 47
Gerdon, 135
Gerrald, 136
Gibbes, 11

Gibbs, 129, 133
Gibson, 12-14, 50, 117, 133, 137-138, 143, 146, 150-151
Gigendaner, 96
Gilbert, 35, 120
Gilchrist, 133
Giles, 137
Gilkerson, 77
Gill, 73
Gillam, 62, 88
Gillespie, 42, 48, 150, 152
Gilliard, 33
Gilligan, 48
Gilliland, 80
Gillis, 57
Gilreath, 14, 16, 20, 31, 35
Gipson, 25
Glasgo, 42
Glems, 35
Glen, 92
Glenn, 35, 56, 59-60, 81, 90
Glisson, 117
Glonnie, 7
Godbold, 118-121, 132, 134, 136-139
Goddard, 15
Godfrey, 81, 89
Godsey, 30
Goff, 54-55, 103
Goggerty, 1
Goggins, 73
Goins, 62, 69
Golding, 76
Goldsmith, 22, 31, 33, 35
Gooce, 20
Good, 20
Goodgion, 79
Goodlett, 9, 13-14, 20, 31-32, 35-36
Goodman, 73-74
Goodson, 47
Goodwin, 11, 18, 22, 26, 32, 91-92, 151-152
Goodyear, 126
Gorden, 11, 60
Gordon, 19
Gore, 38, 43-44, 91

Gorman, 5
Gormany, 27
Gosnell, 9-10, 12, 17-18, 27
Goss, 21
Gotherd, 76
Gothran, 34
Goude, 3-4
Gouling, 73
Gourden, 4
Gover, 20
Gower, 32
Graden, 22
Graham, 43-45, 47-48, 61, 117-118, 120, 125, 140, 144, 148-149
Grainger, 43, 46-47
Grandy, 108
Granger, 33, 126
Gransby, 127
Grant, 75, 144, 150-152
Grantham, 127
Grassey, 22
Graves, 76
Gray, 21, 34, 49, 77, 79, 81, 90, 145-146
Greadon, 76, 80
Greaves, 120
Grebble, 60
Green, 2-4, 15, 17, 19, 24, 29-30, 32-33, 41, 70, 88, 141
Greenfield, 21
Greenwood, 131
Gregg, 3, 118, 121-122, 133, 139
Gregory, 67, 111-112
Grew, 16
Grice, 130, 134, 146
Grien, 3
Grier, 6, 13-14, 24
Griffin, 36, 46-47, 59, 64, 73-74, 76, 86, 103, 126
Griffith, 21, 89
Griffiths, 21
Grime, 71
Grimsly, 121
Grine, 13
Grisham, 16, 35, 39
Grissett, 47

Grist, 26
Grogan, 15
Gross, 14, 25, 105-106
Grumbles, 11
Guase, 130
Guerrard, 2
Guery, 1
Guess, 11, 19
Guest, 27
Guiton, 42
Gunnels, 27, 37
Gunter, 15, 108, 110-111, 113-114, 116
Gurganus, 48
Gwinn, 33
Hadden, 91
Hagan, 121
Hagins, 58, 60
Hagler, 64
Haile, 49, 56
Haillee, 136-138
Hailler, 121, 125
Haineter, 98
Hair, 101
Hairgrove, 120, 123
Hairston, 92
Halcombe, 25
Halder, 29, 36
Hale, 25, 64, 70, 120
Haleman, 102
Hales, 128
Hall, 18, 20, 31, 36, 51, 54, 56, 113-114, 144
Hallman, 102-104, 106, 109
Halman, 113
Halmon, 107, 113
Halston, 104
Ham, 4
Hamer, 122, 124, 141, 143, 146-148
Hamilton, 134-135
Hamlin, 6
Hammett, 29-30
Hammond, 21, 24, 31, 46-47, 49, 62-63, 69
Hammonds, 53
Hampton, 121

Hanah, 125
Hancock, 59
Hand, 83, 7
Hanna, 93
Hanner, 129
Hansly, 21
Harbin, 28
Hardee, 40-41, 43, 46-47
Harden, 70
Hardin, 16, 29
Hardwick, 45, 47
Hardy, 39-40, 48, 76
Harelden, 2
Harison, 30
Harllee, 136-138
Harman, 96, 105-106, 109
Harmon, 105
Harper, 13, 41, 62
Harrell, 48, 139
Harrelson, 42, 118, 128-130, 138-139
Harrington, 126, 150
Harris, 4, 20, 22, 34, 43, 61-62, 5, 81, 91, 93
Harrison, 8-9, 11, 17, 21, 24-25, 33, 35-36, 48
Harsey, 96
Hart, 17-18, 146
Harth, 106
Hartley, 104, 107, 112
Harvey, 23
Harvy, 23
Harwood, 97
Haselden, 118, 121, 131, 133, 135
Hasell, 7
Haskew, 145
Hasking, 145
Hasselton, 69
Hataway, 3, 6
Hatchell, 122
Hattimonger, 99, 102
Hattiwanger, 10, 102-103, 109
Hawer, 117
Hawk, 87
Hawkins, 8, 13-15, 18, 24-31, 33, 36
Hawthorne, 25

Hay, 96, 142
Hayes, 110
Hayne, 30
Hays, 119-120, 126, 128-131, 138, 146
Haywood, 118, 145
Hazel, 73
Head, 118, 122, 134
Hearl, 39
Hearsey, 149
Heath, 60
Heeler, 19
Heglar, 64
Hellams, 78-81, 83-84
Hellenu, 24
Heller, 13, 100
Helms, 36
Helton, 66-68
Hemmingway, 4
Henderson, 10, 16, 22, 29, 34-35, 74-75, 78-82, 84, 87, 93
Hendrick, 41
Hendricks, 88
Hendrix, 54, 95, 105-106, 109-110
Henecy, 6
Heneford, 43
Henegan, 132, 141, 144, 147-148
Hening, 39
Henning, 1
Hennon, 23
Henry, 30, 85, 87, 89, 91, 93, 117
Hensley, 15
Henson, 9-11
Heriot, 3
Hermet, 16
Herndon, 147, 152
Herrin, 51-52, 116, 121, 126, 132, 134-135
Herron, 106-107
Hester, 19, 25
Hetton, 66-68
Heustis, 142
Hewit, 117, 122, 129, 139
Hewitt, 3
Hicks, 23, 29, 33, 105, 135
Hide, 19

Hiett, 24
Higgins, 13, 55, 92, 129
Hightower, 11, 18, 30
Hill, 17, 64, 73-74, 76, 80-81, 83-85
Hillard, 62
Hiller, 100
Hillhouse, 34
Hindon, 111
Hindricks, 62
Hinds, 36, 111, 138, 146
Hinson, 66-68, 141-142, 149, 153
Hipps, 27, 30, 92-93, 98
Hips, 82
Hitch, 78, 87, 90
Hite, 104, 109
Hitt, 19, 34, 73-74
Hix, 23
Hobbs, 97
Hodge, 132-133
Hodges, 32, 146
Hoffman, 97
Hofman, 133
Hogan, 56
Hogler, 96-97
Hoke, 31
Holcomb, 89
Holcombe, 8, 11-12, 23, 84, 87
Holden, 68
Holder, 139
Holingsworth, 88
Holland, 51, 55-56, 85, 91, 121
Holliday, 3, 24, 27, 34
Hollingsworth, 72
Hollis, 53
Holly, 32, 52
Holmes, 4, 43, 47-48, 71
Holmon, 113-114
Holt, 43, 45, 76
Holtzclaw, 15
Homen, 1
Hood, 218, 6, 35, 59-61, 148
Hook, 100, 109-111
Hooke, 94
Hooker, 30, 96
Hooleman, 109
Hoover, 95

Hope, 103
Hopkins, 8, 23-24, 29
Horn, 65, 127, 131
Horry, 5, 45
Horton, 52, 63, 68-69, 89, 120
Hough, 52, 56-57, 67
House, 61, 63
Houseal, 98
Housen, 46
Howard, 1-3, 8-9, 11, 16-19, 21-22, 31, 33, 36, 113, 122
Howel, 12, 107-108
Howell, 2, 9, 15, 25, 41-42
Howie, 60
Hoyler, 96-97
Hoyt, 32
Hubbard, 149, 151
Hubert, 77
Huckabe, 53
Huckabee, 143, 151
Huckaby, 95
Hucks, 39, 115
Hudgens, 82
Hudgeons, 8, 22, 25
Hudgins, 81-82
Hudson, 14, 30, 49, 134
Huey, 58-59
Huff, 19-20, 27
Huffman, 101
Huffs, 35
Huggins, 45, 126, 130
Hughes, 6, 33, 39, 50, 55, 84, 87
Hughs, 15, 21, 33, 40, 42-44, 118
Hugins, 129
Hull, 31
Hume, 5
Humphreys, 51, 55
Humphries, 12, 51
Hunger, 96
Hunt, 19, 24-25, 101, 112
Hunter, 64, 75, 85-87, 90, 128, 133, 135
Husell, 7
Hussey, 119
Hutcherson, 10, 17
Hutchinson, 92

Hutchison, 2, 122, 133, 136
Hutson, 14-15, 33, 118
Hutto, 94-95, 108
Hutton, 87
Hux, 41, 43-44
Hyatt, 135
Hyde, 21
Hyman, 1, 27, 128, 133, 138
Inglis, 145
Ingraham, 32
Ingram, 33, 49, 64, 66
Ingrim, 66
Inman, 38, 41, 48
Irby, 72, 81, 85, 144, 148, 150, 152
Irish, 102
Irvin, 69
Irvine, 32, 34
Ivans, 11
Ivey, 59-60, 141, 148-250
Izard, 6
Jacks, 88
Jackson, 8-9, 13, 30, 50, 107-109, 119-120, 123-125, 135, 137, 145, 147-149, 152
Jacobs, 3, 34, 101-102, 143, 148, 153
James, 15-16, 41, 44, 88, 117-118, 122, 139
Janeagan, 107
Jant, 64, 68
Jarpad, 4
Jarret, 64
Jarrot, 118
Jaysad, 4
Jeanes, 88
Jefcoat, 95-96
Jeffries, 73
Jenkins, 14, 21, 25, 28, 44, 74, 138
Jenks, 56
Jennings, 141
Jenrett, 45
Jernigan, 119
Jeter, 31
Jewel, 26
Jimeson, 34
John, 144

Johnson, 10, 16, 18-21, 23, 27, 29-30, 32, 35-37, 42-45, 53-54, 62-63, 68-69, 76, 79-80, 86-87, 89, 107-108, 118, 121, 131-132, 134-135, 137-138, 142, 147-148, 151
Johnston, 39, 60, 62, 64, 67
Johnstone, 5
Joiner, 38-40, 62, 111
Jones, 14, 19-22, 25, 28, 32, 37-38, 42-45, 47, 49, 52-53, 55-56, 72, 76-780, 83, 86-92, 96, 104, 107-108, 112-113, 117-118, 126, 130, 132-134, 137, 145, 148, 152
Jordan, 24, 27, 34, 40-42, 44, 47, 116-117, 134, 138
Jordon, 6
Josey, 51
Jowell, 78
Julien, 102
Jumper, 99, 111
Kaigler, 111-112
Kaminer, 96, 103-105
Kasey, 111
Kean, 98
Keeff, 128
Keeffe, 134-135
Keigle, 193
Keisler, 99-100, 110
Keith, 29
Keller, 9
Kellett, 29, 81
Kelley, 19, 50-51, 54
Kelly, 13, 26-30, 36, 51, 99, 102, 105, 122, 148
Kelvey, 90
Kendricks, 14
Keneday, 107
Kenedy, 107, 121, 128
Kenington, 65-67
Kennedy, 56, 83-84, 86
Kennethy, 54
Kenton, 2
Keon, 98
Keonkle, 102
Kerman, 3
Kerns, 89

Kerton, 2
Kesler, 98
Key, 60
Kilgore, 50, 77
Kimball, 6
Kimbro, 11
King, 4, 6, 10, 16, 22, 24, 39-40, 44, 52, 54, 56-57, 95-96, 112, 122
Kinny, 147
Kinsler, 112
Kirbon, 44
Kirby, 23, 28, 37, 55, 120, 129
Kirk, 62
Kirkland, 50, 53, 56, 69, 107
Kirkley, 52
Kirkwood, 146
Kirland, 108
Kirton, 45, 137, 139
Kleckey, 105
Kleckly, 105
Knacey, 95
Knally, 95
Kneece, 108, 112
Kneese, 96, 111-112
Knight, 6, 64-67, 76-77, 79, 81-82, 84, 96, 111
Knotts, 96
Knox, 49
Kollock, 159
Koon, 98-99, 102
Kreps, 96
Kurkell, 92
Kuykendall, 36
Kythe, 10
Kyzer, 105-106, 112
La_on, 24
Labner, 6
LaBruce, 7
Lace, 11
Ladson, 4
Lafoy, 24
Lake, 102
Lamb, 137
Lambert, 2, 4, 70, 136
Lance, 2
Land, 15, 17, 28-29

Landers, 18, 28-29
Landrith, 20
Lane, 119-120, 130-132, 135-136, 144
Lanford, 10
Lang, 56, 65, 91
Langer, 25
Langford, 18-19, 92, 109
Langley, 13, 62
Langly, 62
Langston, 31, 71, 92
Lanston, 36
Lany, 65
Lard, 95
Lariston, 26
Lark, 24, 31, 78
Larke, 36
Larrenc, 18
Larrimore, 115
Lathan, 59, 69
Lattimer, 28
Latty, 26
Laurence, 18
Law, 11
Lawson, 96
Lay, 39
League, 22
Leak, 73, 81
Leapheart, 99, 101, 109-110
Leck, 93
LeCroy, 106
Lee, 27, 39-40, 43-44, 46, 104, 119, 130-132, 147
Legett, 119 123, 139
Leggett, 148-149, 151
Leighton, 1
Lekbour, 6
Leman, 73
Lenhart, 25
Leon, 106
Leonard, 116
Leopheart, 106
Leppard, 106
Lester, 1, 10-11, 30
Leubour, 1
Lever, 98, 102

Leviner, 151
Lewellen, 53
Lewie, 100
Lewis, 26, 38, 42, 45-48, 99-100, 103, 114, 128, 130-131, 133, 137, 143, 145
Lide, 143
Lightler, 96
Ligon, 25, 31, 74
Liles, 90, 146, 151
Linderman, 20, 22-23
Lindler, 98-101
Lindley, 79
Lindsey, 11, 17-18, 59, 82, 86
Linguish, 39
Lipford, 73
Lister, 143
Litchfield, 38
Lites, 104
Little, 73, 87, 91, 93, 141
Livingston, 39
Lock, 31, 33
Lockaby, 26
Lockard, 11, 16
Lockars, 18
Locke, 34-35
Lockelar, 149
Lockhart, 57
Locust, 65
Loftin, 152
Loftis, 8, 12, 14, 27, 33
Logan, 1
Loller, 45
Lolless, 24
Lomax, 76
Lomerack, 99
Lominack, 103
Long, 5, 22, 31, 34-35, 56, 68, 74, 91, 98-100, 103-106, 110, 112, 142
Lonn, 106
Loope, 127
Loose, 127
Lorick, 97, 101, 110
Lott, 113
Louch, 97
Loulon, 3

Louman, 96, 100, 107
Loundes, 6
Lourimore, 41-42, 115
Louwrimore, 115
Love, 32, 49, 62, 66, 120
Lovel, 116
Loveland, 32
Lover, 102
Low, 74
Lowman, 100, 107-108
Lowrimore, 115-116
Loyd, 138
Lucart, 65
Lucas, 4-5, 54, 94, 101-102, 112
Ludlam, 43-44, 48
Luke, 85-86
Lupe, 133
Lupo, 104
Lybrand, 94, 99, 108-110
Lyles, 30, 68
Lynch, 12, 26, 32
Lynn, 62, 70
Lyons, 12, 89
Mabers, 77
Mace, 131-132
Mack, 112
Macke, 96, 112
Mackey, 62
Macklin, 39
Madden, 71, 75-76, 82
Maddon, 77
Maddox, 69, 77, 83
Mager, 97-98
Magill, 6, 68
Mahaffery, 79-81
Mahaffey, 52
Mahan, 92
Mahon, 77
Mairs, 77, 82
Makey, 63
Malpass, 112
Mango, 52, 66
Manigault, 4
Manley, 20
Manly, 34
Manning, 42, 123-124, 137, 145

Mansell, 101
Manship, 143, 149
Marchbanks, 29, 31, 33, 36
Marchison, 123
Marcum, 20
Maree, 137
Mares, 126
Margart, 112
Margue, 20
Markley, 32
Marlon, 1
Marlow, 115
Marlowe, 116
Marrow, 16
Marsh, 3, 5-6, 55
Marshal, 68-69
Marshall, 35, 51, 55
Martin, 30, 35, 41-42, 44-45, 53, 71-72, 78, 80, 82-83, 88, 90, 92-93, 95-96, 102, 118, 130-131, 136, 138-139
Marunt, 112
Maser, 65
Masey, 69
Mason, 13, 15, 27, 87, 145
Massey, 13, 60, 63, 65, 67
Massy, 22
Masters, 29, 36
Matchum, 23, 37
Matheson, 145
Mathews, 134
Mathias, 100-101, 111
Mathis, 28-29
Mattacks, 50
Matthews, 38
Matthias, 106
Mavis, 12
Maxwell, 4, 28
May, 20, 36, 86
Mayes, 30
Mayfield, 13, 16, 20, 30, 34-35
Mays, 14
Maysant, 5
Mazyck, 4
McAlister, 146
McAn, 5
McArn, 149

McArthur, 125
McAteer, 58, 61
McAtter, 59
McBee, 31-33
McBride, 123
McCain, 36, 58
McCall, 2, 33, 39, 118, 122-124, 127, 141-142
McCaly, 58
McCardle, 63
McCarley, 63, 83
McCarrell, 19
McCarroll, 24
McCarter, 15
McCartha, 100
McCarthy, 113
McCaskill, 51, 52, 54-56
McCausker, 2
McClanahan, 25
McClemons, 13
McClenaghan, 117
McClendon, 74
McClintock, 87, 91
McClure, 18
McCole, 148-149
McColister, 15, 27
McColl, 142, 144-149, 152
McCollum, 141, 147
McCombs, 20
McCorcle, 58
Mccormack, 123
McCormick, 39-40, 123, 125, 131, 135
McCowen, 91
McCoy, 50-51, 86, 90
McCracken, 42, 44-45
McCrackin, 42-43
McCrary, 27
McCray, 22
McCrea, 91
McCready, 88
McCreary, 74
McCue, 9
McCugh, 13, 21-22
McCullough, 28, 36-37
McCurry, 20

McDaniel, 21, 32-33, 80, 82, 117, 124-125, 131, 133, 141-142, 147
McDaniell, 82
McDaniels, 52, 152
McDavid, 28
McDavis, 124
McDermit, 47
McDevit, 11, 18
McDirue, 49
McDole, 119, 132
McDonal, 27
McDonald, 2, 24, 122-123, 137
McDonaldson, 122
McDoogle, 33
McDougal, 81
McDow, 59, 62-63
McDowall, 85, 92
McDowel, 60
McDowell, 11, 35, 40, 50, 53, 56, 92
McDuffie, 117, 131
McEachern, 149, 151
McEachin, 125
McElhenny, 85
McElliason, 34
Mcfadden, 69
McFall, 99
McGee, 76, 133, 145
Mcgill, 123, 147
McGilvary, 25
McGilvray, 141
McGinney, 2
McGoofin, 51
McGoogan, 51-52
McGoopin, 51
McGovern, 34
McGowan, 72, 74
McHugh, 22
McIlveen, 122
McIlwain, 61, 63, 70
McInis, 143
McInnis, 125, 137
McIntosh, 142
McIntyre, 119, 124, 128, 136, 139, 148
McIver, 142-143
McJenkins, 20

McJuncin, 18
McJunken, 36
McJunkin, 19-20
McKay, 125
McKellar, 125
McKennon, 55
McKenzie, 124, 128, 134, 146
McKey, 70
McKibbon, 60
McKiney, 10
McKinlay, 124
McKinley, 125
McKinney, 29-30, 32, 36
McKinsey, 8
McKinsy, 19
McKinzie, 23
McKissick, 117
McKithin, 5
McKnabb, 43
McKnight, 77
McKorkle, 121
McKrimmon, 125
McLaughlin, 17
McLauren, 122, 125
McLaurin, 51, 148-150
McLean, 9-10, 127
McLellan, 116, 119-120, 124, 126
McLeod, 54-55, 123, 142, 144, 147-149
McLeon, 131
McLester, 49
McLucas, 145
McLure, 50
McMahan, 25
McMakin, 10, 17
McManes, 63-66, 68
McMill, 136
McMillan, 88, 118, 122, 133
McMillion, 8-9
McMorrow, 9
McMullen, 61
McMurrey, 58, 61, 63
McNaly, 15
McNeely, 21, 64
McNeil, 122
McNiche, 80

McNight, 134
McPhaub, 123
McPherson, 31, 52, 75-76, 122, 149, 151
McPriest, 125
McQueen, 45, 47, 125, 146
McQuown, 92
McRa, 54
McRae, 123-125, 145, 147, 149, 151
McSwain, 51
McVay, 35
McWhite, 115, 15, 137
McWilliam, 8
McWilliams, 73-74
McWillie, 50
Meachem, 78
Meachen, 76
Meadous, 15
Meadows, 33, 88-89
Mears, 26
Meck, 89
Meckens, 124
Medlin, 36, 95, 144-145, 149
Medlock, 37, 77
Meek, 89
Meekins, 145, 149
Meeks, 29, 37
Meetz, 100
Meetze, 100, 105-106
Meggs, 119, 146
Melson, 48
Melton, 118
Mercy, 19
Meredith, 92
Merrick, 31
Merrit, 106
Merritte, 114
Metts, 88
Metz, 101-102, 110
Michan, 3
Michau, 3
Michoe, 43
Mickle, 50, 53
Mickler, 101
Middleton, 2, 4, 6-7, 33
Midler, 98

Milam, 74, 81, 86, 91
Milan, 75
Miles, 29, 54, 103, 121, 123, 137, 148
Miller, 4, 13-14, 50, 60, 65-66, 70, 72, 75, 77, 86, 94, 97, 100, 102, 107, 110, 124, 127-128, 141
Millhouse, 108
Milligan, 41
Milliken, 2, 5
Milling, 50
Mills, 11, 38, 71, 83, 92, 104
Milnor, 84
Milton, 9
Mims, 106
Mincy, 44, 46
Minick, 97, 100
Mishaw, 115
Mishoe, 44
Mishon, 39
Mitchell, 1, 3, 11, 14, 16, 29, 77, 104
Mitchum, 5
Mithcel, 112
Mixon, 54, 108
Mobley, 12, 62, 69-70
Molloy, 48
Moneyham, 119
Montgomery, 19, 31-33, 38-39, 58-59, 63, 67-68, 118
Montz, 97, 100, 105, 109
Mooduard, 1
Moody, 47, 117-119, 124, 127-128, 131, 136-137, 142
Mooer, 151
Moon, 10-11, 14, 22, 24
Moone, 9
Mooney, 17
Moore, 3, 6, 15, 21, 24, 34-39, 41, 43, 53, 57, 59, 61, 67, 71, 75, 77, 79, 82-83, 85, 87, 98, 103, 121-122, 143, 147-151
Moorer, 96
Moorrer, 96
Morgan, 1, 10, 12, 16, 27, 30, 82, 92, 101, 109
Morris, 5, 12, 92

Morrison, 123
Morrow, 9, 11, 60
Morton, 4
Moseley, 52, 83
Mosely, 11, 56
Moser, 65
Moses, 65
Moss, 10, 17
Mostellar, 12
Mote, 72, 82
Motes, 72, 75, 91
Motley, 53
Motte, 71
Moulrie, 2
Moyd, 5
Moye, 5
Mudd, 151
Muller, 111-112
Mullinax, 27, 35-36
Mullins, 138
Mumford, 144
Mungo, 52
Munn, 56, 122, 135, 139
Munnerlyn, 138
Munroe, 86, 121
Murchison, 52, 141
Murdock, 40, 145
Murph, 76-77
Murphey, 53, 57
Murphy, 124
Murrell, 1, 40
Murrow, 41-42
Muse, 32
Myer, 25
Myers, 51, 57, 129, 131, 133
Nabers, 83, 89, 91, 100
Nance, 72
Napier, 118
Nash, 33, 35, 78
Neal, 31, 86, 88
Nealy, 4, 30
Neaves, 28, 37
Neely, 30, 78-79
Neighbors, 28
Neill, 58, 67
Neily, 74

Nelson, 21, 24, 26, 35, 53, 55-56, 58-59, 72, 74-75
Nennery, 56
Nesbit, 6
Nesbitt, 30
Newby, 27
Newman, 52, 83
Newton, 5, 40, 143-144, 148-150
Nia, 75
Nichols, 72, 74, 103, 109, 126, 130
Nicol, 36
Nicols, 34, 37
Nidus, 37
Nisbet, 58-59
Nix, 22, 28
Nixon, 38-40
Nobles, 47, 108, 117
Nolin, 13
Norman, 48, 75, 128
Norris, 27, 41, 43, 51, 76
Norton, 32, 130-132, 146-147
Note, 101
Nowell, 4
Nugent, 90
Nunamaker, 97, 101, 105
O'Brien, 123
O'Neal, 73
Oakley, 146
Oaks, 4
Odam, 8, 11, 14, 18
Odell, 88
Odom, 142-145, 148, 150-152
Oliver, 39, 96
Osborn, 36
Osborne, 82
Oswalt, 104, 109
Ott, 96, 107-108
Ougbourn, 66
Outland, 3
Outlaw, 54, 57
Outon, 64, 67
Owens, 3, 16, 23, 28, 39, 50, 73-74, 78-79, 81, 83-84, 86, 88, 90, 119-120, 27, 130-133, 136, 138-139
Owensby, 18
Owings, 22

Oxner, 87, 89, 104, 109
Pace, 10, 17, 117, 137
Page, 11, 27, 46, 117, 126-127, 131-132
Panther, 33
Pardew, 63
Parham, 145, 147, 151
Parhand, 141
Parish, 16, 35
Park, 90, 92
Parker, 2, 13, 39-42, 47, 53, 56, 81, 115, 119-120, 136, 145-147, 151
Parks, 75, 79, 89-90
Parr, 112
Parris, 26
Parrish, 35, 147, 149
Parry, 61
Parsons, 3, 89
Paslay, 72
Pason, 92
Pate, 52, 143
Patrick, 41
Patterson, 1, 8, 23, 47, 50, 57, 60-61, 64, 77, 91
Patton, 36, 84, 93
Paul, 5, 41, 148
Pauly, 1
Payne, 21, 25-26, 33
Peabody, 141
Peace, 10, 13, 17
Peach, 52
Peake, 57
Pearce, 16, 142, 153
Pearson, 16, 89, 143, 146
Peavey, 152
Peavy, 152
Peay, 53
Peden, 21-22, 30, 33, 35
Pedon, 80
Peebles, 54-55
Peel, 150
Pegnese, 145
Pegues, 152
Peguese, 145
Pennington, 12
Penson, 33

Pepkin, 4-5
Pepper, 26
Perkins, 3-4, 32, 55, 147
Permenter, 38
Peroy, 63
Perrit, 54, 130
Perritt, 77, 120, 130-131, 136
Perry, 31, 50, 55
Persley, 36
Person, 26
Peterkin, 142, 146
Peterson, 90
Petty, 8
Phelps, 72
Phifer, 68
Philips, 11-12, 24, 26, 72
Phillips, 2-3, 10, 12, 17, 31, 52, 60, 65-66117, 121, 124, 137, 139
Philson, 91
Phinney, 90-91
Phipps, 44
Picket, 53
Pierson, 20, 29
Pigott, 1
Pike, 14
Pinner, 41
Pinson, 28, 71, 74-75, 82
Pipkin, 151
Pirson, 20
Pitman, 2, 12, 17-18, 30, 68, 127
Pittman, 45, 66
Pitts, 52, 73, 78, 81, 89, 92-93
Plate, 111
Platt, 111, 118
Player, 57
Pledger, 145
Plumley, 18
Plunket, 107
Plylor, 59, 64-65
Pollard, 22, 34
Polson, 149, 151
Pon, 112
Pond, 2
Ponder, 9-10, 7
Pool, 91, 107-108
Poole, 24, 28-31, 35-36, 77, 91

Poor, 23, 66
Pope, 6, 24, 48
Popple, 112
Port, 41
Porter, 1-2, 7, 22, 44, 60-61, 64, 70, 108, 119
Posey, 11, 108
Post, 6
Poston, 128-129, 133, 135-136
Potter, 46
Potts, 19, 36, 60
Pou, 112
Powel, 60, 116
Powell, 19, 27-28, 43, 45, 85, 128-129, 134-135, 138, 151
Powers, 79, 83, 90, 118, 150
Praiter, 91
Prater, 91
Prewett, 12, 17
Prewitt, 17
Price, 48, 99-101, 103, 108-109, 118, 126, 128, 130, 133, 135
Pridgen, 47
Prince, 8, 32, 43, 144
Pringle, 2, 4-6
Prior, 1, 90
Pritchel, 19
Pritchet, 19
Privett, 47
Proctor, 57, 124, 134, 147-148
Prosser, 128-129, 135
Pruette, 11
Psence, 79
Pucket, 86
Puckett, 17, 27, 76
Pules, 86
Purnell, 147
Putnam, 81, 83-85, 89
Pyatt, 2, 6
Pyle, 77
Pyles, 77
Quattlebaum, 107, 113
Quick, 142, 144, 146-150, 152
Quinlin, 49
Quinton, 27
Rabon, 43-45

Rabun, 5
Rae, 24, 28, 141
Ragsdale, 78
Rainey, 2, 37
Rains, 14-15, 20, 29
Rainwaters, 152
Rale, 106
Rallings, 69
Ramage, 87-88, 93
Ramsey, 33
Randall, 38
Raney, 30
Rankin, 106
Ransy, 37
Rast, 96
Ratcliffe, 51
Rauch, 96
Ravan, 17
Ravenel, 5
Rawl, 105, 109
Rawls, 113-114
Ray, 20, 29, 33, 43, 45, 82, 126, 134
Rayford, 88
Razor, 76
Read, 5, 73
Ready, 107-108
Reaves, 29, 39, 41, 43, 120, 132
Rector, 9, 12
Reddick, 121
Reddin, 76
Redin, 72
Redman, 78, 96
Reece, 9, 111
Reed, 11, 16, 19-20, 58, 63
Reeder, 74, 94
Reese, 14, 23, 143, 151
Reeves, 50-51, 77
Register, 136
Reid, 10, 16, 23, 25-26, 33
Reilley, 52
Revell, 101
Reves, 63, 68
Reynolds, 19, 31, 44
Rhem, 3
Rhodes, 10, 24, 30, 32, 43, 91
Ricard, 97, 102

Rice, 3, 23, 26, 36, 78, 89, 103, 106
Richard, 16
Richards, 13, 92
Richardson, 1-2, 4, 26, 34, 41, 74, 102, 107, 116, 120, 137, 139
Richwood, 48
Rickard, 113
Ricks, 38
Rictor, 9
Riddell, 82
Riddle, 83, 85, 90, 97
Ridgell, 104
Ridgeway, 27
Rigan, 8
Ripple, 112
Rish, 84, 95, 98, 104, 112-114
Risinger, 103, 106
Riste, 110
Rivers, 99
Robberts, 131
Robbins, 127
Roberson, 19-20, 35, 91
Roberts, 3, 8, 14, 24, 26, 30-31, 37, 42, 68, 76, 81, 96, 105-106, 116, 131
Robertson, 11, 18, 20, 69, 77, 83-84
Robinson, 29-30, 52, 59, 61, 65-66, 68
Rochester, 9
Rodgers, 21-22, 54-55, 58, 80, 93
Rodman, 60
Rody, 17
Rogers, 4, 34, 40, 87, 116-117, 119-120, 124, 127-134, 144, 146
Roister, 95
Rollins, 17
Rone, 58, 60
Ronqeue, 1
Roof, 100, 104, 110-111
Rook, 88
Roper, 19, 29, 134, 149
Ropp, 92
Roscoe, 150
Rose, 54
Roseman, 14
Ross, 9, 15, 17, 54, 58, 60, 92, 121
Rottmahler, 1

Rouqueve, 1
Rouze, 114
Rowe, 3
Rowel, 64-65
Rowell, 65, 116, 135, 137-139
Rowland, 83, 85, 90, 94
Royals, 41-42, 44
Rucker, 96, 111
Rudd, 73
Ruff, 104
Runion, 28
Runnels, 30
Rush, 53, 104
Russ, 115
Russel, 19
Russell, 53, 86
Rutledge, 69
Sadler, 76, 85
Salley, 108
Salmons, 14, 122
Samons, 18
Sampson, 1
Sanders, 5, 87, 127, 145, 147, 149
Sanderson, 115, 120
Sandlin, 13, 15
Sanger, 103
Sanges, 20
Sango, 112
Sanguinette, 112
Sarvis, 42-43, 45
Satcher, 105
Satefield, 24
Saterfield, 34
Satterfield, 25
Savage, 35
Sawyer, 103, 108, 112-113
Saxon, 34, 76, 79, 92
Saylor, 111
Scarborough, 51
Schuartze, 100
Schumpert, 94, 113
Scofield, 108
Scolf, 15
Scott, 27-28, 34-37, 66, 89, 126-127, 149, 151
Scruggs, 22, 33

Scurry, 73
Seals, 146, 151
Sean, 111
Seas, 110
Sease, 98, 100, 109-110
Seastrunk, 105
Seax, 98
Seay, 96, 103, 105-106
Segats, 102
Segers, 55
Seibler, 111
Seigler, 102
Sellers, 2, 48, 118, 127
Senn, 106, 111, 113
Senterfeit, 104
Serrat, 16
Sessions, 1, 40, 42-44, 53
Setzler, 101
Sexton, 11
Shackelford, 1, 5, 40, 116, 139
Shannon, 47, 50, 54
Sharp, 84, 95, 111-112
Shaver, 21, 62
Shaw, 1-2, 51, 56, 72, 77-78, 117-118, 136-137
Shaylor, 50
Shealey, 113
Shealy, 94, 97-100, 102-104, 107, 109-11-, 112
Sheehen, 64
Shell, 36, 80, 82
Shelley, 41, 43
Shelly, 116, 138
Shelton, 17, 19, 25-27
Sherbert, 91
Sherhn, 69
Sheron, 55, 124
Shields, 49
Shipman, 19
Shirly, 75
Shiver, 55
Shoater, 126
Shockley, 15, 24, 81
Shockly, 14, 25, 28, 30, 83-84
Shooter, 126, 129
Short, 61

Shoute, 64
Shrewsbery, 123
Shuler, 97
Shull, 110-111
Shumate, 28, 78
Shumpert, 109, 113
Sightler, 96
Signs, 69
Simes, 16
Simmons, 77-78
Simons, 62, 84, 114
Simpson, 30, 63, 71, 73, 81-82, 84, 89
Sims, 37, 59, 62, 64, 73, 76
Sinclair, 123, 145
Sing, 40
Singletary, 117, 121, 129
Singleton, 6, 14, 29, 40, 42, 48
Sistare, 61
Sistase, 64
Sith, 92
Sizemore, 16
Sizer, 60
Skipper, 42, 45, 143, 152
Slagle, 60, 111
Slatney, 5
Slaton, 8-9
Slatt, 123
Slice, 100
Slick, 100
Sloan, 89-90, 92
Small, 45-46, 64, 67
Smart, 41
Smess, 20
Smith, 1, 5, 10-14, 17-18, 20, 23-25, 27-28, 30-31, 33-36, 40, 42-46, 48, 54, 60, 73, 75-77, 84, 86, 91, 93-97, 100, 104, 107, 110, 112-113, 116-118, 120-121, 125, 128, 130-133, 136-139, 142, 144-146, 151-152
Smithey, 137
Smyer, 20
Snead, 91
Snelgrove, 109
Snider, 105
Snipes, 64, 105, 136, 138-139

Snow, 3
Snyder, 34
Someril, 82
Son, 103-104
Songes, 20
South, 77-78, 80
Southerlin, 10, 17
Southern, 14, 33-34
Sowel, 66
Sowell, 34, 52
Sox, 110-112
Spann, 104
Sparkman, 2-3, 6, 127
Sparks, 144, 146
Spears, 56, 85, 142, 147
Spencer, 121
Spierman, 73
Spiers, 92
Spillars, 33
Spires, 95, 112
Spivey, 44, 127
Spoon, 76, 80
Spratt, 50
Springfield, 14, 18, 27, 36
Sprirman, 73
Sproun, 30
Squires, 42, 44, 136
Stabler, 111
Stackhouse, 123-124, 135
Stacy, 48
Stafford, 125, 134
Stagner, 65
Stags, 16
Stairley, 32
Staisley, 32
Stalvey, 6-7, 39-40
Stancel, 152
Stancell, 23, 26
Stander, 152
Standland, 48
Standley, 42
Stanley, 49, 138
Stanly, 116
Stanton, 144, 146-149, 151
Starke, 53
Starnes, 58, 72, 74

Statton, 20
Steedman, 113-114
Steel, 105, 118
Steele, 58, 60, 99, 106
Steen, 144, 152
Steff, 18
Stegle, 64
Stephens, 43, 70
Stepp, 18, 36
Stevens, 38-39, 44, 46, 78, 118, 128, 135-136, 139
Stevenson, 44, 117
Steward, 10-11
Stewart, 61, 63, 86-87, 89-90, 92-93
Stifield, 24
Stinhouse, 29-30
Stinkhouse, 23
Stinkouse, 23
Stith, 47
Stivender, 96
Stoddard, 79-80, 87, 93
Stogner, 64-65
Stokes, 25, 27, 31-32, 51, 54, 118
Stone, 14, 21, 24, 27-28, 32, 34, 38, 44, 77, 81, 91, 104, 129, 135
Stony, 22, 34
Stoudemeyer, 97, 100
Stover, 49-50, 62
Strain, 59, 69
Strait, 69
Strickland, 45-46, 145
Strickling, 96
Stroud, 18, 26, 29, 46, 52, 91
Stuart, 13-14, 22, 30
Stubbs, 125, 135, 142-145, 149, 151
Stuck, 97, 100-102
Sturkie, 94-95
Sturns, 51
Styles, 13, 29, 37
Suber, 15
Sudam, 42
Suddath, 15
Sudduth, 11, 31, 33
Suder, 88
Sugert, 103
Suggert, 96, 101-102
Suggs, 8, 23, 38-39, 43, 118
Sulivan, 58-59
Sullivan, 4, 28, 34, 37, 71, 77, 79
Sumeril, 71, 93
Summer, 97, 102
Summey, 18
Sumter 112
Surls, 135
Surry, 4
Suter, 98
Sutherland, 56
Sutton, 14, 52, 66, 98, 117, 134
Svliddleser, 1
Sweat, 5, 65, 119, 152
Switser, 83
Swygert, 112
Tailor, 84
Takesley, 36
Talan, 114
Talley, 26, 29
Tallison, 22
Tally, 26
Tamplet, 1
Tanner, 121, 134
Tarbon, 1
Tarrant, 26
Tart, 119, 130
Tate, 12, 19, 24-25
Tatom, 141
Taylor, 13-14, 29-30, 48, 52, 59, 61, 64-65, 76-78, 80, 85, 92, 94-95, 103-104, 106, 109, 112-14, 118-119, 122, 130, 132, 146
Teague, 72, 75, 86
Teems, 53
Templeton, 22, 85, 91-92
Terrell, 52, 142
Terry, 29, 35
Tew, 9, 12
Thackston, 21-22
Tharp, 38
Thaxton, 87
Thom, 55-57
Thomas, 2, 5, 18, 32, 39-40, 83, 132, 134-136, 142-143, 146-148, 150
Thomason, 21, 23, 29, 35

Thomaston, 81
Thomerson, 21
Thompson, 2, 4-6, 9, 11-12, 17, 23, 25, 28, 30-31, 34-35, 37-38, 41, 43-45, 48-50, 56-57, 59, 63, 67-68, 70, 89-90, 130, 137
Thoms, 146
Thorn, 55-56
Thornwell, 61
Thrailkill, 112
Threat, 65
Threlkeld, 18
Threrloits, 111
Thruston, 31
Tidwell, 61-62
Tiller, 51, 56
Tillman, 40
Tilly, 30
Tilmon, 63
Timmons, 27, 36, 122, 133-134
Tindal, 41, 95, 115
Tinsley, 9, 18-20, 33
Tinsly, 75
Tippins, 16
Todd, 39, 41-44, 46-48, 69, 71, 75, 84, 92-93
Toland, 91
Toler, 151
Tolleson, 24
Tollison, 22-23, 26
Tomlin, 84
Tomlins, 81
Tompkins, 42, 45
Towns, 22, 25, 33
Townsend, 23, 26, 33, 121, 123, 139, 143-145, 147
Tracey, 104
Tracy, 101
Trailor, 27
Tramell, 27
Trammel, 36
Trammell, 30, 32-33, 35
Trantham, 50
Trapier, 5-7
Trapp, 54
Traynham, 71

Traynhorn, 28, 36-37
Treawick, 147
Tribble, 85-86
Trimnall, 54
Tripp, 23-24
Trowbridge, 24-25
Truesdel, 49, 52-53
Trughl, 18
Trumon, 25
Trusdal, 69-70
Tucker, 3, 6, 10-12, 16, 19, 25-27, 30, 50, 55, 59
Turbeville, 116-117, 120-121, 131, 137
Turnage, 147
Turner, 74, 76, 119-120, 122, 128-130, 134, 138, 144, 147
Turpenfile, 29
Turpin, 30, 32
Tuttle, 2
Twitty, 62-63, 68
Tyderman, 5
Tyler, 44, 46, 115-116
Tylor, 106
Underwood, 9
Unger, 96
Uptegrove, 2
Usany, 24
Usery, 69
Usher, 143
Ushr, 61
Valentine, 78
Vance, 37, 85-86
Vanlandingham, 63
Vansant, 100, 110
Vaughan, 73, 78, 87
Vaughn, 13, 5, 20, 22-24, 30, 35, 55, 59, 70
Vaught, 39, 45
Venters, 3
Vereen, 39-40, 48
Viening, 144
Vincent, 70
Vryzer, 94
Wackter, 111
Waddel, 26

Waddell, 16, 88
Waddle, 14-15, 31
Wade, 19, 26, 61, 83
Wadkins, 32
Wadsworth, 91
Wager, 111-112
Wages, 111-112
Waide, 25
Walden, 16
Waldrop, 72, 74
Waldrope, 8, 12, 19-20, 28
Walker, 1, 5, 12, 14, 61-62, 75, 78, 86
Wall, 4, 117, 138-139
Wallace, 34, 58, 81, 83, 85, 115, 142, 150
Wallen, 15
Waller, 39, 136, 139
Walsh, 48
Walter, 124
Walters, 144
Wanamaker, 111
Ward, 2, 5-7, 10-13, 15-16, 30, 38, 42, 73
Warde, 25
Wardlow, 50
Ware, 24, 33, 77, 88, 146
Warner, 109
Warr, 4
Warren, 46, 53, 104
Washington, 78
Wasson, 33, 81
Waters, 29, 51, 65, 107
Watkins, 11, 55, 79, 81, 107
Wats, 58
Watson, 10, 12-13, 24, 31, 34-35, 60, 69, 74, 84, 88, 116-117, 119, 126, 131, 137, 141, 152
Watts, 2, 44, 47, 53, 72-74, 85, 126
Wayne, 117, 138
Weatherford, 132
Weatherly, 141-142, 144-145
Weaver, 12
Webb, 52, 56, 118
Webster, 142-143, 145-146
Wederman, 86

Weed, 97, 100
Welch, 66, 149, 152
Wells, 21, 74, 76, 108
Wessen, 88
Wesser, 88
Wessinger, 97, 99, 105, 110
Wesson, 88
West, 4, 20-21, 23, 27, 39, 41, 53
Westberry, 4
Westfield, 25, 32
Westmoreland, 14, 22, 28-29, 87
Westmorland, 12
Weston, 2, 7, 129
Wethers, 82
Wethersby, 55, 123
Wetherspoon, 70
Whaley, 18, 116
Wham, 80
Whann, 20, 23, 80
Wharn, 80
Wharton, 72, 75
Wheate, 53
Wheaton, 34
Wheelen, 120
Wheeler, 98, 103, 117, 120
Whetlock, 19
Whicker, 151
Whitaker, 54, 57, 96
White, 1, 22, 34, 60, 80, 116-117, 120-121, 133, 138
Whiteford, 74
Whitehead, 31
Whites, 102
Whitley, 53
Whitlock, 26
Whitman, 4
Whitmire, 19, 31
Whitner, 122
Whittington, 119-120
Wickliff, 15
Wigenton, 20
Wiggan, 98
Wiggans, 132
Wiggins, 116-117, 21, 124, 127, 134, 139
Wiggonton, 24

Wilcox, 117
Wilcut, 75
Wilder, 92
Wilkinson, 60, 69
Willard, 39, 91
Willbanks, 33
William, 66
Williams, 1, 3-4, 6, 9, 12-13, 18, 23, 28, 32, 34, 38, 40-42, 47-48, 50, 58, 61-62, 64-68, 70, 72-73, 83, 85, 94-95, 104, 108, 113, 116-117, 134, 136, 142, 152
Williamson, 42, 46, 59, 80, 95-96, 101, 136-139
Willimon, 34
Willingham, 102
Willis, 29, 35, 79, 81, 149
Williss, 21
Willoughby, 125
Wills, 148
Willson, 39
Wilson, 1, 3, 2-13, 15, 17-18, 26, 29, 40, 48, 56, 79, 101-102, 104, 111, 118, 143, 151
Wimberly, 108
Windham, 146
Winebrenner, 72
Wingard, 99, 101, 105-106, 109-110, 113
Winginard, 105
Winn, 75, 92
Winslow, 2
Wise, 25, 46, 95-96, 111, 120, 132-133, 136, 141, 145
Witherspoon, 142
Wofford, 16
Wolf, 111-112
Wolfe, 60
Wood, 11, 21-22, 32, 56, 76-79, 119, 132
Woodbury, 115, 136
Woodle, 143
Woodley, 142, 145
Woodrow, 122
Woodruff, 16
Woods, 78, 80-81, 93
Woodside, 29
Woodsides, 33, 35
Woodson, 34
Woodward, 41-42, 113, 117, 139
Woolf, 83
Wooten, 10
Wordlaw, 63
Workman, 54, 85, 87-88, 91-92
Worrell, 118
Wortham, 40
Worthington, 82
Wray, 88
Wright, 9, 17, 27, 41, 47, 67, 72, 90, 93, 123, 134, 150
Wynn, 15, 25
Wyse, 96, 99, 105
Wyx, 99
Yarbrough, 60
Yates, 36, 54-55
Yeargin, 23, 81
Young, 2, 11, 25, 49-50, 53, 55, 84-86, 88-90, 118
Youngblood, 26
Youngient, 94
Younginer, 101, 105
Younginet, 94, 101
Youts, 95
Zemp, 56

Other books by the author:

1890 Union Veterans Census: Special Enumeration Schedules Enumerating Union Veterans and Widows of the Civil War. Missouri Counties: Bollinger, Butler, Cape Girardeau, Carter, Dunklin, Iron, Madison, Mississippi, New Madrid, Oregon, Pemiscot, Petty, Reynolds, Ripley, St. Francois, St. Genevieve, Scott, Shannon, Stoddard, Washington, and Wayne

Alabama 1850 Agricultural and Manufacturing Census: Volume 1 for Dale, Dallas, Dekalb, Fayette, Franklin, Greene, Hancock, and Henry Counties

Alabama 1850 Agricultural and Manufacturing Census: Volume 2 for Jackson, Jefferson, Lawrence, Limestone, Lowndes, Macon, Madison, and Marengo Counties

Alabama 1860 Agricultural and Manufacturing Census: Volume 1 for Dekalb, Fayette, Franklin, Greene, Henry, Jackson, Jefferson, Lawrence, Lauderdale, and Limestone Counties

Alabama 1860 Agricultural and Manufacturing Census: Volume 2 for Lowndes, Madison, Marengo, Marion, Marshall, Macon, Mobile, Montgomery, Monroe, and Morgan Counties

Delaware 1850-1860 Agricultural Census, Volume 1

Delaware 1870-1880 Agricultural Census, Volume 2

Delaware Mortality Schedules, 1850-1880; Delaware Insanity Schedule, 1880 Only

Dunklin County, Missouri Marriage Records: Volume 1, 1903-1916

Dunklin County, Missouri Marriage Records: Volume 2, 1916-1927

Florida 1860 Agricultural Census

Georgia 1860 Agricultural Census: Volume 1 Comprises the Counties of Appling, Baker, Baldwin, Banks, Berrien, Bibb, Brooks, Bryan, Bullock, Burke, Butts, Calhoun, Camden, Campbell, Carroll, Cass, Catoosa, Chatham, Charlton, Chattahooche, Chattooga, and Cherokee

Georgia 1860 Agricultural Census: Volume 2 Comprises the Counties of Clark, Clay, Clayton, Clinch, Cobb, Colquitt, Coffee, Columbia, Coweta, Crawford, Dade, Dawson, Decatur, Dekalb, Dooly, Dougherty, Early, Echols, Effingham, Elbert, Emanuel, Fannin, and Fayette

Kentucky 1850 Agricultural Census for Letcher, Lewis, Lincoln, Livingston, Logan, McCracken, Madison, Marion, Marshall, Mason, Meade, Mercer, Monroe, Montgomery, Morgan, Muhlenburg, and Nelson Counties

Kentucky 1860 Agricultural Census: Volume 1 for Floyd, Franklin, Fulton, Gallatin, Garrard, Grant, Graves, Grayson, Green, Greenup, Hancock, Hardin, and Harlin Counties

Kentucky 1860 Agricultural Census: Volume 2 for Harrison, Hart, Henderson, Henry, Hickman, Hopkins, Jackson, Jefferson, Jessamine, Johnson, Morgan, Muhlenburg, Nelson, and Nicholas Counties

Kentucky 1860 Agricultural Census: Volume 3 for Kenton, Knox, Larue, Laurel, Lawrence, Letcher, Lewis, Lincoln, Livingston, Logan, Lyon, and Madison

Kentucky 1860 Agricultural Census: Volume 4 for Mason, Marion, Magoffin, McCracken, McLean, Marshall, Meade, Mercer, Metcalfe, Monroe and Montgomery Counties

Louisiana 1860 Agricultural Census: Volume 1 Covers Parishes: Ascension, Assumption, Avoyelles, East Baton Rouge, West Baton Rouge, Boosier, Caddo, Calcasieu, Caldwell, Carroll, Catahoula, Clairborne, Concordia, Desoto, East Feliciana, West Feliciana, Franklin, Iberville, Jackson, Jefferson, Lafayette, Lafourche, Livingston, and Madison

Louisiana 1860 Agricultural Census: Volume 2

Maryland 1860 Agricultural Census: Volume 1

Maryland 1860 Agricultural Census: Volume 2

Mississippi 1860 Agricultural Census: Volume 1 Comprises the Following Counties: Lowndes, Madison, Marion, Marshall, Monroe, Neshoba, Newton, Noxubee, Oktibbeha, Panola, Perry, Pike, and Pontotoc

Mississippi 1860 Agricultural Census: Volume 2 Comprises the Following Counties: Rankin, Scott, Simpson, Smith, Tallahatchie, Tippah, Tishomingo, Tunica, Warren, Wayne, Winston, Yalobusha, and Yazoo

Montgomery County, Tennessee 1850 Agricultural Census

New Madrid County, Missouri Marriage Records, 1899-1924

Pemiscot County, Missouri Marriage Records, January 26, 1898 to September 20, 1912: Volume 1

Pemiscot County, Missouri Marriage Records, November 1, 1911 to December 6, 1922: Volume 2

South Carolina 1860 Agricultural Census: Volume 1

South Carolina 1860 Agricultural Census: Volume 2

South Carolina 1860 Agricultural Census: Volume 3

Tennessee 1850 Agricultural Census for Robertson, Rutherford, Scott, Sevier, Shelby and Smith Counties: Volume 2

Tennessee 1860 Agricultural Census: Volume 1

Tennessee 1860 Agricultural Census: Volume 2

Texas 1850 Agricultural Census, Volume 1: Anderson through Hunt Counties

Texas 1850 Agricultural Census, Volume 2: Jackson through Williamson Counties

Virginia 1850 Agricultural Census, Volume 1

Virginia 1850 Agricultural Census, Volume 2

Virginia 1860 Agricultural Census, Volume 1

Virginia 1860 Agricultural Census, Volume 2

www.ingramcontent.com/pod-product-compliance
Lightning Source LLC
Chambersburg PA
CBHW080543170426
43195CB00016B/2662